JN322932

# 塩の生産と流通

― 東アジアから南アジアまで ―

東南アジア考古学会 編

雄山閣

扉表写真:現在の能登揚浜

口絵 1

コロンビア先住民グアヒロ族の天日塩田［本文 14 頁表 1 の製塩法工程パターン No.1 に類似］

イラン遊牧民バルーチ族の塩袋
（遊牧民が家畜群制御に用いる伝統的な羊毛染織の袋。中に入れた塩を家畜に舐められないよう口をすぼめた形になっている）［本文 22 頁］

口絵2

中国四川省自貢市燊海井工房内での煎熬 ［本文59頁］

大寧河の岸壁に穿たれた桟道・鹹水管敷設用の穴 ［本文62頁］（村野正景氏撮影）

口絵 3

パキスタン・カラバーグ岩塩鉱付近の岩塩鉱脈［本文 84 頁］（万葉創業社提供）

パキスタン・ケウラ鉱内の岩塩層［本文 85 頁］（万葉創業社提供）

口絵 4

マングローブ干潟での製塩風景（東部インドネシア・ソロール島ムナンガ集落に隣接するラマカル集落）［本文 139 頁］

ロンタールヤシ葉製カゴを利用した溶出装置と採鹹装置（東部インドネシア・レンバタ島キマカマ集落）［本文 143 頁］

# は　じ　め　に

　このたびの震災について一言触れさせていただきます。3月11日に発生した東北地方太平洋沖地震とそれに伴う津波は甚大な被害を及ぼしました。お亡くなりになった方々のご冥福をお祈りするとともに、ご遺族に対し深くお悔やみを申し上げます。また、被災された方々には謹んでお見舞いを申し上げ、一日も早い復旧・復興を心よりお祈りいたします。
　本書で執筆をお願いした菅原弘樹氏は、宮城県東松島市にある奥松島縄文村歴史資料館に勤務されています。被災状況の詳細は分かりませんが、安否は確認され、東松島市の災害対策本部で任務にあたられているという情報が入り安堵いたしました。奥松島縄文村歴史資料館に展示されている里浜貝塚は国指定遺跡であり、製塩遺跡でした。今回の津波による影響が危惧されます。

　本書は東南アジア考古学会でシリーズ化された大会テーマ「東南アジアの生活と文化」のなかで「塩」をテーマに「塩—アジアと日本の生産・流通史」と題して口頭発表したものを再構成した論文集である。本学会では、大会テーマの選択にあたって各代会長の研究領域を反映するテーマが選ばれている。わたしはインドネシア、特に小スンダ列島とよばれる地域をフィールドとし、25年の間ひたすらこの地域を歩き、調査をしている。フローレス島からティモール島までの島々は「大航海時代」にもほとんど登場することのない島々である。その事もあり、この地にはオーストロネシア語系の基層文化が20世紀末まで色濃く残っていた。巨石記念物を中心として成り立つ伝統的な慣習家屋と集落、土器製作、原始機を使用して製作されるイカットと呼ばれる織物、ベテルチューイングの風習など、数え上げることができないほどの基層文化要素がその地にはあった。
　「東南アジアの生活と文化」ではこれらの文化要素を取り上げ、東南アジアの人々のくらしの中で諸文化がどのように形成されたかをそれぞれの分野で深く追究することとした。大会ごとのテーマにそって、先史時代から現代にいたるまで、考古学という枠組みを超え、比較的大きな視野から「生活と文化」を考える試みを行った。ここでは「塩の生産と流通」を取り上げ、「製塩」をメインテーマとし、それぞれの研究分野で生産と交易について論じた。
　「塩の生産と流通」というテーマの中で論じられたことは「塩」そのものがもつ生命力であり、執筆者たちのすべてに"人間が正常に生命を維持していくために必要不可欠なもの"として取り上げられている。
　塩は「塩」の歴史のなかで「肉食動物の場合は、エサとなる植食性動物の血や肉から、ある程度の塩分をとることができる。それでは植食性動物はどのようにするか。動物は、水を飲む水場のほかに、塩を補給する塩場を知っていて、定期的にそこを訪ねては塩分を補給している」（佐藤洋一郎・渡邉紹裕　2009『塩の文明史—人と環境をめぐる5000年—』NHKブックス）とあるように、有益な役割をもって人類の前に登場する。いっぽうで「塩」には負の要素も大きく立ちはだかる。農耕（栽培）が開始されると、農耕民には「塩」を取る必要性から狩猟民、遊牧民、漁民からの

「塩」の供給がはじまる。交易のはじまりである。しかし、農耕は「土壌塩害」との闘いでもあり、塩蔵や発酵食品など重要な食文化を生み出す「塩」が一方では文明を破壊するほどの塩害をもたらす。この二面性をもって「塩」の歴史ははじまり、未来へと続いていく。インドネシアの中で私がフィールドとする地域では、ほとんど不毛の地とよばれる海岸域で製塩が行われ、それに関わる製塩業には農地も持たず、漁場も持たない底辺の人々が携わっている。

　塩は「サラリー」の語源であり、給料として支給されていたように、通貨としての役割を持っていた。塩は紀元前のローマ時代から専売法がしかれ、古代日本でも税制としての調庸塩の役割、また、以下のような軍事物資としても重要な役割があった。佐渡ヶ島では八世紀以降、平底製塩土器によって製塩が開始され、約70箇所の製塩遺跡が集中している。そして『日本紀略』の延暦21年（802年）正月条に120斛もの塩が「毎年（としごと）」に佐渡国から遠く雄勝城（おかちのき）（推定地は秋田県払田柵遺跡（ほったのさく））へ送られていることである。そこで大量に塩を必要としたのは、律令国家軍の軍事物資として「鎮兵の糧」にあてるためであったと岸本氏は考察している（岸本雅敏　1998「古代国家と塩の流通」田中琢・金関恕編『古代史の論点　3』小学館）。

　軍事物資としての塩はインドネシア、ソロール島の製塩村ムナンガ集落にもあらわれる。記録によれば、ムナンガ集落は「タナ・ガラム（Tanah Garam）＝マラユ語で〈塩土・塩の土地〉の意」として知られ、バーンズ氏が報告しているポルトガルの記録によると、1598年ソロール島北岸のロハヨン村にあるドミニカン要塞を近隣のムスリムたちが攻撃する際に「タナ・ガラム」から侵攻を始めたとされる。製塩地を軍事的に抑えることで、塩の交易権をも略奪した可能性が高いと考える。

　本書であつかう「製塩」のほとんどは国家政策による塩の管理・専売制に支配されないような製塩法で「塩」を作る人々の話である。国家を動かしたインドのガンディーでさえ、イギリスからの独立達成の手段として塩を選び、専売法に抗するために「塩の行進」をした。塩を権力からインド人の手に取り返し、人民の象徴としたのである。東南アジア考古学会における「東南アジアの生活と文化」では国家が容易に介入しうる文化の中で、それとは別の視点でその文化と共に生きる人々も視野に入れ、焦点をあてることを目的としている。最後に、本書の刊行を企画し、出版を引き受けていただいた株式会社雄山閣と編集部羽佐田真一氏にはこの場を借りて厚くお礼を申し上げたい。

2011年　3月31日

東南アジア考古学会

会長　江上幹幸

# ■塩の生産と流通―東アジアから南アジアまで―■目次

はじめに＜江上幹幸＞ ………………………………………… 1

塩の考古学―アジアからの視点―＜坂井　隆＞ ………………… 5

「製塩」を考える２つの視点―技術体系と生業経済―＜高梨浩樹＞ … 13
　　　はじめに …………………………………………………… 13
　　１　技術体系からみた製塩 ………………………………… 13
　　２　生業経済からみた製塩 ………………………………… 21
　　３　生業経済の延長としてみた製塩と塩交易 …………… 23
　　　おわりに …………………………………………………… 26

松島湾沿岸における縄文時代の土器製塩＜菅原弘樹＞ ………… 29
　―里浜貝塚を中心として―
　　　はじめに …………………………………………………… 29
　　１　松島湾沿岸における貝塚と製塩遺跡 ………………… 29
　　２　里浜縄文人の土器製塩 ………………………………… 30
　　３　海浜部の製塩遺跡と内陸部の消費遺跡―まとめにかえて― … 39

中国三峡地区の塩竈形明器について＜川村佳男＞ ……………… 41
　　　はじめに …………………………………………………… 41
　　１　三峡地区の竈形明器の分析 …………………………… 41
　　２　三峡地区の竈形明器の系譜 …………………………… 49
　　３　Ｃ型竈形明器と塩竈との比較検討 …………………… 54
　　４　塩竈形明器を副葬した背景 …………………………… 61
　　　結　論 ……………………………………………………… 65

インドの塩に関する断章―歴史・文化・象徴―＜小西正捷＞ …… 75
　　１　古代の塩の伝承 ………………………………………… 75
　　２　医書に見る古代の塩 …………………………………… 76
　　３　塩の産地と製法 ………………………………………… 78
　　４　オリッサとグジャラートでの製塩 …………………… 80
　　５　より内陸の塩湖・沼沢産の塩 ………………………… 81
　　６　その他の沼沢 …………………………………………… 82

7　岩　塩………………………………………………83
　　8　ケウラ鉱とカラバーグ………………………………84
　　9　塩の専売と塩田経営の構造…………………………86
　　10　民俗伝承のなかの塩…………………………………88
　　11　反権力の象徴としての「塩の行進」………………89
　　12　塩の現在………………………………………………92

東南アジアの塩の文明史―タイを中心として―＜新田栄治＞………95
　　　はじめに…………………………………………………95
　　1　東北タイの製塩の生態学的背景……………………96
　　2　考古学からみた製塩…………………………………96
　　3　文献史料からみた東南アジアの製塩の盛衰………101
　　4　エスノアーケオロジーからみた製塩………………109
　　5　製塩の社会経済学……………………………………115
　　　まとめ……………………………………………………117

東部インドネシアの製塩＜江上幹幸＞………………………121
　―琉球列島における製塩考察のための民族資料―
　　　はじめに…………………………………………………121
　　1　製塩法の諸形態………………………………………122
　　2　琉球列島　沖永良部島の製塩………………………127
　　3　東部インドネシアの製塩……………………………132
　　4　製塩立地の特性………………………………………151
　　5　先史時代の琉球列島における製塩法を探る………153
　　　おわりに…………………………………………………154

# 塩の考古学
## ──アジアからの視点──

坂井　隆

　なぜ、塩を考古学するのか。

　それは本書に収めた論文の、ほとんどの冒頭で記されている。

　ここでは、人間の生活の歩みをこの必需品を通して眺めたい、とのみ述べよう。歴史を物的存在から考えるのが考古学である。塩はその意味で、重要な考古学資料と言える。しかしほとんどの場合、過去の塩そのものが現在まで残っていることはない。塩を作るための道具や施設からの接近にならざるをえない。

　次に、なぜ東南アジア考古学なのか。

　人間生活に共通の必需品である塩は、決して東南アジアに特徴的なものではない。東南アジア考古学の中でも、顕著な研究対象であるわけでもない。

　熱帯の東南アジアでは、時の歩みが一様ではない。常に植物は生い茂り、雨季と乾季の季節しかない。そのような自然環境の中では、時間の変化より地域ごとの差の方がはるかに大きい。先史時代とほとんど変わらないような生活に、現代的な都市のすぐ近くで出会うことも決して珍しくない。そのため塩作りも含めた古い生活のあり方に接することも、それほど難しくなく可能である。

　古い塩作りは、私たちと関係があったのか。ここで私は、山椒大夫を思い出す。

　森鴎外の小説で有名なこの物語は、中世に生まれた説教節『さんせう大夫』を元にしたと言われる。悲劇の主人公である安寿と厨子王丸姉弟の敵役である山椒大夫は、丹後由良（現京都府宮津市）の長者とされる。越後の人買いによってこの敵役のもとに売られた二人は下人として、安寿は潮汲み、厨子王丸は芝刈りの労働を強いられた。

　山椒大夫が長者である源泉は多彩な活動によるもので、鴎外は「田畑に米麦を植えさせ、山では猟をさせ、海では漁をさせ、蚕飼をさせ、機織をさせ、金物、陶物、木の器、何から何まで、それぞれの職人を使って造らせる」と記す。大規模な農地を経営する大地主ではなく、彼は海辺の商工業者と言えるような存在である。「さんせう」とは散所と考えられるが、それは後には差別された非農耕民地域の総称のようである。網野善彦氏の研究によれば、中世の流通業者もそこに含まれているようで、当然海運業も入る。技術を持たない十代の二人が課せられたのが、それぞれ一日３荷をノルマとされた潮汲みと芝刈りである。鴎外が記した生業には述べられていないものこそ、「奉公初め」とされたこの二つの仕事だった。

　もちろんこれは、揚浜式塩田経営による塩生産を意味している。潮汲みとは塩田への海水の運搬であり、刈った芝の用途は鹹水煮沸の燃料が大きかったと思われる。網野が山椒大夫のような在地領主（長者）による塩田経営は資料的には実証が難しいと述べるように、この説話には塩田そのも

のは描写されていないが、物語の背景に塩田での労働があったことは間違いない。冒頭でも、姉弟と母は越後直江浦で「塩浜から帰る塩汲み女」に出会ったことになっている。私たちが忘れてしまった生業として、かつて日本でも塩田での塩生産があったのである。

鴎外の小説には明示されていないが、上記のように中世の海辺の長者には交易活動に関与していた者も多い。少しずれるが日本海沿岸では、中世末期に重要な国際貿易品生産が始まった。それは銀であり、代表例が大森銀山である。この日本最大の輸出品を生産した技術も、外来の灰吹き法であったと言われる。

安寿・厨子王丸姉弟は越後直江浦から丹後由良まで、人買い船で運ばれた。山椒大夫の生産品は、塩も含めて海路で販売されていた。網野は、日本海側の「塩船」の存在を指摘している。日本海側の海路交易は、国内取引だけではない。韓半島や中国大陸との取引も多かったことは、中世において大量に日本海側で出土する貿易陶磁でも明らかである。日本海沿岸の塩が外国まで運ばれたことは少ないと思われるが、中世においては貿易商人も国内交易商人も決定的に異なった存在ではなかっただろう。

人買い船が通ったはずの能登大沢海岸で、タイ中部のスパンブリで生産された無傷の焼締壺が発見されている。これは十五世紀頃に生産されたもので、東南アジアで広く流通した貿易品の容器である。同じ物は日本では他に、大隅の鹿児島神宮に有名な伝世品がある。スパンブリ近郊のシンブリでも、さらに広域に流通した焼締壺が生産された。その出土は沖縄から博多・堺という、日本の中世港市でかなり普遍的に見られる。

塩は交易品としての要素が大きい。自家消費するもののみを生産することは少ないだろう。残念ながら、そのもの自体はほとんど考古資料としては残らないが、生産要素は十分に考えることが可能である。そしてそれは上記のように、陶磁貿易特に容器としての陶磁貿易と重なる場合も見えて来る。東南アジアの過去の塩生産は、何らかの形で他地域の塩生産と関係した可能性も否定できない。製品そのものが多くの場合は長距離交易品ではなかったとしても、製品への共通した需要は一般的である。そのため生産要素は、長距離交易と関係してくる可能性を持っている。


次に東南アジアの塩を、イメージで考えてみよう。

東南アジア島嶼部の共通語であるマレー語(インドネシア語)では、塩をガラムと言う。しかし日本ではガラムの語は、インドネシア特有の丁字(クローブ)入り煙草(クレテック)の商品名であるグダン・ガラムを意味する場合が多い。グダン・ガラムとは直訳すれば塩倉庫で、ジャワ島東部の古都クディリに本社がある丁字入り煙草メーカーのトレードマークでもある。鋸歯状屋根を持つ建物が塩の倉庫とされ、この銘柄はインドネシアの丁字入り煙草では第二位のシェアを占めている。

なぜ塩倉庫なのか。

このトレードマークは、1958年に創業者である華人系インドネシア人スルヤ・ウォノウィジョヨが見た夢に基づいていると言われる。右下側でカーブする線路の前に5棟の屋根が並ぶ倉庫が建ち、その右側には塩の山と思われる二つのピラミッド状のシルエットが描かれている。それは近代的な塩田風景と言える。1927年、彼は4歳の時に父と共に中国の福建から、インドネシア(当時のオランダ領東インド)に移住した。最初の移住先が、ジャワ島東部に連なるマドゥラ島だった。ここ

は乾燥した暑い気候のもと遠浅の海岸が続いており、製塩に相応しい土地である。少なくともオランダ植民地時代の20世紀初頭にはヨーロッパ式の天日塩田が広く開発され、それはマドゥラ島の大きな産業の一つになっていたようだ。その景観こそが、グダン・ガラム社創業者スルヤの原風景だったことになる。

また今日のインドネシアを代表する嗜好品の一つである丁字入り煙草自体、植民地時代の1880年代初頭にジャワ島中部で考案されたと言われる。タバコはこの時期に盛んになったオランダ人経営プランテーションの産物で、それに東部インドネシアが世界的な産地である香料の丁字が加えられたものである。また20世紀にはマドゥラ島では、タバコと丁字も共に栽培されていたようだ。丁字入り煙草とマドゥラ島の塩生産は、決して無関係ではないと言える。

東南アジアに限らず、塩の生産は植民地支配を含む政治支配とも密接な関係がある。人間の必需品であるからこそ、それを管理することが支配に直結するからだろう。塩は、単なる牧歌的な生産物ではないのである。東南アジアでも著名な煙草グダン・ガラムから、そのような関係を知ることができる。

一方ガラムという単語は、さらにガラム・マサラをイメージさせる。

有名なインドのブレンドされたスパイスで、いわゆるカリースパイスの基本調合と言える。ガラム・マサラとは、ヒンディー語で暖かいスパイスの意味がある。その調合は、シナモン・丁字・ナツメッグが基本である。それに地域によって黒白胡椒・月桂樹葉・長胡椒・クミン・カーダモン・八角・コリアンダーなどが加えられる。インド料理の二大区分である南北いずれの料理でも、基本的な使用は変わらないとされる。

ターメリック以外の基本的なスパイスはほとんどここに含まれているが、基本の3スパイスを含めて大部分が東南アジア産である。スパイスではない塩は、この調合には入っていない。それは味のベースとして使われる、北インドのヨーグルトと南インドのココナッツミルクが入っていないのと同じ理由だろう。なぜこの基本調合の形容詞であるガラム（「暖かい」）が、マレー語では塩の意味になったのだろうか。その理由ははっきりしないが、サンバールと関係している可能性がある。

サンバールとはマレー語でスパイスソースを意味し、ほとんど全てのマレー語（インドネシア語）世界では最も重要な料理の元になっている。調合するスパイスそのものは地域や家庭によって異なるが、用途はほとんど同じである。しかしこの言葉は南インドでは、タマリンドとマメをブレンドスパイスで料理した野菜スープを意味する。これもどんな料理にも配される基本的な要素だが、直接飲むスープの一種類である。マレー語世界のサンバールは、日本語で唐辛子味噌と訳されるように調味料であり、それ自体のみを食べるわけではない。

そのような差はあるものの、ブレンドスパイスであること、そして料理の基本要素であること自体は共通している。インドで使われる香料の多くは東南アジア産であるが、それを調合した料理文化はインドで形成されて東南アジアへ伝わった。その過程の中で、同じ単語だが意味の差異が生まれている。

マレー語のガラムは、やはりサンバールと同じようにインドから伝わった可能性が高い。塩自体の移動はもちろん、生産技術についても直接の影響は考えにくい。しかし塩を使った料理文化は異なる。いろいろな地域で取れる香料を配合し、そこにどこでも作られる塩を組み合わせることで

インド的な料理文化が形成された。改めて述べるまでもなく、唐辛子という新大陸の産物がもたらされる以前に、東南アジア産の香料はインドに運ばれ、それがインド料理の源流を形成した。そして塩とココナッツミルクをベースにして香料のハーモニーが組合わさった南インドのカリーは、インド文化の影響を受けた東南アジア各地域の料理の基礎になっている。

東南アジアの塩文化は、そんな点をみてもインドのそれと深い関係がある。さらにインドの次に文化的に繋がりがある中国の塩文化とも、何らかの影響も十分想定しうるだろう。また東南アジアの塩生産とりわけ群島部の場合は、自然条件に類似性がある日本と似た要素をもっていることも確かである。

そのような視点をもとにして、本書のきっかけとなったシンポジウム『塩―アジアと日本の生産・流通史―』が、東南アジア考古学会の2009年度大会メインテーマとして開催された。その際には、本書で掲載した6人の発表の他に、岸本雅敏氏による『西と東のSalt archaeology／塩業考古学』という基調講演もなされた。幅広く日本と世界の塩の考古学を概観された岸本氏の講演は、残念ながら本書には掲載できない。しかし同氏が述べた広い視点で塩生産を物的な歴史資料として考えることは、本書の各論文が具体的に語っている。

各論文は、次のような視点によって塩の生産と流通にせまっている。

**高梨論文**は生態人類学の立場から、世界的な塩生産と流通の全体構造を大別概観している。

まず原料としては内陸性塩資源が3分の2で、海塩は3分の1であることを述べる。そして生産を原料確保・前処理・濃縮・中間処理・晶析・脱水及び後処理までの7工程に分類し、それを世界各地の36の製塩事例（ヨーロッパ・アフリカ・アジア・オセアニア・北米・南米）について立地条件も含めて詳しく検討している。また製塩法を、天日製塩・直煮系製塩・濃縮媒介材系製塩（灰塩・藻塩と媒砂採鹹）・濃縮装置系製塩・岩塩・湖塩・土塩・井塩に分けて詳述する。さらに多様に見える製塩法は置換可能な組合せパターンに過ぎず、地理的条件によって組合せが決まることを指摘している。

そして狩猟採集社会・漁撈社会・牧畜社会・農業社会・農牧複合社会という主な生業要素によって、塩を得る動機が異なることを述べている。交易の要素として、塩のありかへの移動（レンバタ島の「山の民」・日向内陸部の人・播磨国風土記の製塩集団・新潟や山形の民俗例）と塩のありかからの移動（レンバタ島のクジラ漁民・三陸の「塩の道」・千国街道などの「塩の道」）、どちらでもない移動（ヒマラヤ越えのドルポの塩の道）という要素に分けて、各地の実例を「生業を異にする集団間の交易による塩適応」として大視点の中に位置づけている。

ここでは製塩文化を考える上で、基本的な枠組みを知ることができる。

**菅原論文**は日本の縄文考古学の立場より、具体例として松島湾宮古島の里浜貝塚の事例を詳細に説明している。

この貝塚は縄文時代前期から弥生時代中期まで継続的に使用された大規模な集落跡であり、その主な生業は製塩と貝剥ぎであった。ここで大量に出土した縄文時代晩期の粗製赤色尖底土器は、他遺跡の例より製塩土器であることが判明した。弥生中期までの集落から離れた遺跡北端部の海に突

出した微高地で発見された製塩土器は、単純な深鉢形で無文、大型と小型の区分、厚い器壁、煮沸痕跡という特徴を共有する。

さらに同じ場所で発見された製塩炉群の報告も興味深い。山土・灰・カキ殻を海水で混ぜた、練り物によって構築された遺構である。そこでは「藻塩焼き」や「潮溜」と想定される遺構も検出されている。また松島湾の製塩土器は、奥羽山脈を越えた地域を含む内陸部でも出土している。そこから交易状況解明への可能性も示唆している。さらに弥生後期以降、突然のようにこの地域の製塩遺跡がなくなることの理由の解明が、今後の大きな研究課題であることを述べている。

松島湾沿岸には製塩と密接な関係のある古代以来の塩竈神社も立地しており、その前段階の製塩として本論分の報告対象時代は位置している。

**川村論文**は、中国漢代の長江中流域における製塩の問題を述べている。

ここでの議論は、三峡地域の漢代墓から出土した竈形明器180点の詳細な分類から始めるという、一見奇異な手法である。内陸地域の墓から出土した副葬品がなぜ製塩と関係するのか、論文の前半部分からは容易に理解できない。まず焚き口の位置と全体の平面形からそれらを4分類し、その中で受け口が9個ある特殊な器形のもの7点を抽出した。他の3分類が三峡地区から周辺の江漢平原に多彩な出土例があるのに対して、この特殊器形の出土地が極めて限られていることに論者は注意を向けている。それは前漢後期から後漢前期にかけて、三峡の巫山県からしか出土していないのである。

そしてその形状が成都平原から出土した同時代の画像石での、井塩の塩竈製塩状況に類似していることを指摘している。また山東の殷末周前期の双王城遺跡で発見された塩竈遺構と比較して、多分岐の煙道構造と連続煮沸システムそして覆屋構造の共通性を述べている。それらよりこの分類の竈形明器を、塩竈として認定した。さらに漢代の巫山県に大規模な製塩業者がいたことを文献資料からも傍証しており、また塩竈形明器といっしょに出土した陶俑を服装表現より製塩労働者と推定した。まとめとして塩竈明器が副葬品として使われるほど、この地域での製塩業の隆盛があったと述べている。

本論は全体として純考古学的な方法で、塩生産にアプローチした興味深い研究と言える。

**小西論文**はさまざまな方法を駆使して、インドの製塩に接近しようとしている。

残念ながらインド考古学では、直接製塩に関係する発見は見られず調査研究は乏しい。それは岩塩や天日製塩が中心をしめるため、鹹水の煮沸作業という考古資料が残存しうる工程を経ない場合が多かったためと推定する。そして古代医書には、7種の塩が薬種として紹介されていることを述べている。次に植民地時代直前の、海水塩と沼沢塩による製塩史を概観する。さらにオリッサとグジャラートでの天日製塩、ラジャスタンの湖・沼沢塩とケウラ鉱山などパンジャブでの岩塩の実態を紹介している。

イギリス植民地下において、イギリスは在来の塩生産の制限を図ると共にイギリス塩の専売を始めた。最も興味深いのは、そのようなイギリス植民地支配に対抗したガンディーによる1930年の「塩の行進」運動の紹介である。塩業地であるグジャラート出身のガンディーが禁じられていた塩生産を長距離行進の後に自ら行ったことは、独立運動の象徴的事件として大きな影響を及ぼした。これは世界の近現代史において、塩が果たした最も著名な出来事であった。

このように本論文は、インドの政治文化史全体の中に塩を配置した広い視点での報告である。
　**新田論文**は自身による 1980 年代末以来の、東北タイ・コーラート高原における製塩遺構発掘調査を出発としている。
　発掘されたノントゥピーポン遺跡は製塩によって形成された低いマウンドで、後 1～4 世紀の水槽・採鹹槽・製塩炉が発見された。また二次焼成を受けた、大量の製塩土器片が出土した。その結果、この地域における塩華製塩の工程が復元でき、そしてこの製塩の必要条件として塩華フィールドの存在・採鹹用の水の容易な取得・製塩土器製作用粘土の容易な取得そして鹹水煎熬用燃料の存在という要素を指摘した。この方法での製塩が継続したのは、13 世紀頃までと推定している。
　それ以降については、中国文献『諸番志』と『島夷誌略』記述より東南アジアの製塩を述べている。特に後者が記す 14 世紀中頃では、東南アジアでは 57 カ国中 32 カ国で製塩が報告されたことを明示した。前者では僅かに 3 カ国でしか記されていなかったことを見れば、急速な発展と言える。その要因について中国からの鉄鍋輸入が急増したことで、燃料さえ確保できれば海辺のどこでも海水煎熬による製塩が可能になったことを指摘している。実際、フィリピン沿岸で発見された沈没船には、多数の鉄鍋が発見されている。そしてそのような大変化が、クメール帝国の重要な地域でもあった東北タイでの塩生産の低下に繋がったと述べている。最後にタイでの現在残る伝統的製塩方法を、塩華製塩・塩井製塩・海塩製塩に分けて詳細に紹介している。
　また 1990 年代に行った生産者と消費者からの聞き取りも含めており、タイの製塩史全体を視野に入れた総合的な興味深い報告となっている。
　**江上論文**は自身が行った東部インドネシアでの製塩事例の紹介と整理を基礎として、それを琉球列島での製塩と対比したものである。
　琉球列島では中世以前に日本で行われていた製塩技法（直煮・天日自然濃縮・天日自然採塩・揚浜式製塩・入浜式製塩）が近代以降も継続的になされてきた。その理由は自然的要因が大きいとする。1950 年代以降消滅した琉球列島での伝統的製塩の復元を、自然状況が類似した東部インドネシアのマングローブ干潟での製塩例より試みている。この地域では琉球列島とほぼ似た製塩法（直煮・天日自然濃縮・天日自然採塩・入浜系塩尻法製塩・古式入浜製塩）がなされている。最初に琉球列島の沖永良部島での、伝統的製塩について詳細な報告を行っている。
　次に東部インドネシアのフローレス島とティモール島での製塩地 5 カ所における聞き取り調査成果を、興味深い製塩集落スケッチ図と共に報告している。この地域では、マングローブ干潟特有の天然塩田であるソールトフラットに重要な意味があり、そこでの鹹砂採取による粗放製塩とした。そして土器製塩の痕跡が乏しい琉球列島において、例えば東部インドネシアで確認されるシャコガイ殻容器を製塩容器として使うことも含めて、マングローブ干潟での東部インドネシアと似た製塩が存在した可能性を示唆している。
　琉球列島と東部インドネシアの製塩に共通要素があるとするなら、自然条件の似た中間地域でも似た製塩はあるはずで、そこへ向けた志向性を含んだ論文である。

　以上の本書の 6 論文は、極めて多彩である。繰り返しになるが、多くの論者たちが冒頭で強調するように塩は人間にとっての必需品であり、その獲得方法は文化単位の数だけ種類があったとも言

えるからだろう。

　本書が目指した東南アジアを中心とする塩の考古学とは、単に「民俗例」の提供を企図したわけではない。前述のように東南アジアあるいはインドでは時間の変化は一様ではなく、むしろ同一時期における地域差が極めて大きい。にもかかわらず総合的に見るなら、変化はそれぞれの文化単位地域を中心にゆっくりした流れで進行している。この流れは単に土器編年というような方法での把握では難しいが、例えば塩という必需品の獲得方法の変化というような同一目的を対象とした方法として見るなら、歩みを知ることができる。

　菅原論文にしるされた里浜貝塚での製塩は弥生時代後期には消滅するが、松島湾では8世紀から塩竈神社に象徴される別の製塩が始まる。両者の関係がどのようなものなのかは、興味深い。また江上論文に見られるフローレス島ムナンガ集落での製塩は、すでに16世紀末以前には実施されていた記録がある。現在のそれとどのような差異があったかどうかは不明だが、ここで我々は時の歩みを超えた同一生業の存在を知る。

　考古学は過去の人間の生活を、物的資料より解き明かす学問である。過去という時間は長いが、それ以上に人間生活はいつにおいても多様である。また物質的要素は、当然精神的要素とも深い繋がりがある。複雑な構成の人間社会の歩みについて広い領域で探るための端緒を、物的資料により製塩という分野で提供することが本書の最大の目的である。その意味で少しでも読者の興趣に資することができるなら、我々の最大の喜びと言える。

**参考資料**
網野善彦
　　1980「平安時代末期〜鎌倉時代における塩の生産」『日本塩業体系　原始・古代・中世（稿）』日本専売公社、『網野善彦著作集9　中世の生業と流通』岩波書店 2008、pp.3-146
　　1985「中世の製塩と塩の流通」『講座・日本技術の社会史2　塩業・漁業』日本評論社、『網野善彦著作集9 中世の生業と流通』岩波書店 2008、pp.232-282
青空文庫 www.aozora.gr.jp「森鴎外　山椒大夫」
'Gudang Garam' & 'garam masala' in Wikipedia

# 「製塩」を考える2つの視点
## ── 技術体系と生業経済 ──

高梨 浩樹

## はじめに

　今回の論考は、あくまで「塩の博物館」の職員として可能な範囲という立場で受諾した次第で、「東南アジア」「考古学」ともに専門外であることをあらかじめお断りしておく。私の専門は、学問領域としては生態人類学で、博物館の仕事としては製塩技術史および塩の科学全般であるが、それらの領域での現地調査、データ集積ができているものは限られ、東南アジア考古学に直接役立つような内容ではないと考えられる。そのため、今回は、個別具体的な事例報告ではなく、東南アジア考古学に関わる皆さんが出会う事例について考える際の手がかりや参考として、また、その成果の当館へのフィードバックを期待して、「製塩」を考察する際の視点の提供を目的とする。そのため、本稿は、研究報告ではなく、概論的な内容になることをご容赦いただきたい。

　「製塩」という行為は、塩が生物に由来しない無機物であることから、2つの点で、他の食料生産とは大きく異なると考えている。1つは、生産技術論の観点で、無機物である塩の生産は、農・林・水産物の対象生物の棲息・生育環境のようには固有の地域に依存しない点である。一見豊富に見える技術バリエーションは、その背景となる原理が無機物の性質相応に単純であることから、限られた工程パターンに当てはめることができ、相互に比較あるいは置換して考察できる。製法のバリエーションは、しばしば不連続的・並行進化的に展開し、文化接触によらない共通性が見出せる。この考えに立ち、製塩技術を考察する際の基本的な工程のパターンを提示したい。

　もう1つは、塩が生存に必須で代替物のない無機栄養であることから、生理・栄養学的な観点あるいは生態学的な観点で、「製塩」の動機を考えることができる点である。その「動機」は、狩猟採集、焼畑農耕、定住農耕、牧畜、漁撈等、生業経済によって異なると考え、各生業に固有の製塩動機を想定したい。さらに、製塩動機が交易とも密接に関わることを考慮し、生業が異なるいくつかの地域社会が交易を介して結びついた適応形態という視点を提供したいと考える。

## 1　技術体系からみた製塩

### (1) 製塩法の概説

　製塩法の分類としては、通常、原料で分類したのち、製塩行程で細分することが多い。原料としては、岩塩・湖塩などの内陸性塩資源が世界の塩生産量の約2/3を占め、海塩は約1/3で、海塩のほとんどを天日塩が占める。製塩工程については、「原料」「前処理」「濃縮」「中間処理」「晶析

表 1 各種製塩法の工程パターン一覧

| No. | 製塩法 | 事例 | 気候・地形 | 原料 | 前処理 | 濃縮 | 中処理 | 晶析 | 熱源 | 脱水 | 後処理 |
|---|---|---|---|---|---|---|---|---|---|---|---|
| 1 | 天日塩田 | イタリア・フランスなど | 乾季あり | 海水 | — | 濃縮池 | 石膏除去 | 結晶池 | 太陽熱 | 山積流脱 | — |
| 2 | 天日塩田 | メキシコ・オーストラリアなど | 砂漠 | 海水 | — | 濃縮池 | 石膏除去 | 結晶池 | 太陽熱 | 山積流脱 | — |
| 3 | 天日塩田 | 東南アジア・中国 | 乾季あり | 海水 | — | 濃縮池 | | 結晶池 | 太陽熱 | 山積流脱 | — |
| 4 | 潟口天日塩田 | トレビエハ（スペイン）等 | 乾季あり | 海水 | 湾口閉鎖 | 結晶池 | | 結晶池 | 太陽熱 | 山積流脱 | — |
| 5 | 天日塩田 | マラス村（ペルー）・ジャダチ（チベット） | 乾季あり | 塩泉 | — | 結晶池 | | 結晶池 | 太陽熱 | | 型詰乾燥 |
| 6 | 土塩・天日 | ビルマ村（ニジェール・サハラ） | 乾燥 | 塩土 | 井水に溶解 | 結晶池 | — | 結晶池 | 太陽熱 | — | |
| 7 | 天日塩 | タボパリ山村（江上インドネシア） | 乾季あり | 海水 | — | 割竹皿 | — | 割竹皿 | 燃料（木） | — | |
| 8 | 天日採鹹・煎熬 | ラマレラ漁村（江上インドネシア） | 乾季あり | 海水 | — | 天日採鹹 | — | 小鍋煎熬 | 燃料（木） | — | |
| 9 | 直煮法 | 江戸期東北 | 温帯多雨低温 | 海水 | — | — | — | 平釜煎熬 | 燃料（木） | — | |
| 10 | 灰塩 | ニューギニア・アマゾン | 温帯多雨 | 塩泉 | 水草浸漬 | 水草再浸漬 | — | 燃焼（灰塩） | 燃料（木） | — | |
| 11 | 灰塩系 | ニューギニア・アマゾン | — | 塩泉 | 水草浸漬焼 | 灰浸漬 | — | （竹皿）煎熬 | 燃料（木） | — | |
| 12 | 灰塩 | 古代ギリシャ | — | 海水 | 葦浸漬 | — | — | 葦燃焼（灰塩） | 燃料（薪） | — | |
| 13 | 灰塩 | 縄文？古代中国 | 温帯多雨 | 海水 | 海凍干・浸漬 | 灰浸漬 | — | 土器燃焼皿 | 燃料（木） | — | |
| 14 | 藻塩系 | 縄文？・弥生～古墳・古代中国 | 温帯多雨 | 海水 | 海凍干・燃焼 | 灰浸漬 | — | 土器煎熬 | 燃料（木） | — | 型詰焼成 |
| 15 | 藻塩系 | 縄文？～古墳・古代中国 | 温帯多雨 | 海水 | 千海凍浸漬 | 灰砂浸漬 | — | 土器煎熬 | 燃料（木） | — | 型詰焼成 |
| 16 | 藻塩系 | 旧 オランダ・英国・北欧 | 冷涼 | 海浸泥炭 | 泥炭燃焼（灰塩） | 灰砂浸漬 | — | 平釜煎熬 | 燃料（泥炭） | — | |
| 17 | 媒砂採鹹 | 仏ノルマンディ・旧英 | 温帯干潟 | 海水 | 海浸砂集積 | 鹹砂浸漬 | — | 平釜煎熬 | 燃料（木） | 遠心脱水機 | |
| 18 | 媒砂採鹹 | 古代中国 | 温帯干潟 | 海水 | 海浸砂集積 | 鹹砂浸漬 | — | 平釜煎熬 | 燃料（木） | — | |
| 19 | 媒砂採鹹 | 入浜系塩田（古代日本） | 温帯多雨干潟 | 海水 | 海浸砂集積 | 鹹砂浸漬 | — | 平釜煎熬 | 燃料（木） | — | |
| 20 | 土浜 | 内陸タイ | 乾季多雨 | 塩土 | 塩浜集積 | 鹹土浸漬 | — | 平釜？天日？ | 不明 | — | |
| 21 | 媒砂採鹹 | 伊勢神宮等古式入浜 | 温帯多雨干潟 | 海水 | — | 塩浜・鹹砂浸漬 | — | 平釜煎熬 | 燃料（木） | 遠心脱水機 | 型詰焼成 |
| 22 | 媒砂採鹹 | 瀬戸内沿岸入浜式塩田 | 温帯多雨干潟 | 海水 | — | 塩浜・鹹砂浸漬 | — | 平釜煎熬 | 燃料（木） | 遠心脱水機 | 型詰焼成 |
| 23 | 媒砂採鹹 | 能登の揚浜（他は自然浜） | 温帯スコール | 海水 | — | 塗浜・鹹砂浸漬 | 石膏除去 | 平釜煎熬 | 石炭 | 遠心脱水機 | |
| 24 | 媒砂採鹹・天日 | クサンバ（バリ島） | 熱帯スコール | 海水 | — | 自然浜・鹹砂浸漬 | — | ヤシ幹燕発皿 | 太陽熱発 | 脱水槽 | |
| 25 | 流下式 | 明治東北・昭和瀬戸・現各地 | 温帯多雨干潟 | 海水 | — | 枝条架・滴下蒸発 | — | 平釜・真空式 | 石炭・石油・木 | 遠心脱水機 | |
| 26 | イオン膜法 | 瀬戸内4工場・現在 | — | 海水 | 砂ろ過 | 電気透析 | — | 真空式煎熬 | 石炭・石油 | 遠心脱水機 | |
| 27 | 温泉熱 | 下賀茂温泉（静岡） | 温帯多雨 | 塩泉 | — | 濃縮鍋 | — | 結晶鍋 | 温泉熱 | 遠心脱水機 | |
| 28 | 地熱 | 青ヶ島（東京都） | 温帯多雨 | 海水 | — | ＜枝条架＞ | — | 結晶平釜 | 地熱 | 遠心脱水機 | |
| 29 | 井塩 | 四川・自貢（中国） | — | 塩井 | 溶解・地下鹹水 | 蒸発槽 | — | 平釜平釜煎熬 | 木・天然ガス | | 型詰乾燥 |
| 30 | 湿式採鉱 | 旧 ヨーロッパ＜ドイツ＞ | — | 岩塩 | 地下鹹水 | — | — | 土器・平釜煎熬 | 木・石炭 | — | 型詰乾燥 |
| 31 | 湿式採鉱 | 米シララキューブ | — | 岩塩 | 溶解 | — | ろ過 | 結晶槽 | 太陽熱 | 遠心脱水機 | |
| 32 | 湿式採鉱 | 現在の欧米など | — | 岩塩 | 溶解 | — | ろ過 | 真空式煎熬 | 石炭・石油 | 遠心脱水機 | |
| 33 | 乾式採鉱 | 岩塩層のある各地 | — | 岩塩 | 掘削 | — | — | 撒出のみ | — | — | |
| 34 | 溶解再製 | 伯方の塩など | 温帯多雨 | 塩 | 原塩溶解 | — | — | 結晶煎熬 | 石炭・石油・木 | 遠心脱水機 | |
| 35 | 湖塩 | ウユニ（ボリビア）ほか | 乾燥地・乾季 | 塩湖 | — | — | — | 採塩のみ | — | — | |
| 36 | 冷凍法 | 旧 シベリア・スウェーデン | 冷涼 | 海水 | — | 凍結濃縮 | — | 平釜煎熬 | 燃料 | — | |

(熱源)」「脱水」「後処理」という7工程に分解できると考えている。この7工程は、何らかの塩水を原料に想定しており、岩塩や湖塩では当てはまらない工程もあるが、バリエーションが豊富なのは塩水からの製塩であり、東南アジアでは岩塩・湖塩は稀であるため、今回はこの7工程で考察したい。

各地・各時代の製塩法をこの7工程に当てはめたものが表1である。製塩法として語られるのは、多くの場合「晶析」工程であり、例えば「天日塩」とは、自然蒸発により結晶を得る方法を意味する。「濃縮」工程は、原料塩水がうすい場合に用いる事前濃縮で、「晶析」の補助工程だが、「入浜式塩田」「流下式塩田」というように、しばしば製塩法の名称となり、多彩である。「前処理（作表の都合より原料調整工程も含む）」「中処理」「脱水」は、単純な塩化ナトリウム水溶液ではない原料塩水から不純物を除去する補助工程だが、具体的な製塩工程を考察する際の参考として整理し、各製塩法を概観した後に補足する。「後処理」は、流通を意図した加工など、注目すべきもののみ記した。

(2) 原料・気候条件と製塩法

各種の製塩法を規定する要因は、第一に、「利用できる塩資源は何か」という「原料」についての制約である。あらかじめ結晶している岩塩や湖塩が得られれば、気候条件による制約もなく、製塩上、最も有利であるが、塩資源は偏在するため地域的な制約となる。海水をはじめ、岩塩を溶解した塩水、地下鹹水、塩泉など、何らかの塩水を原料とする場合も、地域によって利用できる塩資源は異なる。

次に、各種製塩法を規定する要因は、「気候」についての制約である。何らかの塩水を原料とする場合、水分を分離する工程が必要だが、小雨・高温ほど有利で、多雨・低温になるほど、工程に工夫を要する。気候条件（場合により地形条件）に対応して、表1に示す「濃縮」「晶析」工程が工夫された結果、多彩なバリエーションが生じたことになる。各製塩法はそれぞれが先人の知恵と工夫の成果で、個別に考察しても興味深いが、本稿は各製法の報告ではなく、技術パターンの提示を目的とするため、以下、各製塩法（表1中 No. で表記）の相関関係に注目しながら、整理・概観するにとどめ、写真や模式図等も省略する。わかりにくい点はご容赦いただきたい。また、本来であれば、各製塩法についての出典を明記するべきだが、あまりに煩雑になるため省略する。各製塩法の詳細については、別途お問い合わせいただくか、文献類[1]を参照されたい。

① 天日製塩

天日塩田は、紀元前に原初的なものが登場していた可能性はあるが、10世紀イタリアで築造されたものが、現在につながる姿とされる[2]。イタリアでの築造当初より濃縮池と結晶池は分化しており、その面積比（濃縮池／結晶池）はほぼ1であった。シチリア島のマルサーラ塩田[3]などは、伝統的なヨーロッパの天日塩田の姿を留める。16世紀には濃縮池と結晶池の分化が進み、面積比が3～6となった。この16世紀ヨーロッパ型の天日塩田(No.1)は、その後、世界各地に広がり、メキシコやオーストラリアなど(No.2)、より乾燥した好適地で大規模化し、現在の海塩生産の主役となっている。

19世紀以降、インド、中国をはじめアジア各地(No.3)でも「分化した濃縮池と結晶池」をもつ天日塩田が見られるようになるが、ほとんどは16世紀ヨーロッパ型の天日塩田の伝播と考えてよい[4]。

一方、塩泉を原料に、インカ時代から存続するといわれるペルー・アンデス山中マラス村 (No.5) の棚田式天日塩田や、屋根しかない竹木建造物を斜面に築いて水平面を確保した中国チベット国境ジャダ村 (No.5) の塩泉天日塩田、ニジェール・サハラ砂漠のビルマ村 (No.6) の海水を原料としない天日塩や、インドネシア・レンバタ島 (No.7) の池ではない天日製塩[5]など、「分化した濃縮池と結晶池」をもたない天日製塩は多数存在する。表1にはないが、かつての沖縄・南西諸島では自然にタイドプールで濃縮された海水を原料にした天日製塩もあった。これら「分化した濃縮池と結晶池」をもたない天日製塩は、単純に「未分化」という言葉で考察すべきものではなく、全く独立の系譜だと考えるべきである。冒頭で述べたように、無機物である塩の場合、生息地のような制約がなく、性質が単純であるために、しばしばこのように相互関与を考えにくい類似形態が見られ、伝播論で理解するのは困難である。強烈な日照と乾季という条件を共有する東南アジアの場合には、ヨーロッパ型とは異なる未知の天日製塩法が多数あって不思議ではなく、また交易を通じて系統関係がたどれる可能性もある。私は不勉強のためその事例を知らないが、今後の研究成果に期待したいところである。

### ② 直煮系製塩

塩の性質の単純さということでは、「海水を煮つめれば塩になる」という原理に即した素朴な煎熬塩が考えられる。江戸時代の東北・三陸地方 (No.9) では、日照・気温・地形ともに後述の濃縮媒介材系製塩に不適で、南部鉄製の釜と豊富な森林を背景に直煮が行われた。しかし、製塩に要する燃料が膨大で禿げ山が広がったため、伐採の禁令が出ている。このような、小規模で素朴な煎熬法は東南アジア各地でも想定されるが、全く濃縮工程をもたないと、燃料不足という大問題に突き当たるはずである。小規模であっても、インドネシア・レンバタ島のクジラ漁民 (No.8) が作る煎熬塩[6]のように、素朴な煎熬塩の場合でも、単なる直煮でなく簡単な濃縮工程をもつものも多いと考えるべきだろう。

### ③ 濃縮媒介材系製塩 (No.10〜24)

濃縮工程をもつ製塩法は、天日結晶が得にくい条件下だからこそ発達したのだから、蒸発池に貯めるなど蒸発液面が限定される濃縮法では、条件的に効率が悪いことになる。植物や砂等を「濃縮媒介材 (本稿の分類において便宜的に使用する語で、一般用語ではない)」に用いた「藻塩」や「媒砂採鹹」は、バリエーションは多彩だが、含塩泥炭を原料とするもの以外、何らかの塩水を「濃縮媒介材」に付着させて広げて干すことにより、液面すなわち蒸発面積の拡大効果を得ている。結果論的には理解できる方法だが、「塩を得るために植物を刈り集める」のは予備知識なしに発想しにくいだろうし、起源が古いため、明確に蒸発面積の拡大を意識したとも考えにくい。エスノサイエンス領域の問題として興味深い。

### ③-1 灰塩・藻塩

海藻 (No.13) や海岸付近の葦 (No.12)、塩泉付近の草 (No.10) など、媒介材を燃焼させて得られた灰をそのまま「灰塩」として利用するものが、この種の製塩の原初的な姿とされるが、今日、その発生や伝播を検証するのは困難である。

「灰塩」を再度塩水に溶出し、土器等で煮つめたものが藻塩 (No.11、14、15) である。日本 (No.14) では、関東から東北にかけて縄文時代後期〜晩期に製塩土器が出現するが、「濃縮」工程があった

か否か議論も残る。瀬戸内や伊勢湾などでは、弥生～古墳時代を中心に、縄文とは別系統の製塩土器が出土し、これらは土器に付着した微小生物から、海藻を使った「濃縮」工程が認められている。しかし、製法は遺物・古文献いずれからも確定できず、実験考古学的な検証[7]では、「灰塩」にしてから土器で煮つめる方法(No.14)と、海藻を焼かずに溶出し煮つめる方法(No.15)両方の可能性が指摘されている。後者は、「灰塩」と無関係にも成立し得るため、伝播・発生論的にも興味深い課題である。

オランダを中心にイギリス東岸や北欧(No.16)など、冷涼な高緯度地方では、海藻の代わりに含塩泥炭を使った「灰塩」やそれを溶出して煮つめる「藻塩系」の製塩法が見られる。このことからも、「灰塩」「藻塩」系は起源が古く、各地で独立に発生した可能性も高いといえる。

これらの製法は、手間の割に収量が小さく、小規模なものにとどまらざるを得ないが、気候条件に依存する側面が比較的小さいため、海水や塩泉などの製塩原料と何らかの媒介材が得られれば、地域を選ばないという利点もある。灰塩・藻塩系の製塩法は、ほとんどの場合、より効率的な製法に取って代わり消滅しているが、東南アジアの交通が隔絶した地域であれば、この種の製法が未知のまま存続している可能性もある。ニューギニアでは、現在もこの方法が見られるが、製塩を行わない時期には、バナナの葉など、付近の植物を塩泉に漬け込み、「浅漬け」に似た食品の加工が行われている[8]。この「浅漬け様食品」を加熱調理しようとして焦がしてしまえば、「灰塩」になるわけで、製塩遺構のみならず、「結晶塩を用いない浅漬様食品」についても注意を払いたいところである。

### ③-2 媒砂採鹹

かつての日本で「塩浜」や「塩田」と称されるものの大半がこれにあたるが、古代中国(No.18)に起源が求められるかも知れない。古代日本の塩尻法(No.19)は、干潟のような平坦な海岸地形で、大潮の満潮時のみ海水に浸る砂をかき集めて溶出・煎熬するもので、鹹砂を自然物に依存するため、略奪的製塩法とも言われる。ヨーロッパ(No.17)にも同様の媒砂採鹹・煎熬法がみられ、ほとんどは天日塩田の発達にともなって消失したと考えられる[9]。フランス・ノルマンディ地方のアブランシュ塩田は、大きな潮位差を利用し、干潟の塩砂を集めて溶出させるもので、時代・原料が異なるうえ、相互関係もないと思われるが、含塩原料を集積して利用する点で、古代日本の塩尻法(No.19)や内陸タイ(No.20)の土塩と共通する。東南アジアでの事例を知らないが、干満差、干潟、日照(乾季)という条件を満たせば、行われていて不思議でない製塩法である。

日本の入浜系塩浜(No.21、22)は、干満差の大きな海岸干潟を堤防で仕切り、潮位に応じて堤防の樋門を操作して海水の導入・排出を行う方法であり、上記の塩尻法等の塩砂を人為的に作り出すようにしたものだと考えることができる。特に、江戸時代以降、瀬戸内海沿岸に発達した入浜式塩田(No.22)は、砂地盤への海水浸透にも毛細管作用を利用しており、人間が海水を運ぶ手間が省けるため大規模化し、流下式塩田に切り替わる昭和30年代まで存続した。また、入浜式塩田の一部(山口県三田尻など)では、「晶析」工程の前により濃縮を上げるために、ごく水深の浅い天日塩田とも言える濃縮台、またはそれをゆるやかに傾けて流下循環させる濃縮台などの補助装置も併用されていた。

一方、地形が急峻で干潟がなく、干満差も小さい能登などで見られた揚浜(No.23)は、人間が海

水を塩田まで運び上げねばならない点で入浜より不利で、家族経営規模にとどまる。砂を使って濃縮し、平釜で煮つめるという点では入浜系と同じ原理で、入浜を行う条件が整わない地域での媒砂採鹹といえる。また、表にないが、江戸期の会津では、塩泉を原料にした媒砂採鹹・平釜煎熬も行われていた。

　これらの媒砂採鹹は、海水（または何らかの塩水）と砂があれば実施できる製塩法であり、技術伝播の観点からも、東南アジアで実施されて不思議はない。明確な乾季がある場合は、より有利な天日塩田になると考えられるが、天日塩田に不適な気候や燃料が豊富な地域を精査したら、事例が出て来るのではないかと考える。

④ 濃縮装置系製塩

　流下式（No.25）は、竹枝をやぐら状に組んで海水を滴下させる「枝条架」という装置によって液面を拡大し、蒸発を促進する方法で、海水を濃縮媒介材とともに広げるのではなく、水滴にすることで液面を拡大している。液面を広げて蒸発を促すという意味では、藻塩や媒砂採鹹と同じであり、濃縮媒介材が巨大な装置に置き換わったと見ることもできる。日本の枝条架は、岩塩由来の塩水を濃縮するヨーロッパの樹枝や樹皮を使った枝条架（No.30）を模倣・改良したものだが、装置面でも原理面でも、比較的素朴な製法であり、東南アジアのどこかで独自に実施されている可能性もある。

　なお、水分除去ではなく電気透析による塩分抽出で濃縮を行うイオン交換膜法をはじめとする現代的な濃縮技術は、本稿では詳述しない。しかし、日本の製塩法は「濃縮」と「晶析」の組み合わせである点で、古代から現在に至るまで共通していることは明記しておきたい。

⑤ 岩　塩

　採掘する方法（No.33）ばかりでなく、水に溶解して汲み上げたのち煮つめる方法（No.30、32）や地下水に溶けて存在している地下鹹水を汲み上げて水分蒸発を行う方法（No.30〜32）がある。岩塩由来の塩水を利用する場合には、海水など塩水を使った製塩法との類似点も多い。

⑥ 湖　塩

　乾燥地では、水が地中の塩類を集積し海水より高濃度の塩水をたたえた塩湖が見られる。ウユニ湖（No.35）など、乾季に塩が析出する場合は集めるだけでよい。塩湖は、乾燥が進めば塩の堆積となり、岩塩への推移過程と考えられる。このような高濃度の塩湖は、東南アジアではあまり見られない。

⑦ 土　塩

　詳細は不明ながら、塩を含む土を集積して水に溶出して濃厚塩水とし、煮つめて塩の結晶にする製塩法が、内陸タイ（No.20）で見られる。技術的には、古代日本の塩尻法（No.19）などに似ている。

　ニジェールのサハラ砂漠の中にあるビルマ村（No.6）では、塩を含む土を塩を含む地下水で溶出して濃厚塩水とし、小さな池で天日蒸発させている。原料は異なるが、濃縮池が分化していない天日塩田という意味で、技術的には、No.4、5、7と共通点が多い。

⑧ 井　塩

　古代から深井戸の技術があった中国の自貢（No.29）では、地下鹹水を汲み上げて煮つめており、3,000年以上の歴史を持つという。原料は異なるが、ほとんどを「晶析」工程にたよる点で、技術的には直煮法（No.9、27、28）と共通点が多い。

## (3) 製塩法を構成する工程要素の組み合わせパターン

表1のように、単純な7工程に整理して比較すると、各工程に登場する要素はそれほど多様でないことがわかる。例えば、No.4、No.5、No.6は、「原料」は全く異なるが、「濃縮」「晶析」工程は共通している。濃縮池と結晶池の区別を問題視しなければ、No.1、No.2、No.3も同系列ということになり、装置のちがいを無視すれば、No.7、No.31も同系列となる。さらに、熱源のちがいを無視すれば、No.27、No.28も同系列に考えうる。

このほか、地域や原料のちがいだけでNo.11、No.14、No.16の工程は共通、砂と土がちがうがNo.17～20の工程は共通、海水の動かし方がちがうがNo.21～24の濃縮工程は共通している。さらに、No.11、No.14、No.16とNo.21～24は濃縮媒介材が異なるだけで、同じ工程だと見ることもできる。「見かた」をどうとるか次第で、このほかにも多くの共通点を見出せることと思う。

このように、共通点が見出せるということは、同一工程内の要素が、相互に置換可能だということでもある。「原料」の海水を他の塩水に入れ替えても、その後の「濃縮」工程は成り立つし、「晶析」工程の「天日蒸発」を燃料による「煎熬」に置き換えても塩はできる。そのことをよく表しているのが、バリ島・クサンバ村の事例（No.24）である。「原料」と「濃縮」工程は、能登の揚浜（No.23）と共通で、「晶析」工程のみが天日蒸発に置き換わっている。気候条件のちがいにより、燃料を使わずに結晶が得られる、より有利な製法を採ったわけである。

つまり、一見、多様に見える製塩法は、「原料」「濃縮」「晶析」工程に属する、置換可能な要素の組み合わせパターンにすぎず、塩資源や気候といった地理的条件によってその組み合わせが決まるのだと考えることができる。もちろん、個別の製塩事例の詳細を個別のものとして把握することは重要であるが、その後の研究に際しては、これらの「組み合わせパターン」に照らして考えると、工程の見落としや、新たな技術系統の発見、技術相違の理由の比較考察による新事実の解明、伝播論など相関関係の把握など、研究に広がりが出ると思われる。各種の製塩法が、結果的に、置換可能な要素の組み合わせパターンとして把握できるのは、その背後にある科学的な原理が共通しているからである。その原理を理解した上で考察すれば、より工程の理解がしやすくなると考える。

## (4) 製塩工程を把握する際の要点（科学的な原理）

以下、東南アジアで利用される主な塩資源である海水を中心に、製塩に利用される原理を整理するが、海水とは異なる塩水を原料とする場合も、組成の違いによって析出分別の目安が変わる以外は、海水に準じて考えることができる。

塩の結晶を得るためには、飽和濃度を越えるまで濃縮しなければならないが、海水の平均塩分濃度は3.4％で、飽和食塩水に比べ著しくうすい。ほとんどの場合は蒸発によって水分を除去して、濃度を上げる。水分の除去を、自然エネルギー等による液面蒸発のみで行う場合が天日塩、燃料を用いて沸騰させて行う場合が煎熬塩ということになる。「濃縮」工程を持つ場合は、ほとんどが液面蒸発によるもので、液面を拡大し蒸発速度を上げる工夫が重要となる。また、「結晶」工程も液面蒸発によっている天日塩の場合、「原料海水の体積に占める表面積の割合」に応じて蒸発速度を制御できる。結晶サイズは濃縮速度が速いほど小さくなり遅いほど大きくなるからである。不純物

海水100mlからの濃縮液量（ml）

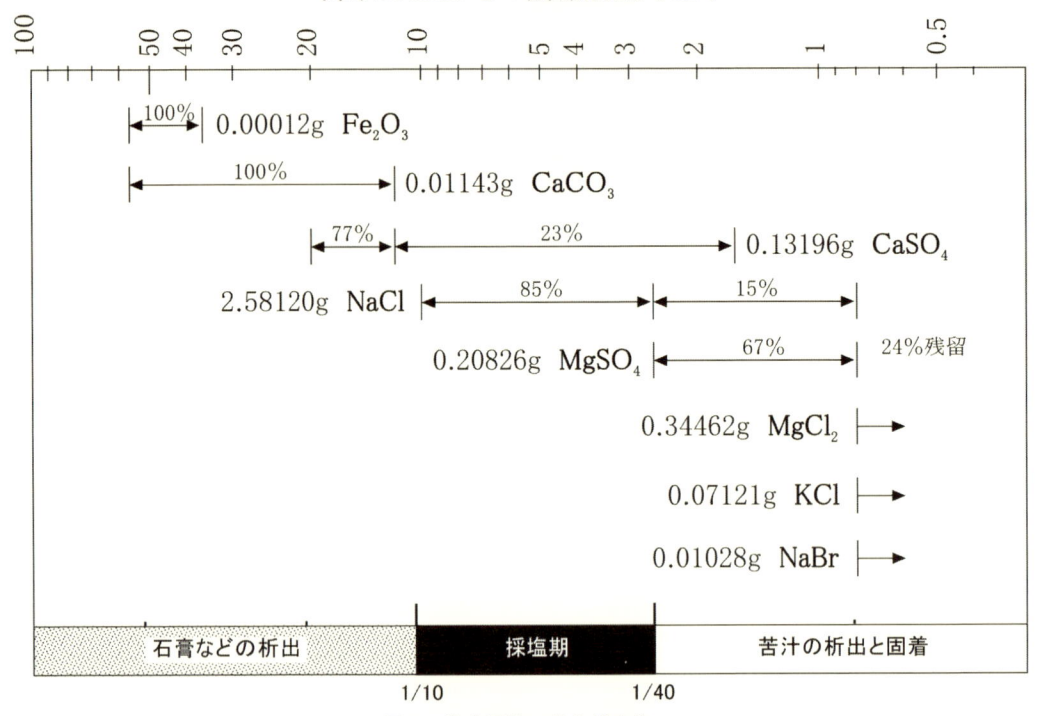

|  | 100% | 0.00012g Fe$_2$O$_3$ |
|  | 100% | 0.01143g CaCO$_3$ |
|  | 77% | 23% | 0.13196g CaSO$_4$ |
| 2.58120g NaCl | 85% | 15% |
| 0.20826g MgSO$_4$ | 67% | 24%残留 |
| 0.34462g MgCl$_2$ |
| 0.07121g KCl |
| 0.01028g NaBr |

石膏などの析出　　採塩期　　苦汁の析出と固着
1/10　　1/40

図1　海水濃縮に伴う析出塩

※『海塩の科学』（1976 日本海水学会）より作成。ただし、濃縮実験は石橋雅義・村上敏治（1950）。
※27℃の恒温蒸発による。全塩分量は 3.35908g/10mℓ

除去には結晶サイズを大きくした方が有利なため、一部の天日塩田では意図的に蒸発速度を下げて大きな結晶を作っている。

　海水はまた、不溶解分（砂・ゴミ・微生物など）や塩（塩化ナトリウム）以外の溶存物質を含むため、必要に応じて、それらも除去しなければならない。原料海水中の微細な不溶解分は、結晶工程より前の段階（前処理または中間処理）で「ろ過」により取り除かれることが多いが、明確な「ろ過」工程を持たない製塩法もある。その場合、不溶解分によって最終製品が着色する。

　塩以外の溶存物質の除去は、「濃縮」工程後の「中処理」や、「晶析」工程後の「脱水」によって行われる。この分別には、図1に示したように、濃縮段階によって析出する塩類が異なる性質を利用している。原料海水体積の約1/10まで蒸発させた段階では、CaSO$_4$（石膏）等その大部分が結晶・沈殿した塩類がある一方、NaCl（塩）はまだ結晶せず水溶液のままである。ここで「ろ過」すれば、既に析出した塩以外の物質を除去できる。例えば、能登の揚浜（No.23）のような伝統的な製塩法でも、荒焚きと本焚きの間に石膏除去のための「ろ過」が行われ、青ヶ島（No.28）のような直煮法に近い小規模製塩の場合でも石膏の「すくい取り作業」が行われる。石膏除去工程なしに海水を煮つめて塩を作るだけでは、石膏等の析出スケールが加熱容器にこびりついて伝熱の妨げとなるため、よほど素朴な小規模製塩でないかぎりは、この工程があるものとしてよく観察・考察したいところである。濃縮池と結晶池が分化した天日塩田（No.1～3）の場合は、結晶池直前の濃縮池で石膏を沈殿させ、その上澄みを結晶池に移す方法で分別が行われる。濃縮池と結晶池が同一の天日塩

田（No.4〜6）の場合、石膏除去工程が判然としない場合が多いが、よく観察すれば、すくい取り作業が確認できる可能性がある。

一方、図1で、原料海水体積の約1/40まで蒸発させた段階では、塩の85％が結晶しているが、$MgSO_4$、$MgCl_2$、$KCl$などの塩類は、まだ析出せずすべて水溶液の状態である。この水溶液あるいはその塩類を総称して「にがり」という。この段階を見極めて採塩し、付着したにがりを分離すれば、純度の高い塩が得られる。塩の結晶は固体だが、にがりは液体であるため、物理的な分離は比較的容易であり、この工程は山積滴下、脱水槽、遠心脱水機など、何らかの「脱水」という方法によって行われる。

最後の工程である「後処理」は大きく2つに分かれる。「型詰焼成」は、脱水しきれなかった塩を容器に詰めて加熱し、強制的ににがりを析出させるものである。こうすると、吸湿性の高いにがりの主成分$MgCl_2$が$MgO$に変化するため、乾燥状態を保てる上級塩「焼塩」を作ることができる。「型詰乾燥」は、粒状の塩を運搬できる容器がなかった時代や、計量が難しかった時代に、運搬および商取引に便利なように、一定の型に入れ整形し塊としたものである。同様に「型詰焼成」の場合も、運搬・商取引に便利な整形という側面がある。粒のまま塩が流通するのは比較的時代が浅く、江戸期から俵や叺といった藁製品で粒状運搬していた日本の例は世界的にも早い。時代を遡るほど、塩は塊で流通していたのであり、製塩事例を考察する際には、流通時の形状にも注意を払いたいところである。

## 2　生業経済からみた製塩

### (1)「製塩」の動機

「なぜ塩が必要なのか」つまり「製塩の動機」を考慮しないと、製塩事例を技術論として考察するほかないが、「製塩の動機」を想定しておけば、環境適応の一環としての考察も可能になる。

まず、塩が「生理的な必需品」であるという基本を押さえておきたい。塩の主な生理的役割は、血液やリンパ液など細胞外体液の浸透圧・pHの維持、神経伝達、消化吸収、発汗などで、われわれは意識せずとも塩に支えられて生命を維持している。これらの機能は、人間以外の動物にも共通する。

動物では、食べものの違いが塩欲求を左右する。肉食動物は、獲物（草食動物）の身体に血液や骨髄などの形で含まれる塩を摂取するため、別に塩を補給する必要性は低い。一方、草食動物は、主食の植物がほとんど塩を含まないため、別途、塩を補給する必要がある。野生の草食動物は、塩泉や塩を含む土など、塩を補給できる場所を知っており、必要に応じてなめる。牧場で放牧しているウシなどには、塊の塩を置いて自由に舐めさせる。動物は独特の「塩味」に惹かれて摂取するだけで、生理的な必要を判断して摂取しているわけではないが、「生理的な塩欲求」は、草食動物に共通の性質である。

一方、人間は雑食であり、肉食・草食のバランスによって塩欲求が変動するはずである。肉食・草食のバランスは、食料を得るための文化つまり生業形態によって異なるため、塩の必要性も生業

形態によって異なると想定される。食品として利用する動物や植物のレパートリーやその摂取量については、生態人類学（理学系）あるいは人類生態学（医学系）によって、さまざまなフィールド、さまざまな生業についての事例が蓄積されているが、残念ながら、それらと同時に塩利用を把握した事例はほとんどない。また、さらに事例の蓄積がないが、塩は、直接、生理的な機能を果たしているだけでなく、生業によっては、その生業を維持するためにも、塩が一定の文化的な機能を果している場合があると考えられる。いずれにしても、「製塩」を考察する場合には、単に「製塩」のみを切り出して考えるのではなく、その社会あるいは集団の生業経済の中に位置づけて考えたほうが、多くの情報が得られると考える。

　本稿では、個々の生業における塩の利用例が「製塩の動機」または「交易の動機」につながると考え、生業別に想定される塩の用途を整理する。その際、日常の味つけや調理、信仰や神事などを含めると本筋から外れるため、この項では、その生業で得られる食品を栄養補給の観点でとらえて塩の充足度を考察し、その上で、各生業を営む上で必要な「生業に固有の塩の役割」を整理するにとどめる。実際には、いくつかの生業を複合させて生計活動を営むのが自然だが、この項では、生業ごとに「塩の用途」ひいては「製塩の動機」が異なることを指摘するのが目的であるため、単純な生業モデルとして記述し、生業複合による塩利用が興味深い事例のみを補足する。

　① 狩猟採集社会

　狩猟採集民の民族例（イヌイットを除く）からすると、採集活動によって得た植物が主たるエネルギー源で、狩猟活動によって得た肉は補助的である。しかし、狩猟によって獲物が得られたときには利用し尽くすため、獲物の血液や骨髄に含まれる分で塩はほぼ充足すると考えられ、通常、結晶塩の利用はない。広範囲の植物と塩を食べて身体に蓄積している獲物（草食動物）を食べればこと足りるという様式である。

　② 漁撈社会

　生理的に必要な塩は、漁獲物を食べることによってある程度満たせると考えられ、必ずしも塩は必要ない。しかし、一時期に集中する漁獲を有効利用するために保存加工が必要となり、しばしば塩が用いられる。漁獲物以外の食品、とくに穀物を得るには、農耕民との交易が必須で、交易のための水産加工にも塩が必要となるほか、塩そのものも交易品として利用される。

　③ 牧畜社会

　家畜を殺さずに得られる産物（乳や血液）が主たるエネルギー源である。家畜（草食動物）は、広範囲の植物と塩を食べて身体に蓄積しており、人間は乳や血液として間接的に草と塩を食べるという図式になっている。人間は結晶塩を全く食べないわけではないが、畜産物によって塩はかなり充足できる。塩は、人間の食用というよりも、塩欲求の強い家畜用として重要で、牧畜という生業を支えるためにも不可欠である。物理的に家畜を拘束しない「遊牧」の場合、群れの動きをコントロールする「生理的制御装置」としても、塩が重要な役割を担う。人間が塩を持っており、時々与えてくれることが分かれば、つながれなくても家畜は人間の近くにとどまる。西アジア遊牧民に伝わる独特な形状の「塩袋」は、そのような生理的家畜群制御機能を象徴的に物語ってくれる（口絵1下）。

　④ 農耕社会

　主なエネルギー源を農産物（植物）に依存する。社会的な階層もあるため、下層になるほど動物

性食品の獲得に時間がかけられなくなり、植物への依存が強まると考えられる。食物獲得に必要な労働時間は狩猟採集よりも長く、汗で塩分を失う傾向も高い。世界各地で製塩痕跡が出てくるのが農業開始以降の時代であることからも、植物主体では塩を充足できず、別に結晶塩を採る必要が生じたと考えられる。農作物は、塩なしで食べても味気なく、調味という塩の役割も明確に意識されるようになったと考えられる。収穫期が限られるため、次の収穫まで食品を保存する必要も生じる。穀物の場合は乾燥だけで保存可能だが、その他の農産物や副食類を保存するためには、しばしば塩が利用されてきた。単に防腐剤としてだけでなく、発酵調整剤として塩を利用することで、味噌や醤油のような、発酵調味料も生み出された。農耕においては、牧畜における家畜用塩のように、生業そのものの維持に関わるような塩の機能は必ずしも明確でないが、農耕集団の生理的必需品、調味料、保存食の原料として、最も多くの塩を求める生業であるといえる。

⑤ 農牧複合の例

アッサム・ブータン・雲南にかけて棲息する野生牛ガウル *Bos gaurus*（家畜化種はガヤール *Bos g.frontalis*）を塩で操作し、一緒に移動するように制御する焼畑農耕民の事例があるという[10]。飼育ではないが、焼畑の移動にともなって、野生牛が一緒に移動するように操作している点で、準家畜化の事例とも考えられ、単なる焼畑農耕では考えられない塩の利用法として興味深い。

⑥ 農漁複合の例

東アジアから東南アジアにかけては、魚発酵食品の豊富な地域であるが、これらの起源は、東南アジア内陸部の稲作民であると考えられている[11]。稲作では得られない動物性食品を、産卵等で季節的・大量に農地に入り込む魚類を捕獲して補うなかで、塩を利用した保存食（塩蔵品）としての魚醤が誕生し、魚を米と塩で漬け込むことでナレズシが誕生したわけである。稲作民が動物性食品を確保しようとした場合、狩猟との複合よりも、漁撈との複合の方が容易かつ合理的で、その際に、塩の担う役割が大きいのだと考えれば、魚発酵文化をともなう稲作に固有の塩利用として興味深い。

## 3　生業経済の延長としてみた製塩と塩交易

以上に整理したように、生業によって塩の必要度は異なり、生業に固有の塩利用も異なるが、何らかの「製塩の動機」が生じた場合、日常の行動圏で塩が得られなければ、移動して製塩することになる。また、自ら製塩しなくとも、製塩を行う他集団との「交易」によって、その需要を充たすこともできる。そのように考えれば、塩交易も、生業経済の延長に位置づけることができる。以下、塩獲得のための行動について、「塩のありか」を起点に、移動の方向性に注意しながら、事例を列挙する[12]。

### (1) 塩のありかへの移動

#### ① レンバタ島タポバリ村の「山の民」の製塩[13]

インドネシアのレンバタ島タポバリ村は、海岸から少し入った内陸にある「山の民」の集落だが、海岸の岩場に、製塩のための道具（竹を半割し節と節の間を器としたもの）が置いてあり、乾季を利用して、小規模な天日製塩を行う。「山の民」としての生業を営むための日常生活圏外にある海岸ま

で「自らが移動する」ことによって、交易によらず、塩需要を賄う例だと考えられる。

② 明治専売制以前の日向の内陸部の人[14]

日向の内陸部の人達は、「明治の専売制以前は、一族のうち定まった家族が、適切な製塩期に毎年定まった海岸へ木灰を背負って行き、網代に灰と泥を塗りつけたアジロ釜を作って製塩し、一定量生産できると俵詰し背負って村に帰った[15]」という。製塩法や装置は異なるものの、「塩のありかから離れた人々」が、「塩のありかへと移動して製塩」する図式はタポバリ村そっくりである。また、タポバリが自家消費的で集団内分業が明確でないのに対し、「一族のうち定まった家族」とあることから分業化がうかがえる。装置も「材料を持ち込んで作るアジロ釜」となり、タポバリより手が込んでいる。

③ 『播磨国風土記』に記された製塩集団

『播磨国風土記』に「塩民の田の佃・但馬国朝来の人来たりて、此処ニ居りき、故・安相の里と号く」との記述があり、「但馬国朝来里を本拠とする一部族の内部分業のためにここに派遣され、共同体に必要な塩を生産していたのではないか[16]」と推察できる。但馬国朝来里は「塩のありかから離れた場所」だと考えられ、そこから来た人々を「山の民」と考えれば、タポバリ村や日向の例によく似ている。タポバリや日向が期間限定の製塩であるのに対し、この例では、海まで移動しての製塩が部族内分業として特定の人々に絞られ、さらに「塩のありか」の方に定住したものと想定される。

④ 新潟県・山形県などの民俗事例[17]

新潟県岩船郡の山村、雷・小俣での聞き取りによると、昔は、山で切った木に目印を付け川に流し、自らも木とともに下り、河口で受け止めた木を燃料に浜の仮小屋で製塩し、村に持ち帰ったという。そのため、製塩用の木を切ることを「塩木をナメル」と言った。小俣から山を越えた山形県東田川郡朝日村大島でも「塩木をナメル」という言葉があり、同様に、山の木を切って下流の浜で製塩していたという。岐阜県揖斐川の上流にもこの言葉があり、やはり下流で木を受け止めて塩を作って持ち帰っていたという。これらは、かつて東日本で広く見られた形態らしい。その後、第一段階として、塩木とともに下流に移動するのではなく、下流の人々に薪として受けてもらい製塩してもらう形態に変化した。上流が「燃料供給者」、下流が「製塩作業者」という「流域内分業」である。第二段階として、流した木を薪として製塩に使うのではなく、下流で材木として換金し、その金で塩を購入するように変化した。購入する塩は瀬戸内塩で、塩の調達は流域を越え「地域間分業」になったといえる。

(2) 塩のありかからの移動

① レンバタ島ラマレラ村のクジラ漁民[18]

ラマレラ村は、クジラ漁を軸に生計を営む漁民たちが暮らす。女性たちは、最も暑く乾燥する10月～11月に天日採鹹・煎熬法で塩を作って保管しておき、男性の漁穫がほとんどなくなる2月に、クジラ肉とともに保管しておいた塩を内陸に持っていき、トウモロコシと交換する。海産物と塩はあるが穀物がない「海の民」が、穀物はあるが海産物や塩がない「山の民」の方へと、塩や海産物を持って交易に行くという図式で、「海の民」と「山の民」の交易として想起するステレオタイプに近い。

② 三陸の「塩の道」[19]

　三陸海岸では、明治末まで、海水直煮で製塩する村が多かった。そのうち、岩手県北部の野田村では、海岸の人々が海水直煮で製塩し、北上山地を越えて内陸の盛岡や雫石へ運んで、米などと交換していた。ときには、遠く秋田県まで運んだという。もとは牛の背に載せて運んだので、「野田塩ベコの道」と呼ばれ、のちに馬に替わっても、呼名はそのまま現在に受け継がれている。『日本塩業大系　特論民俗』には、このような三陸の塩の道の事例が他に7例出ている。これらの地域は、気候的にも地形的にも農業に恵まれず、塩を内陸へ運んで、米などの農産物と交換しなければならないという背景が共通している。

③ 千国街道などのいわゆる「塩の道」

　「海と内陸を結ぶ古道はすべて塩の道である」といわれるほど多くの例がある。有名な千国街道（新潟県糸魚川～長野県小谷・大町～松本・塩尻）の近世の例では、運ばれている塩は瀬戸内産で、厳密には「塩のありかから」の移動ではなく、「中継点から」の移動である[20]。しかし、「塩のありか」である瀬戸内から終着点まで移動方向は一貫しており、中間に運搬専門の集団が介在しただけだと考えれば「塩のありかからの移動」ともいえる。秋葉街道（静岡県相良～青崩峠～長野県大鹿・高遠～諏訪地方）の例[21]では、運び手が分業しているが地場の塩が運ばれている。日本の「塩の道」の数々は、古代に遡れば、多くの場合、海から山へと地場の塩を自ら運ぶ、「塩のありかからの移動」であり、その後、中間に運び手が介在し、さらに、他所の塩を運ぶように変化していったものと考えていいのではないかと思う。

　世界には、サハラ砂漠を命がけで越える塩の道[22]や、標高マイナス174mのアッサル塩湖（ジブチ共和国）から標高4,000mのエチオピア高地にまでおよぶ塩の道などのような、ラクダのキャラバンによる大移動もあるが、いずれも中間に運び手が介在している。これらの運び手が「塩供給者」に依頼されたものならば「塩のありかからの移動」だが、「塩受領者」に依頼されたものなら「塩のありかへの移動」と解釈でき、方向性は必ずしも明確でない。サハラ越えのキャラバンの出発・帰着点は町であり、中間に「塩のありか」が入った「塩のありかへの移動」と考えた方がいいかも知れない。

(3) どちらでもない移動

ヒマラヤ越えのドルポの塩の道[23]

　ヒマラヤ越えで塩を運ぶドルポの人々の村では、食料（穀物）が必要量の半分しかとれない。その貴重な穀物の一部を北側の中国領チベットのキアト・チョングラへと運び、チベットの人々が北から運んできたドラバイ湖の塩と交換し、村に戻る。その後、その塩を険しい峠を越えた南にあるフリコートやチュマといったヒンドゥー系の町へ持っていって穀物と交換することで、必要な穀物の残り半分を補っている。この移動は、「塩のありかへの移動」「塩のありかからの移動」両方の側面を持つともいえるし、どちらでもないともいえる。ドルポの人々の生活圏内では、塩と農産物のどちらも充足できないため、より不足の激しい地域を結んで仲介することで、何とか必要量を賄っているのである。

(4) 塩と穀物の充足と不足で読み解く広域適応

　上記のうち、塩が不足する集団が自ら「塩のありか」へ移動して製塩する例を除き、いずれも「塩」と「穀物（または木材）」のいずれかが不足する集団間で成立しており、より逼迫している側が移動すると考えることができる。その原則に立てば、どちらも逼迫しているドルポの人々は運び手になるほかなかったという理解も成り立ち、運び手が介在する原初的な姿とも解釈できる。
　このように考えれば、ある集団が製塩を行っていない場合でも、生業を異にする他集団との交易によって、塩需要を充足するという、地域間ネットワークによる適応戦略を想定することができる。まだまだ具体例に乏しいが、縄文の製塩土器が内陸部でも出土する例なども、その一例だと考えることができる。議論の多い縄文製塩（その前段階とも考えられる大型貝塚）は、自集団の需要を満たすことだけを考えたのでは、規模が大きすぎる。そのような事例を考察する際に、「生業を異にする集団間の交易による塩適応」を想定しておくことは損ではないと考えるのである。

# おわりに

　塩の博物館の職員としては、「個別の製塩事例」だけでなく、「生業によって異なる塩の利用法」や「生業を異にする集団間の交易による塩適応」までを含めて考え、人類の生存に不可欠の物資である塩の「人類史」を描いてみたいと夢想しているが、現状は徒手空拳、暗中模索に近いと言わざるを得ない。東南アジア各地・各時代の製塩事例に接する皆さんが「製塩」について考察する際には、ぜひとも、本稿で述べたような「工程パターン」「生業ごとに異なる製塩の動機」「生業を異にする集団間の交易による塩適応」といった視点を考察の枠組みの中に入れていただき、その成果を博物館にフィードバックしていただけるよう、協力をお願いする次第である。

**註・文献**
(1)　［日本］大蔵省主税局・専売局（編）1906-1920『大日本鹽業全書』（全四編および附図四編）
　　　　　　日本塩業大系編集委員会・日本専売公社（編）『日本塩業大系』（全16巻）日本塩業研究会・日本専売公社
　　　　　　広山堯道　1993『日本製塩技術史の研究』（復刻）雄山閣
　　　［土器］近藤義郎　1984『土器製塩の研究』青木書店
　　　　　　近藤義郎　1994『日本土器製塩研究』青木書店
　　　［海外］R.P.マルソーフ、市場泰男（訳）　1989『塩の世界史』平凡社
　　　　　　<原著>Robert P. Multhauf 1978 "Neptune's Gift - A History of Common Salt", The Johns Hopkins University Press
　　　　　　Stanley J. Lefond 1969 "Handbook of World Salt Resources", Plenum Press
　　　　　　片平孝　2004『地球　塩の旅』日本経済新聞社
(2)　村上正祥　1977「欧米製塩法概説」『日本塩業の研究』18、日本塩業研究会
(3)　片平　2004（前掲書）
(4)　村上　1977（前掲書）
(5)　小島曠太郎・江上幹幸　1999『クジラと生きる』中公新書1457、中央公論社
(6)　小島曠太郎・江上幹幸　1999（前掲書）
(7)　松浦宣秀　1996「蒲刈町の歴史と古代の塩づくりについて」『1996　古代の塩づくりシンポジウム』蒲刈町教育委員会

(8) 片平　2004（前掲書）
(9) 村上　1977（前掲書）
(10) 並河鷹夫　1993「東南アジア牛の系譜」『週刊朝日百科　動物たちの地球122　ウシ・ヒツジ・ヤギ』朝日新聞社
(11) 石毛直道、ケネス・ラドル　1990『魚醤とナレズシの研究―モンスーン・アジアの食事文化』岩波書店
(12) 事例の整理は、下記ウェブマガジン連載が初出で、今回は、それを加筆・要約したものである。
　　高梨浩樹　2002-2007「たばこと塩の博物館だより」『ウェブマガジンen』塩事業センター
　　バックナンバーは http:// www. shiojigyo. com / a040encyclopedia / encyclopedia4 / encyclopedia4_3 /
(13) 小島曠太郎・江上幹幸　1999（前掲書）
(14) 広山堯道・広山謙介　2003『古代日本の塩』雄山閣
(15) 出典が不明だが、廣山氏自身の聞き取り調査によると思われる。
(16) 広山堯道・広山謙介　2003（前掲書）
(17) 日本塩業大系編集委員会　1977『日本塩業大系　特論　民俗』日本塩業研究会
(18) 小島曠太郎・江上幹幸　1999（前掲書）
(19) 日本塩業大系編集委員会　1977（前掲書）
(20) 富岡儀八　1978『日本の塩道―その歴史地理学的研究―』古今書院
(21) 有賀競（著）・野中賢三（写真・イラスト）　1993『秘境はるか 塩の道 秋葉街道』著者発行
(22) 片平孝　2004（前掲書）では、「東西ルート（ニジェールのビルマ村～アガデス）」と「南北ルート（マリのタウデニ～トゥンブクトゥ）」の2つが紹介されている
(23) Diane Summers（著），Eric Valli（写真）　1996「ネパールの秘境地帯ドルポ～最後のキャラバン南へ」『GEO』3 (2)、同朋舎

# 松島湾沿岸における縄文時代の土器製塩
―里浜貝塚を中心として―

菅原 弘樹

## はじめに

　東北地方の太平洋沿岸は多様な海岸地形に加え、暖流と寒流双方の影響を直接受けるため、四季を通じて豊富な水産資源に恵まれた地域である。こうした良好な漁場は、縄文海進による海況の変化によってもたらされ、縄文時代前期以降、いわき地方から仙台湾沿岸、三陸海岸などの地域には数多くの貝塚が形成された。とくに、仙台湾の支湾の一つである松島湾沿岸は、東京湾や霞ヶ浦沿岸とならび国内でも縄文時代貝塚が密集する地域として知られている。

　この地域における貝塚の調査研究の歴史も古く、大正時代後半以降、遺跡の特性を活かした土器編年研究や骨角器、古人骨の研究、古環境の復元、生業および食生活の解明などを目的とした発掘調査が行われ、これまで多くの成果を上げてきた。

　土器製塩もその一つで、製塩研究の初期の段階から調査研究が行われてきた。大量の製塩土器や製塩遺構の発見などによって、松島湾沿岸における製塩活動の具体像も見えてきた。ここでは、里浜貝塚の調査成果を中心に、縄文時代の土器製塩の消長とその様相について紹介する。

## 1　松島湾沿岸における貝塚と製塩遺跡

　松島湾は、東西約10km、南北約8kmほどの小さな湾であるが、沿岸には約70ヶ所もの貝塚が集中して分布している。松島湾沿岸に定着性のある集落が形成されるようになるのは、松島がほぼ現在の形になる前期初頭以降のことで、宮戸島、松島湾奥、七ヶ浜半島の各地に中核的な貝塚が出現し、一定のまとまりをもった遺跡群がそれぞれの領域を保ちながら縄文時代晩期まで継続して営まれた。これは、湾内に流れ込む川の規模が小さいために沖積作用が鈍く、海岸線をはじめ自然環境がほとんど変わらなかったことが大きい。湾内の自然環境が変わらなかったことが、松島湾に貝塚が集中する大きな要因の一つとなっている。

　しかし、縄文晩期中葉頃になると、貝塚の立地や分布のあり方に変化が見られるようになる。すなわち、それまでの貝塚がおもに丘陵頂部や集落縁辺の斜面に形成されていたのに対して、汀線近くの海浜低地や海蝕洞窟に小規模な貝塚が形成されるようになる。とくに、晩期中葉の大洞C2式期以降は、こうした貝塚の増加および分散化の傾向が顕著に認められ、製塩土器を多量に含む貝塚、遺跡が多く出現する（図1、表1）。古代の製塩遺跡と重複するものも多くみられるが、遺跡立地や規模、遺物の出土状況などからみて、縄文晩期中葉以降、松島湾沿岸の海浜低地に新たに出現する縄文および弥生時代の遺跡は、そのほとんどが塩の生産遺跡である。また、製塩を伴う貝塚は、お

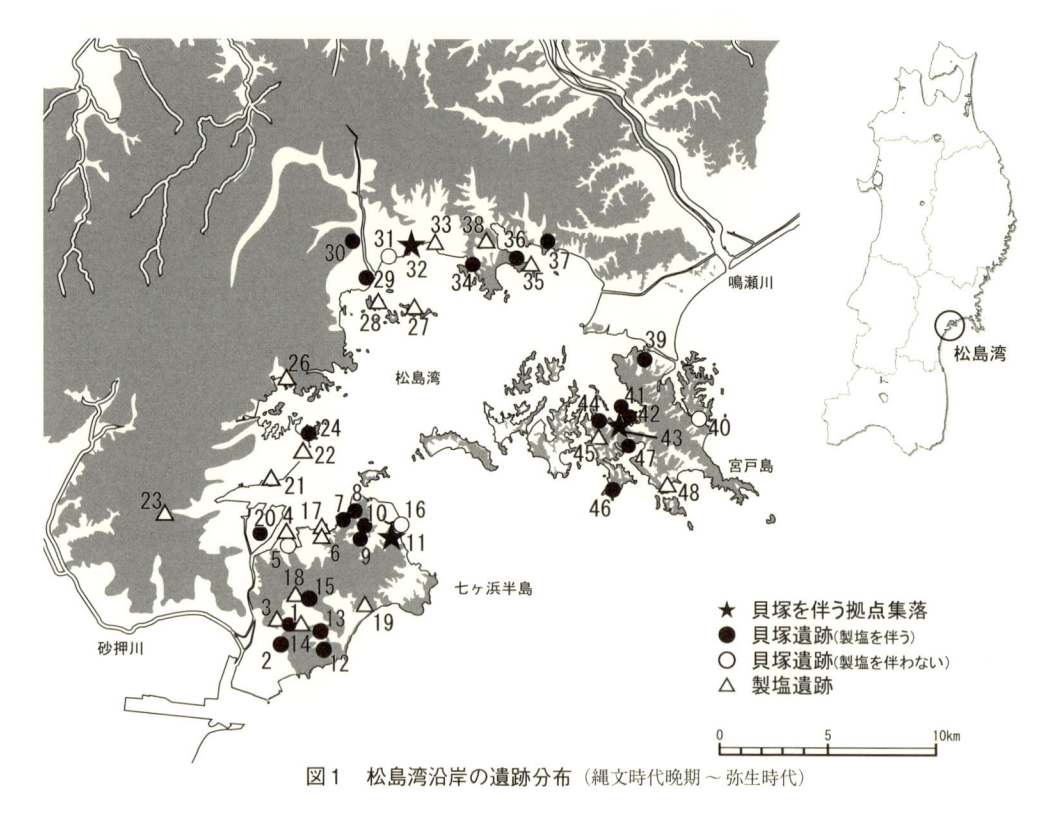

図1　松島湾沿岸の遺跡分布（縄文時代晩期〜弥生時代）

もにアサリとマガキを主体とした純貝層からなり、貝殻と製塩土器以外の遺物をほとんど含まないことが多い。製塩と貝剥き作業を行うための出作りの作業場的な性格の強いものと考えられる。

松島湾沿岸における製塩遺跡は現在 178 ヶ所発見されている（小井川・加藤 1994）。時期別にみると、奈良・平安時代（とくに 9 世紀代）のものが 139 ヶ所で大半を占め、これらの遺跡と重複して縄文時代のものが 44 ヶ所、弥生時代のものが 24 ヶ所確認されている。なお、弥生時代の製塩遺跡の多くが縄文時代から継続して営まれるが、貝塚の数は半減、製塩遺跡も減少する傾向にあり、弥生後期になるとほとんどの遺跡が姿を消す。古墳時代の製塩遺跡も確認されていないことから、縄文時代晩期中葉に始まる松島湾沿岸の土器製塩は、少なくとも弥生時代後期頃には途絶えたものと考えられ、古代に再び盛行する土器製塩とは系譜の異なるものと理解される。

## 2　里浜縄文人の土器製塩

### (1) 遺跡の概要

里浜貝塚は、松島湾の北東部に浮かぶ湾内最大の島「宮戸島」に営まれた縄文時代前期初頭から弥生時代中期にかけての集落跡で、東西約 640m、南北約 200m の規模をもつ貝塚である。わが国最初の層位学的発掘が行われた遺跡で、古くから多数の縄文人骨や漁具・装身具などの多彩な骨角器が出土することでも知られる。

貝塚は、おもに標高 10〜30m 程の丘陵および丘陵斜面で確認され、集落は大まかに〝西貝塚

表1 松島湾沿岸の貝塚および製塩遺跡一覧（縄文時代晩期～弥生時代）

| No. | 遺跡名 | 立地・標高(m) | 縄文時代 晩期 大洞B | 大洞BC | 大洞C1 | 大洞C2 | 大洞A | 大洞A' | 弥生時代 中期 寺下囲 | 桝形囲 | 後期 十三塚 | 天王山 | No. | 遺跡名 | 立地・標高(m) | 縄文時代 晩期 大洞B | 大洞BC | 大洞C1 | 大洞C2 | 大洞A | 大洞A' | 弥生時代 中期 寺下囲 | 桝形囲 | 後期 十三塚 | 天王山 |
|---|---|---|---|---|---|---|---|---|---|---|---|---|---|---|---|---|---|---|---|---|---|---|---|---|---|
| 1 | 橋本囲貝塚 | 丘陵麓～海浜 | 2～3 | | | | ● | | | | | | | 26 | 浜田洞窟 | 海蝕崖 | 2 | | | | | △ | | ● | ● | | |
| 2 | 桝形囲貝塚 | 海浜 | 2～3 | | | | | | | | ● | | | | 27 | 九ノ島A貝塚 | 島嶼 | 0～2 | | | △ | | | | | △ | | |
| 3 | 大代洞窟 | 海蝕崖 | 2～3 | | | | △ | ○ | | | ● | | | | 28 | 福浦島A貝塚 | 島嶼 | 1～2 | | | | | | | △ | ● | ● | | |
| 4 | 左道貝塚 | 丘陵端 | 10～20 | | | △ | | | | | | | | | 29 | 通珂崎貝塚 | 海浜 | 2 | | | | | ● | | | | | |
| 5 | 小畑貝塚 | 丘陵麓～海浜 | 2～4 | | | | ○ | ○ | | ○ | | | | | 30 | 帰命院下貝塚 | 海蝕崖 | 0～11 | | | ● | | | | | | | |
| 6 | 東宮貝塚 | 丘陵端 | 2～3 | | | | | △ | ● | ● | | | | | 31 | 鷺島貝塚 | 丘陵麓 | 1～5 | | | ○ | | ○ | △ | △ | | | |
| 7 | 水浜貝塚 | 丘陵端～海浜 | 1～10 | | | | | ● | ● | ○ | | | | | 32 | 西ノ浜貝塚 | 丘陵麓～海浜 | 2～15 | ○ | ○ | ○ | ● | ● | ● | | | | |
| 8 | 清水洞窟1 | 海蝕崖 | 3 | | | ● | | ● | ● | ? | ● | ? | ? | 33 | 館ヶ崎貝塚 | 海浜 | 0～3 | | | | △ | △ | △ | | | | |
| 9 | 沢上貝塚 | 丘陵端 | 10～20 | ○ | ○ | ○ | ● | | | | | | | 34 | 銭神下貝塚 | 海浜 | 1～2 | | | | ● | | | | | | |
| 10 | 峯貝塚 | 丘陵麓 | 5～10 | | | | ● | | | | | | | 35 | 名込貝塚 | 丘陵麓 | 3 | | | | △ | | | | | | |
| 11 | 二月田貝塚 | 丘陵麓～海浜 | 1～20 | ○ | ○ | ○ | ● | ○ | | △ | | | | 36 | 梅ヶ沢B貝塚 | 海浜 | 0～2 | | | | ● | | | | | | |
| 12 | 笹山貝塚 | 丘陵麓 | 4～10 | | | | ● | ● | △ | | | | | 37 | 古浦A貝塚 | 海浜 | 2～3 | | | | ● | ● | △ | | | | |
| 13 | 阿賀沼貝塚 | 丘陵麓～海浜 | 2～10 | | | | ● | | | | | | | 38 | 六合沢B遺跡 | 海浜 | 1～10 | | | △ | | | | | | | |
| 14 | 林崎貝塚 | 丘陵麓～海浜 | 2～10 | | △ | △ | | △ | ● | | | | | 39 | 潜ヶ浦A貝塚 | 海浜 | 0～1 | | ○ | ● | ● | | | | | | |
| 15 | 鬼ノ神山貝塚 | 丘陵麓～海浜 | 2～5 | | | | ● | △ | △ | | △ | | | 40 | 潜ヶ浦C貝塚 | 丘陵斜面 | 4～8 | | ○ | | | | | | | | |
| 16 | 沢尻囲貝塚 | 丘陵麓～海浜 | 1 | | | | ○ | ○ | △ | | | | | 41 | 倉崎浜貝塚 | 海浜 | 1～3 | | | | ● | | | | | | |
| 17 | 丑山遺跡 | 丘陵麓 | 10～15 | | | △ | | | | | | | | 42 | 瀬戸浜B貝塚 | 海浜 | 1～3 | | | | ● | | | | | | |
| 18 | 野山遺跡 | 丘陵麓～海浜 | 2～5 | | | | △ | | | | | | | 43 | 里浜貝塚(寺下囲)(海浜) | 丘陵斜面 | 10(2) | ○ | ● | ● | ● | ● | ● | | | | |
| 19 | 東原遺跡 | 海浜 | 2～3 | | △ | | | | | | | | | 43 | 里浜貝塚(西畑・西畑北) | 丘陵麓～海浜 | 2～3 | ○ | ○ | ● | ● | ● | ● | | | | |
| 20 | 一本松貝塚 | 海浜 | 1～20 | | | ● | ● | | | | | | | 44 | 大畑貝塚 | 丘陵麓 | 1～3 | | | | ● | | | | | | |
| 21 | 崎山洞窟 | 海蝕崖 | 3～4 | | | | △ | | △ | △ | ○ | | | 45 | 蛤浜製塩遺跡 | 海浜 | 3 | | | △ | | | | | | | |
| 22 | 新浜B遺跡 | 海浜 | 2～3 | | | △ | | △ | △ | △ | | | | 46 | 目軽浜貝塚 | 丘陵斜面 | 20 | | | | ● | | | | | | |
| 23 | 塩釜神社境内遺跡 | 丘陵斜面 | 10～40 | | | | △ | | | | | | | 47 | 大浜貝塚 | 海浜 | 1～2 | | | | ● | | | | | | |
| 24 | 内裡島A貝塚 | 海浜 | 0～2 | | | ● | | | | | | | | 48 | 田尻貝塚 | 丘陵斜面 | 30 | | | | △ | | | | | | |
| 25 | 東三百浦貝塚 | 海浜 | 1 | | | | | ● | | | | | | | | | | | | | | | | | | | |

※遺跡No.は図1中の番号に一致する。
※遺跡の時期において、○：貝層を伴う場合、●：貝層および製塩を伴う場合、△：製塩を伴うが、貝層を伴わない場合。

(台囲東斜面・頂部）→東貝塚（梨ノ木、畑中、袖窪）→西貝塚（台囲南西斜面）→北貝塚（寺下囲、西畑、里）、と数百年から1,000年単位で地点を変えながら継続して営まれたことが明らかになっている（図2）。貝塚の規模や動物遺存体の出土状況、多数の埋葬人骨などからみて、少なくとも晩期の終わりまでは海を中心とした活発な生業活動が営まれ、大規模な集落が維持されたものとみられる。入江に面した標高2～3mの海浜低地（西畑北地点）では、晩期中葉以降の製塩と貝剥きの作業場の跡が確認されている。

その間の遺跡をとりまく地形環境は、前述のとおり大きく変わらなかったものと考えられるが、貝塚を構成する貝組成の変遷をみると、主体となる貝がスガイからアサリへと徐々に推移しており、縄文時代後期後半頃を境に周辺の海の砂泥化が進んだ様子がうかがえる。また、里浜貝塚の各地点の高度分布をみると、概ね高い場所から低い場所へと移動している（図3）。こうした傾向は七ヶ浜半島および湾奥でも認められることから、里浜貝塚における集落の変遷は、松島湾全体における海水準などの変化に伴う小刻みな地形の変化に対応したものと推測される。同時に、〝海水準の低下＝海浜低地の拡大〟が、里浜貝塚で縄文時代晩期中葉以降に土器製塩が盛んに行われるようになった要因の一つと考えられる。

(2) 里浜貝塚における製塩

### 調査研究の歴史

赤焼の粗雑な尖底土器（製塩土器）が、里浜貝塚から出土することは古くから知られていた。昭和9(1934)年に寺下囲地点を調査した角田文衞は、縄文時代晩期末（大洞A式期）の尖底土器に注目し、色調や剥離性などその特徴を的確に観察し報告している（角田1936）。また、昭和26(1951)年に寺下囲地点の試掘調査を行った斎藤良治は、出土した大洞BC・C1式期の「赤褐色を呈し、粗製粗雑で輪積」の無文平底の土器を、いわゆる無文粗面尖底土器の前身と推定し、製塩土器が晩期前葉まで遡る可能性があることを指摘した（斎藤1954）。

ただし、里浜貝塚をはじめ松島湾沿岸の貝塚から特徴的に出土するこの種の土器が、製塩土器として認識されるようになるのは、近藤義郎による香川県喜兵衛島（近藤1958）や茨城県広畑貝塚（近藤1962）の調査成果が発表された昭和30年代後半のことである。松島湾沿岸でも製塩の研究を目的とした調査が行われるようになり、縄文・弥生時代、平安時代の製塩遺構が検出されるとともに、各時期の製塩土器の概要も把握されるようになった（加藤1962-65・1967、後藤1972）。

里浜貝塚における土器製塩の具体的な様相については、昭和54(1979)年から始まる東北歴史資料館（現東北歴史博物館）と奥松島縄文村歴史資料館による西畑地点、西畑北地点の継続的な調査によって明らかになった。縄文時代晩期中葉（大洞C2式期）の集落に伴う日常的なゴミ捨て場（西畑地点）と同時期の製塩および貝剥き作業場（西畑北地点）から、それぞれ多量の製塩土器が出土し、縄文時代の製塩活動の実態や生業活動の中での位置付けなどを知る上で良好な資料が得られた（岡村1982、小井川・加藤1988、会田1997・1998）。

### ムラのゴミ捨て場と製塩の場

里浜貝塚で製塩作業の場が明らかになった西畑北地点は、遺跡の北端部に位置し、海に突出した標高2～3mの微高地上に立地する。東西約70m、南北約50mの範囲に製塩土器の分布が認めら

図2 里浜貝塚全体図

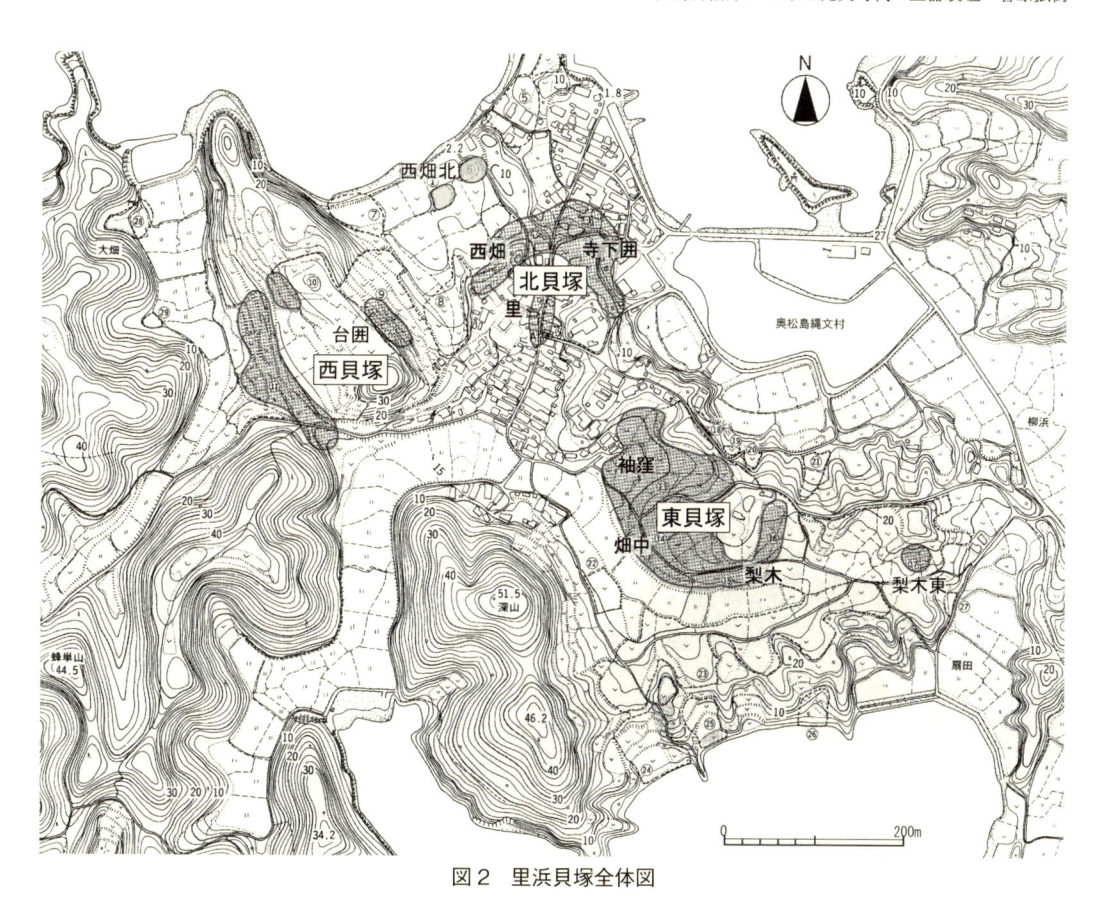

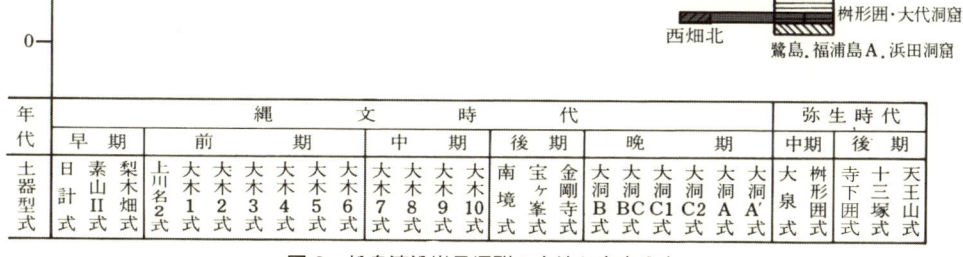

図3 松島湾沿岸貝塚群の立地と高度分布

図4 里浜貝塚西畑地点（貝塚）と西畑北地点（製塩遺跡）

写真1 里浜貝塚西畑北地点と製塩土器の出土状況

れ、調査の結果、縄文晩期中葉（大洞C2式期）から弥生時代中期（寺下囲式期）にかけての製塩炉が検出されている（図4）。製塩炉の周辺からは大量の製塩土器片が層をなして出土し、作業後はそのまま周辺に廃棄されたものと理解される（写真1）。また、製塩遺構や製塩土器層と重複してアサリ・マガキの純貝層も互層をなして検出されており、汀線近くに営まれたこの場所は、おもに製塩と貝剥き作業を行う生業の場として利用されたものと考えられる。

また、100m程離れた標高約10mの丘陵の末端部に立地する西畑地点からも、多くの道具類や食料残滓とともに多量に製塩土器が出土している。中には比較的保存状態の良好な製塩土器も認められる。

製塩遺構周辺から出土する製塩土器と同様細片化したものが大半を占めるが、掻き取った塩のみならず、作業後の製塩土器の一部はそのまま集落に持ち帰られ、

集落内での食料の調理や保存加工などにも用いられていたことを示しているものと思われる（写真2）。

### （3）製塩土器と製塩遺構

**製塩土器の特徴**

「赤焼無文粗面尖底土器」の語が示すように製塩土器は、縄文時代の土器でありながら、外面には縄目文様も十分な器面調整も施されず、粘土の輪積痕が残るほど粗雑で、再加熱によって全体が赤褐色を呈するという特徴を有する。

**写真2　里浜貝塚西畑地点出土の製塩土器**

角田は製塩土器としての認識はなかったものの、前述のとおり縄文晩期末の尖底土器に注目し、ⅰ）深鉢形で高さが20cm前後と推定されること、ⅱ）器厚は極めて薄く体部で3～4mmであるが底部ははなはだ部厚であること、ⅲ）色調はほとんど一様に淡紅色のさえた色を呈し稀に紫色を帯びたり黝斑を有したりすること、ⅳ）器面は粗鬆で剥離性に富むことなど、製塩土器の特徴を的確に捉えている（角田1936）。

その後、西畑北地点などの調査によって、製塩土器の底部形態が平底から尖底へと変化していることが明らかになったが、法量や製作技法、使用痕跡など底部形態以外の特徴に大きな違いは認められない。各時期を通じて共通した特徴をもつことが明らかになった。西畑北地点での詳細な分析をもとに、松島湾沿岸における縄文時代の製塩土器の特徴をまとめると、以下のようになる。

① 器形は底部から直線的に外傾して立ち上がる単純な深鉢形の土器で、装飾や縄目文様も認められない。底部は時期によって異なるが、尖底か、小さな平底である。平底の中には網代痕や木葉痕が認められるものもある。
② 大きさは、口径・器高ともに20～30cm前後の大形のものと、口径・器高とも10cm前後の小形のものがある。量的には、大形のものが圧倒的に多い。
③ 器厚は極めて薄く、体部で2～3mm程に仕上げられている。
④「無文粗面尖底土器」と称されるように文様がなく、外面は底部付近の整形を除けば、十分な器面調整も施されず、粘土の輪積痕跡を明瞭に残すものが多い。内面はナデ調整を主体とし、丹念にヘラミガキが施されるものもある。
⑤ 表面は赤褐色や淡紅色の色調を呈し、焼け弾けにより器壁が剥がれたものも多くみられる。

製塩土器はあくまでも塩生産のための機能、すなわち煮沸効率の向上が重視され特化されたもので、他の煮炊き用の土器とは製作段階から異なる目的、意図で作られたものと考えられる。また、製塩作業にあたっては、海水を注ぎ足しながら土器が壊れるまで使用されたものとみられ、壊れた土器はその場にそのまま廃棄された。他の煮炊き用の深鉢形土器とは使われ方も廃棄のされ方も大きく異なっている。

**製塩土器の変遷**

松島湾沿岸で最も古い製塩土器は、縄文後期後葉のものとして、西畑北地点の断面から採取された小さな平底のもの（岡村1982）と丘陵部に位置する台囲地点から出土した輪積痕跡を残す深鉢形の無文土器（後藤1956）が知られている。出土状況など不確実な部分もあるが、関東地方や三陸北

里浜貝塚西畑地点
**大洞C-2(古)式期**

里浜貝塚西畑北地点
**大洞C-2(新)式期**

里浜貝塚寺下囲地点　　　一本松貝塚
**大洞A式期**

里浜貝塚寺下囲地点
**大洞A'式期**

里浜貝塚西畑北地点

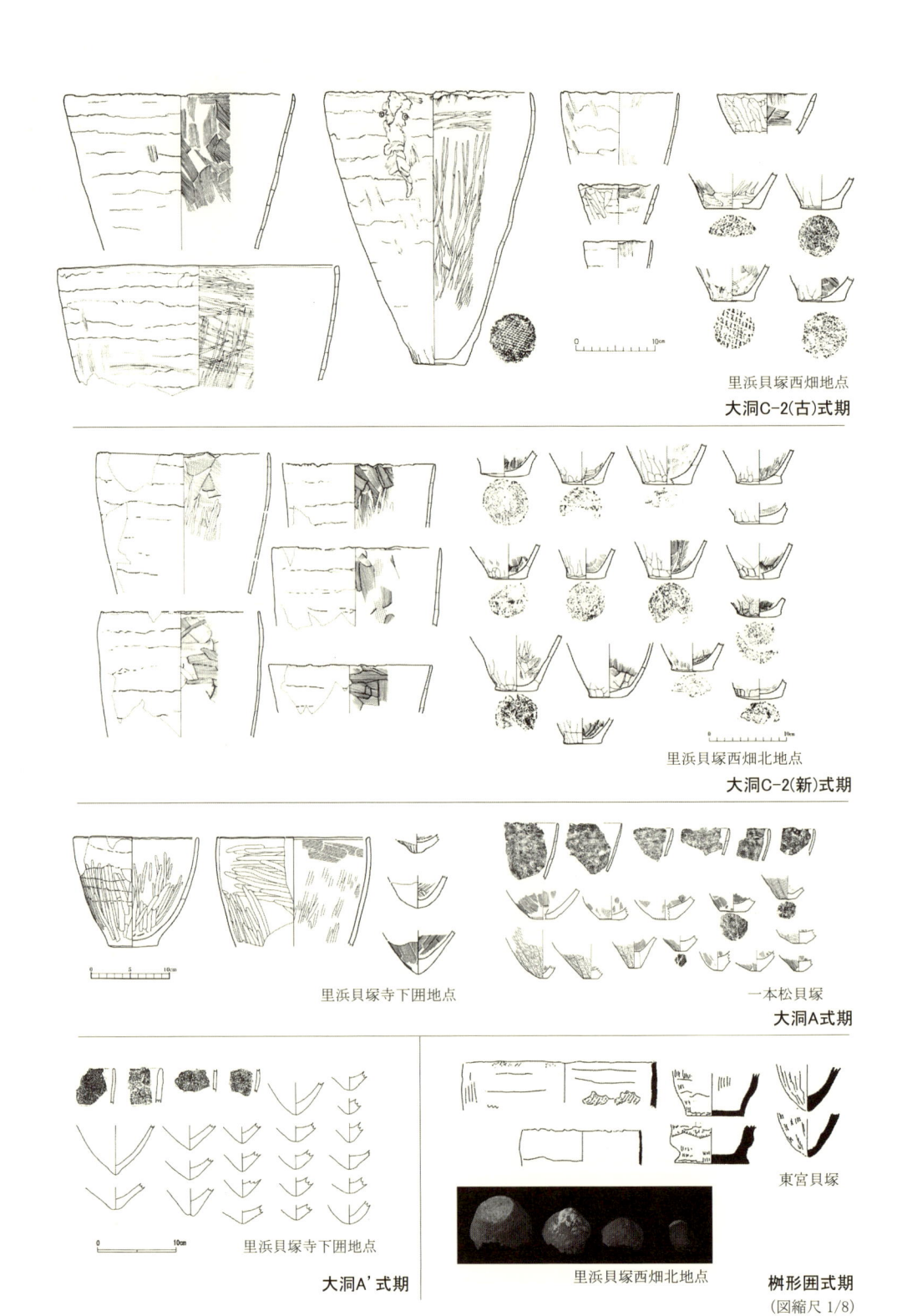

東宮貝塚
**桝形囲式期**
(図縮尺 1/8)

図5　松島湾沿岸の縄文〜弥生時代の製塩土器

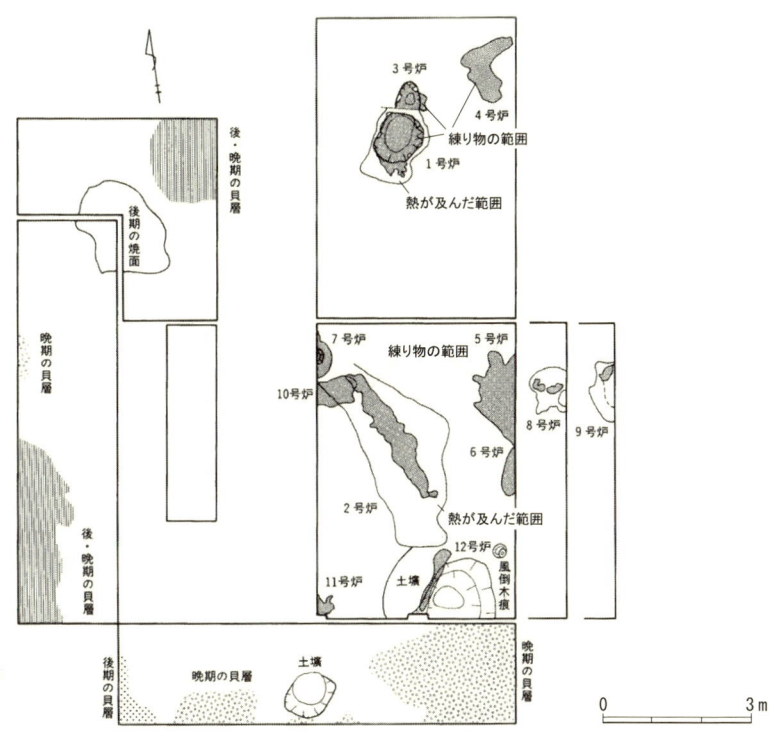

図6　里浜貝塚西畑北地点製塩遺構（大洞C2式）

部沿岸と同様に土器製塩の開始が後期末まで遡る可能性も考えられる。遺構を含め、近年の発掘調査で確認された確実な資料は縄文晩期中葉以降のものであり、西畑地点の貝層最下部の層群から出土した大洞C1式期の製塩土器が現時点においては松島湾沿岸における最も古い資料である。

　晩期中葉から弥生時代中期にかけての製塩土器の特徴については、法量や製作技法、使用痕跡などに時期による違いは認められないが、底部形態によって〝平底（大洞C1～C2式古段階）→やや丸味を帯びた平底＋尖底（大洞C2式新段階）→尖底（大洞A～桝形囲式）〟の変遷が捉えられている（図5）。なお、西畑北、寺下囲地点では、大洞Aおよび桝形囲式期に平底で小形のタイプの製塩土器が一定量含まれることが明らかになっており、製塩段階や用途などによって器種の違いがあった可能性も考えられる。

**製塩遺構の特徴と変遷**

　西畑北地点の調査では、縄文時代晩期後半（大洞C2、A式期）と弥生時代中期（桝形囲式期）の製塩炉が検出されている。炉の形態には時期による違いがあり、縄文晩期の平坦もしくは皿状の浅い窪みに漆喰状の練り物を張り付けた地床炉から、弥生中期の凝灰岩礫を敷き詰めた石敷き炉へと変化が認められる。

　大洞C2式期の製塩遺構では、20×20mほどの狭い範囲から11基の製塩炉が検出された。これらは重複して営まれ、最大で同時に4基、4時期の重複が確認されている。山土・灰に焼いたカキ殻や海水を混ぜて漆喰状に捏ね合わせた「練り物」を構築材として、1m×80cmほどの浅い楕円形のくぼみに2、3cmの厚さで貼り付け、炉としている（図6）。

　炉の周囲や微高地の周縁には、焼土・灰をマトリックスにした製塩土器層、製塩炉の残骸とみら

37

れる練り物のブロックや焼土・灰層、アサリ・マガキを主体とした貝層が互層をなして堆積している。同じ場所で製塩活動と貝剥き作業が繰り返し行われたことを物語っている。

なお、里浜貝塚では、炉の周辺から海草に付着するマルテンスマツムシなどの焼けた小型巻貝が特徴的に出土している。小型巻貝は西畑地点からも出土しているが、焼けたものはほとんどなく、塩作りと密接に関わりをもつものと思われる。海草を焼いた灰塩を海水に混ぜて、濃い塩水を煮詰める「藻塩焼き」の方法で塩作りを行っていた可能性も考えられる。また、七ヶ浜町二月田貝塚（塩釜女子高等学校社会部 1972）では凝灰岩を掘り込んだ径 80～100cm、深さ 30～40cm 程の円形の落ち込みが確認されている。より濃度の高い鹹水を得るための「潮溜」と推定され、採鹹工程の一つであった可能性も考えられる。

**製塩作業の季節と場の使われ方**

製塩の季節については、製塩土器の底部にみられるカシワの葉の圧痕や、製塩土器層から夏に捕獲されるコウイカの甲やムラサキウニの棘が少量ではあるが特徴的に出土していることから、一連の作業は夏に行われていたものと考えられる。また、土器製塩に伴う廃棄層と互層をなす貝層は、アサリの成長線分析から春に形成された可能性が高い。

すなわち、西畑北地点の汀線近くの微高地上は、夏の土器製塩と春の貝剥き作業の場として利用されていたものと考えられる。

図7　里浜縄文人の塩作り（早川和子氏作図）

## 3 海浜部の製塩遺跡と内陸部の消費遺跡 —まとめにかえて—

　里浜貝塚では、製塩土器は製塩の場のみならず、集落のゴミ捨て場からも多量に検出されており、集落内にもかなりの量の塩が持ち込まれたものと思われる。しかし、海辺に暮らす里浜縄文人にとって、「塩」はどれ程の意味を持っていたのだろうか？　粘土を調達し土器を作り、乾燥－野焼きを行って製塩用の土器を完成させ、薪を伐り長時間かけて海水を煮詰めるという塩の生産にかかる一連の作業とその労力を考えると、海辺の縄文集落における自家消費のみを目的とした生業活動とは考え難い。

　関東地方では、土器製塩は古鬼怒湾沿岸で縄文時代後期末から晩期中葉にかけての時期に行われ、約90遺跡で製塩土器の出土が確認されている。そのほとんどが消費遺跡で、内陸部まで広範囲に製塩土器の分布が認められ、交易品として価値を見出すことができる。一方、松島湾周辺では製塩遺跡が海浜部に集中して認められるが、内陸部での出土例はきわめて少ない。どれ程の需要があったのかは現状では明らかではないが、松島湾から約30km離れた大和町摺萩遺跡や奥羽山脈を越えて60kmも離れた山形県尾花沢市漆坊遺跡、村山市宮の前遺跡で、同様の特徴をもつ縄文時代晩期の製塩土器（尖底土器）が出土しており、かなり広範囲にまで運ばれたことが想定される（図8）。集落内での調味料や保存料としての利用も否定することはできないが、第一義的には遠隔地を含めた内陸部の集落との交易を目的としたものであった可能性が高い。

　なお、縄文時代晩期中葉から継続し弥生時代中期まで営まれた貝塚および製塩遺跡も、後期にはほとんどの遺跡が姿を消す。弥生時代後期は、県内においては丘陵地を中心に遺跡数が飛躍的に増加する時期であるが、松島湾沿岸や仙台平野ではむしろ遺跡数が減少する傾向にある。

　松島湾沿岸における生産遺跡としての貝塚および製塩遺跡の衰退は、縄文時代以来継承されてきた集団および内陸部の集団との交流関係の崩壊をも示唆するものと思われるが、どのような背景、

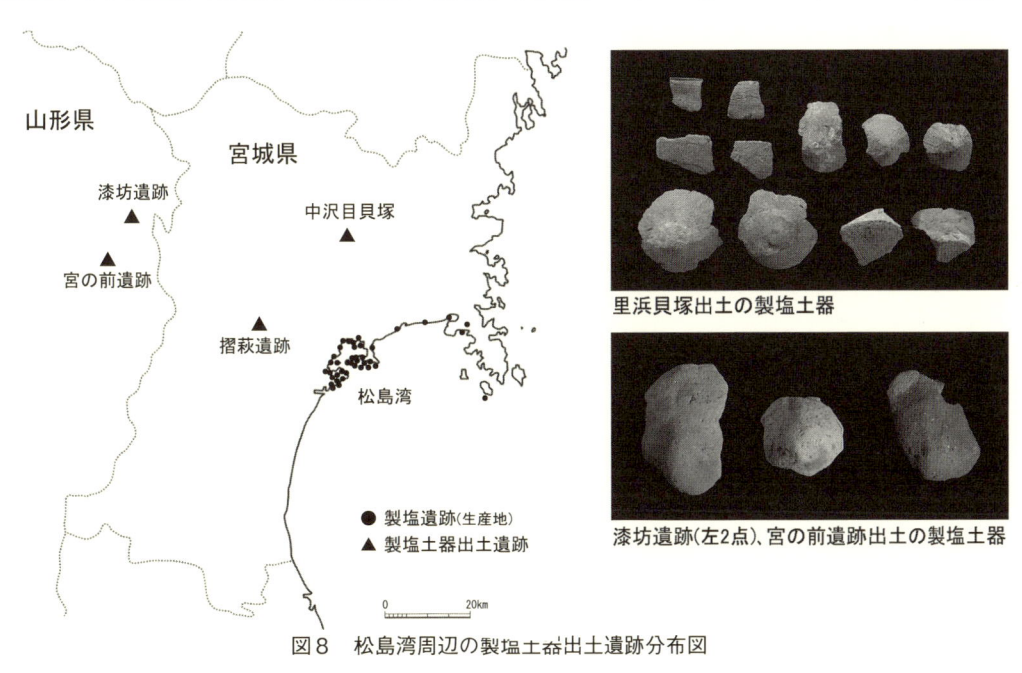

図8　松島湾周辺の製塩土器出土遺跡分布図

あるいは要因によるものなのか明らかではない。海退などの自然環境の変化や災害などに伴う集落の移動、交易品（塩、干し貝、大型魚）の経済的な価値の低下、あるいは生業の中心をなす稲作に適応できなかったのか、さまざまな理由が考えられるが、今後の課題である。

## 引用参考文献

会田容弘
    1997「里浜貝塚―平成 8 年度発掘調査概報」『鳴瀬町文化財調査報告書』2
    1998「里浜貝塚―平成 9 年度発掘調査概報」『鳴瀬町文化財調査報告書』3
岡村道雄
    1982「里浜貝塚Ⅰ」『東北歴史資料館資料集』5
    1988「東北地方の縄文時代における塩の生産―松島湾の土器製塩―」『考古学ジャーナル』298、28-32
奥松島縄文村歴史資料館
    2003「企画展 縄文人と塩」リーフレット
加藤孝
    1952「塩釜市一本松貝塚の調査－東北地方縄文式文化の編年学研究(2)」『地域社会研究』3・4、47-53
    1962-65「古代東北に於ける製塩遺構の研究（その 1）～（その 4）」『生活文化』6-9
    1967「古代の製塩土器―特に食物史研究に関連して―」『生活文化』12
    1970「東北地方に於ける古墳文化時代製塩遺構の研究」『東北学院大学文化研究所紀要』2、1-18
加藤道男
    1989「仙台湾周辺の製塩遺跡」『東北歴史資料館 研究紀要』15、1-44
小井川和夫ほか
    1983「里浜貝塚Ⅱ」『東北歴史資料館資料集』7
小井川和夫・加藤道男
    1988「里浜貝塚Ⅶ―宮城県鳴瀬町宮戸島里浜貝塚西畑北地点の調査―」『東北歴史資料館資料集』22
    1994「宮城県・岩手県」近藤義郎編『日本土器製塩の研究』72-102、青木書店、東京
後藤勝彦
    1956「宮城県宮戸島里浜台囲貝塚の研究」『宮城県の地理と歴史』Ⅰ、191-202
    1972「東北に於ける古代製塩技術の研究」『宮城史学』2
近藤義郎
    1958「師楽式遺跡における古代塩生産の立証」『歴史学研究』223
    1962「縄文時代における土器製塩の研究」『岡山大学法文学部研究紀要』15
斉藤良治
    1954「宮城県桃生郡宮戸村陸前里浜貝塚調査研究報告」『地域社会研究』6、102-108
塩釜女子高等学校社会部
    1965「宮城県宮城郡七ヶ浜町東宮浜鳳寿寺貝塚の調査報告」『貝輪』2、3-19
    1972「宮城県七ヶ浜町二月田貝塚第二次発掘調査報告」『貝輪』7
菅原弘樹
    2005「東北地方における弥生時代貝塚と生業」『古代文化』57-5、31-42
菅原弘樹・赤澤靖章ほか
    2010「里浜貝塚―宮城県東松島市里浜貝塚寺下囲地点の調査―」『東松島市文化財調査報告書』8
角田文衞
    1936「陸前里浜貝塚の尖底土器」『史前学雑誌』8-5、17-26
鴇田勝彦ほか
    1982「鬼ノ神山貝塚・野山貝塚」『七ヶ浜町文化財調査報告書』
藤沼邦彦ほか
    1989「宮城県の貝塚」『東北歴史資料館資料集』25
渡辺誠・吉田泰幸
    2005「宮城県里浜貝塚製塩土器の再発見―角田コレクション紹介 4―」『名古屋大学博物館報告』21、1-8

# 中国三峡地区の塩竈形明器について

川村 佳男

## はじめに

　長江上流の三峡地区では、ダム建設にともない水没する遺跡を対象とした大規模な発掘調査が行われた[1]。これにより、同地区の出土資料は大幅に増加し、新しい考古学的な知見も徐々に増えつつある。なかでも重慶市忠県の中壩遺跡・瓦渣地遺跡・哨棚嘴遺跡などにおける、大量の製塩土器片と製塩遺構の発掘は[2]、中国における塩業史研究の対象範囲を文字記録のない新石器時代にまで遡らせることになった[3]。これまで中国での塩業史研究は文献史学の独壇場であったが、この成果は考古学からのアプローチの道を拓く大きな契機となった。近年では「塩業考古」という用語も、中国刊行の論文や著書のなかで頻出するようになった。

　本稿では、その三峡地区の漢墓から出土した竈形の明器に着目する。明器とは、中国で死者に副葬するためだけに作られた器物であり、漢時代に広く定着した。中国では、死者は埋葬後も魂の一部が墓のなかにしばらく留まり、豊かな暮らしを望むものと古来信じられてきた。そのため、竈・井戸・穀倉から時には便所に至るまで、生活に必要な様々な器物や設備がおもに陶製のミニチュアで象られ、墓室のなかに納められた。なかでも竈形明器は、もっとも普遍的に副葬された明器のひとつであり（渡辺1987、高浜1995、Kawamura 2009 他）、三峡地区でも漢時代を通して盛んに副葬された。明器が死者の豊かな暮らしを祈願して作られたものである以上、三峡地区で隆盛した塩業が当地における明器の内容にも何らかの影響を及ぼした可能性がある。とくに竈は、通常、死者に提供する炊事用具として明器に象られたものであるが、食塩の煎熬にも欠くことのできない設備であることから、この地域では塩竈を模したものも竈形明器に含まれていることが予想される。

　以下では、まず三峡地区で出土した漢時代の竈形明器に対して型式分類を行い、編年を作成する。次に、各型式が三峡地区に独自のものなのか、あるいは他地域から伝播したものなのか、系譜を型式ごとに整理する。つづいて、三峡地区に独自の竈形明器のなかに塩竈と考えられる型式が含まれていないか、四川省出土の画像磚に描かれた塩竈、および山東省で実際に発掘された塩竈遺構の形態と比較しながら明らかにする。最後に、塩竈の明器を副葬した背景について、年代・地理的分布範囲・出土状況などを踏まえつつ考察を加える。

## 1　三峡地区の竈形明器の分析

　本節では、対象とする資料の特徴を概観し、型式分類を行う。つづいて、型式ごとの年代を明らかにしたうえで、数量および形態の変化のあり方を整理する。

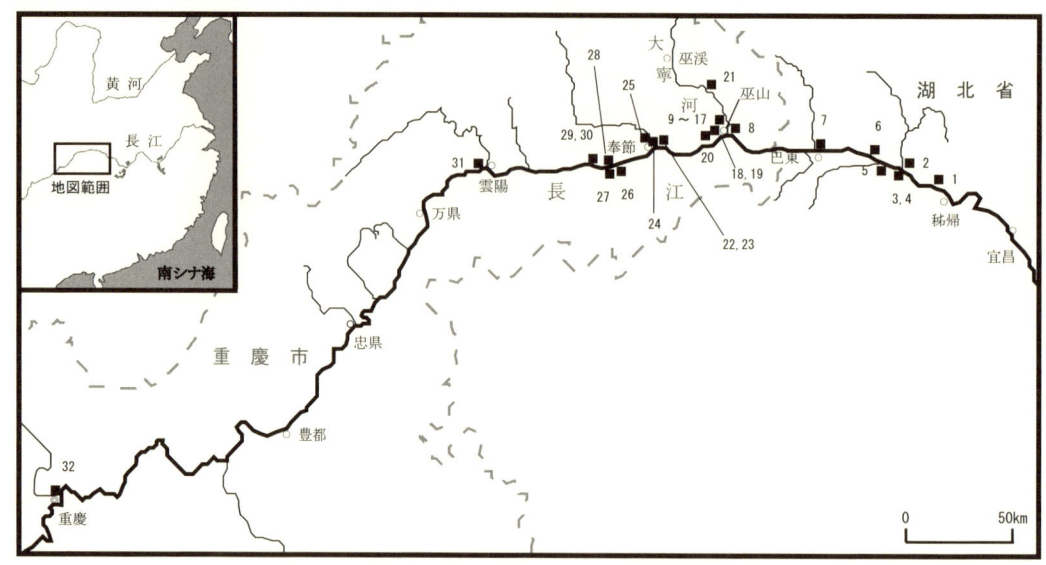

図1　三峡地区で竈形明器を出土した漢墓遺跡の地図

(1) 対象資料の概要

本稿で分析対象とするのは、三峡地区の漢墓で出土した竈形明器である。

三峡とは、一般的に長江上流にある3つの峡谷、すなわち瞿唐峡・巫峡・西陵峡を意味する。しかし、ここでいう三峡地区とは、重慶市中心部から湖北省宜昌市南津関にかけての長江およびその支流の流域を指す。その地理範囲を図1に示した。狭義の三峡より倍以上も東西に長い範囲になる。漢時代のこの地域では、明器の器種構成や形態が極めて近似している[4]。そのなかでも竈形明器は、三峡地区でこれまでに約200点の出土が報告されている。竈形明器を出土した計32箇所の漢時代の墓地遺跡は、図1に所在地点を落としこみ、東から西へ順番に番号をつけた。これによると、報告された出土地点は三峡地区の東半分、つまり雲陽以東に集中していることがわかる[5]。

中国で広くみられる竈形明器の基本的な形態と、各部名称を図2に示した。竈形明器は全体が箱型を呈し、その平面形は長方形・楕円形・円形など様々であるが、長方形のものがもっとも普通である。側面のうち、いずれかの面に必ず焚口があり、そこが前面となる。反対側の後面には煙突か煙出しの孔（煙孔）といった排煙装置のつくものが多い。上面には、釜や甑などを掛けるための円孔（受け口）がある。実際に釜や甑の明器が、竈形明器の受け口に掛かった状態で出土することもある。受け口の数は型式によって様々であるが、ほとんどは1〜3個である。このほか、上面に壁の立つ例もある。上面における壁の位置は、後縁・前縁・左右両側など一様でない。壁の機能は、その位置によって異なると考えられる。後縁に立ち、煙突と一体化した図2のよう

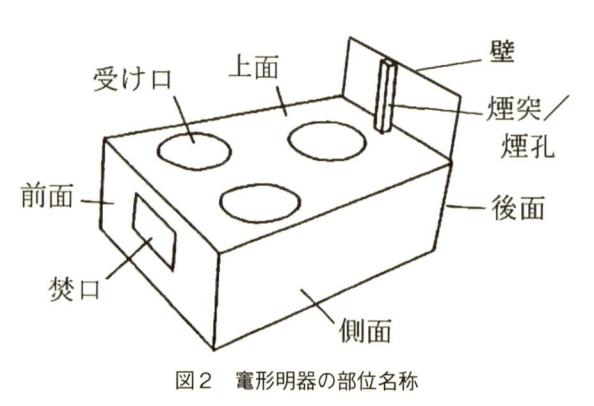

図2　竈形明器の部位名称

な壁は、竈が建物に接していることを表しているのだろうし、前縁に立つ壁は、焚口の火や熱が調理を行う上面に回るのを防ぐために設けられたと考えられている（渡辺 1993）。

　三峡地区で出土した竈形明器の平面形は、長方形ないしそれに極めて近い楕円形のものがほとんどである。焚口は長手の側面につくものが、三峡地区出土の竈形明器約 200 点のうち 9 割以上を占める。これに対して、短いほうの側面に焚口がつくものは、全体の約 6％しかない。受け口の数は、全体の約 6 割が 2 個で、約 3 割が 1 個である。残りは 3 個か、なかには 9 個もの受け口をもつものもある。壁は全体の約 2 割の個体につく。排煙装置は、上面後縁に煙孔を設けているか、壁をもつ個体は壁のなかに煙突を埋めこんでいるものが多い。しかし、煙突・煙孔など排煙装置の表現そのものを省略しているものもある。

　三峡地区出土の竈形明器の基本的な属性は、上述した通りである。このうち、まず全体の形状と焚口の位置を基準として、A～D 型に分類する。この 2 つの属性が、漢時代の中国に広く展開した竈形明器の地域性を捉える有効な手がかりとなることは、先行研究ですでに証明されている（渡辺 1987）[6]。次節では、他地域の出土例と比較しながら、三峡地区で出土した型式の系譜を明らかにするため、本稿でもこの 2 つの属性を型式分類の基準とする。さらに上面の受け口の数、および壁の有無によって型式を細分する。

　なお、個別に言及する個体の多くは、図 3 に例示してある。図 3 の各個体には、出土した遺跡の番号も示した。遺跡番号は、図 1 のものと対応している。

## （2）型式分類

### A 型

　全体の平面形が長方形ないしそれに極めて近い楕円形を呈し、焚口が長手の側面につくタイプを A 型とする。さらに、上面の受け口の数と壁の有無によって、型式を細分した。

**A 型 Ia 式**　上面の受け口が 1 個のものを A 型 I 式とし、なかでも、上面に壁のないものを A 型 Ia 式とする。この型式で煙孔をもつと報告されている個体は約 7 割に達するが、その位置は上面後縁の右寄りか左寄りのいずれかに偏る。上面後縁の中央に煙孔が開く例は、現在のところ 1 点しか知られていない（湖北省文物考古研究所 2002）。焚口と受け口は、いくつかの例外を除いて、それぞれ前面と上面のほぼ中央に開く。紋様装飾は全体的に乏しい。図 3-2 のように、前後左右の側面に縄紋をもつ例も若干報告されているが、いずれも下部にしか縄紋がない。箱状の竈形明器は、上面や側面など各面のパーツをあらかじめ板状に作っておき、これらを接ぎ合わせて成形している。おそらくこの手の縄紋は、あらかじめ各面のパーツを作るとき、粘土を板状に伸ばすために用いた縄、ないしは縄を巻きつけた叩き板の圧痕であり、仕上げの段階で部分的に擦り消し損ねたものであろう。このほか、前面に斜格子紋と「姍子方（もしくは如子方か）」の銘文が刻まれた例（図 3-3）、鉤や鳥などの紋様と「永初元年（107）三月作」の銘文が上・後面に刻まれた例（図 3-5）が知られている。鉤と鳥の紋様は、竈での調理に用いる道具と食材として、おもに河南省洛陽や陝西省西安などで竈形明器に時折みられる。

　本型式は、合計 56 点の出土が報告されている。これは三峡地区出土の竈形明器全体の 28％を占め、数のうえでは A 型 IIa 式に次いで 2 番目に多い型式である。

**A型Ⅰb式**　A型で、上面の受け口が1個しかなく、上面に壁をもつものをA型Ⅰb式とする。壁の位置は、上面の前縁と左右両縁の前方、あるいは図3-7のように、上面の後縁と左右両縁の後方のいずれかである。いずれの壁も、上からみると「コ」字形を呈する。壁以外の形態は、前述のA型Ⅰa式と同じである。

　湖北省秭帰県卜荘河遺跡（図1-3）のD区39号墓で2点出土している（国務院三峡工程建設委員会瓣公室他 2003）。

　**A型Ⅱa式**　上面の受け口が2個のものをA型Ⅱ式とし、さらに、上面に壁のないものをA型Ⅱa式とする。本型式のうち、約7割が煙孔をもつと報告されている。煙孔をもつもののうち、約8割が単独で、なかでも上面後縁の中央に開くものが大多数を占める。A型Ⅰa式のように煙孔の位置が左右どちらかに偏るものはごく少数である。焚口と受け口は、前面と上面に2個ずつ左右に並ぶ。紋様装飾はA型Ⅰa式と同じく乏しい。一対の樹木の紋様を後面に刻んだ例（図3-8）と、魚の紋様を上面および前面に刻んだ例（吉林大学辺彊考古研究中心・重慶市文物局・奉節県白帝城文物管理所 2007）が知られる程度である。魚の紋様は、図3-5の鳥紋と同じく、西安や洛陽などの竈形明器に時折みられる。竈で調理する食材を表現したものであろう。また、縄紋をもつものが計14点報告されているが、先述したA型Ⅰa式と同じく、いずれも前後左右の側面下部にしかなく、装飾というよりは、たまたま残った製作の痕跡と捉えるべきであろう。

　本型式は、合計89点の出土が報告されている。三峡地区出土の竈形明器のなかで半数近くを占める、もっとも数の多い型式である

　**A型Ⅱb式**　上面の受け口が2個のものをA型Ⅱ式とし、さらに、上面に壁をもつものをA型Ⅱb式とする。上面の後縁に壁をもつものは2点しかなく[7]、そのうち、図3-14の個体は後縁だけでなく、左右両側の後方にも壁が延びる。図3-7で示したA型Ⅰb式のように、上からみると「コ」字形を呈する壁である。しかし、A型Ⅱb式の大部分は上面の左右両縁にのみ壁をもつ。壁が後方に立つ2点は、煙孔が上面の後縁中央に位置する。壁が左右両側に立つもののなかには、煙突が壁のなかに埋めこまれ、頂部に開いた孔から煙を出す構造の例が5点ある。その他は排煙装置の表現を省略している。紋様は、左右両側か片側の壁の外面に鋸歯紋・円紋などが連続する図案を中心として、8点の個体に刻まれている（図3-15、17）。

　この型式の竈形明器は、計33点が出土している。

　**B型**

　上面の平面形がほぼ長方形ないしそれに近い楕円形を呈し、焚口が小口の側面につくタイプをB型とする。A型が横長の箱型であるのに対して、B型は縦長の箱型と言える。B型の上面には、2個の受け口が前後に並ぶ。壁の有無によって、型式をさらに細分する。

　**B型a式**　壁をもたないものをB型a式とする。紋様はない。煙孔をもつものが2点あり、いずれも上面の後部中央に煙孔がある。

　合計4点の出土が報告されている。

　**B型b式**　壁をもつものをB型b式とする。上面後縁に壁が立つことを除いて、他はB型a式と変わらない。

　秭帰県廟坪遺跡6号墓（図1-5）で1点のみ出土している（図3-20）。

C型

上面の平面形が細長い台形を呈する。側面のうち、面積のもっとも小さい面が前で、焚口をそなえる。幅は、後方に向かって次第に広がっていく。受け口が上面に9個並ぶ。その配置のあり方には規則性があり、9個のうち8個は左右2列に分かれて並び、前方には1個だけ単独で中央に置かれる。煙孔は上面の後縁中央の1箇所にだけ開くものと（図3-22）、後縁中央および左右両端の計3箇所に開くものとがある（図3-21）。上面の面積は、個体によって底部の面積より大きなものもあり、その横断面図は逆台形を呈する（図3-22）。焚口は前面の上方に備わるものや、図3-22のように上下2段式のものなど特殊な例が知られている。他型式のように、釜・甑など容器の明器を受け口に掛けた状態で出土した例や上面に壁をともなう例は、発見されていない。紋様は、線刻をもつものが1点のみ存在する（図3-22）。その個体は前面・側面・上面の前方に、3～4本の直線を放射線状に組み合わせた一対の紋様を飾る。上面の受け口の周囲はいずれも直線でほぼ均等に区画されている。直線の交点や端部には円紋がつく。左右両側面の前・中・後部の3箇所には、上下2段に渡って環状の突起がつく。その他、側面下部に縄紋をもつ個体が2例報告されているが（図3-21）、これも他の型式の縄紋と同様、製作時の痕跡が消されずに残ったものと考えられる。

C型はこれまで7点の出土例が報告されている。

表1は横幅の最大値、奥行、高さの平均値を型式ごとにまとめたものである。この表から読み取れることを列記すると、まず、C型は横幅こそA型と比べてあまり変わらないが、奥行の平均値は他のどの型式と比べても格段に大きい。高さの平均値も、壁をもたない型式と比較する限りでは、最大である。平均値だけでなく、個別に寸法を比較しても、三峡地区の竈形明器のなかでは最大級の個体がC型に集中している。つまり、C型は三峡地区の竈形明器のなかで、とくに奥行の寸法に関して、際立った大きさを示している。

D型

上面の平面形が"L"字形を呈する。突出した前面に焚口が1つ備わる。受け口は上面の前方に1箇所、後方の左右2箇所に開く。三峡地区では、湖北省秭帰県卜荘河遺跡（図1-3）のE区81号墓で出土した1点のみがD型に該当する（図3-23）。その個体には、上面の後縁に壁が立つ。さらに、上面の縁辺部と後方には、斜格子紋を充填した紋様帯を刻む。

表1 三峡地区で出土した竈形明器の型式別寸法平均値

| 型式 | 出土点数 | 最大幅 | 奥行 | 全高 | 備考 |
| --- | --- | --- | --- | --- | --- |
| A型Ⅰa式 | 56個 | 19.4 | 13.1 | 7.8 | |
| A型Ⅰb式 | 2個 | 24.0 | 13.5 | 9.3 | 壁有り。 |
| A型Ⅱa式 | 89個 | 24.8 | 13.8 | 8.1 | |
| A型Ⅱb式 | 33個 | 24.5 | 12.6 | 11.6 | 壁有り。 |
| B型a式 | 4個 | 16.7 | 22.2 | 6.5 | |
| B型b式 | 1個 | 17.2 | 29.6 | 20.0 | 壁有り。 |
| C型 | 7個 | 24.5 | 38.8 | 10.4 | |
| D型 | 1個 | 26.1 | 23.1 | 12.0 | 壁有り。 |

※ 最大幅・奥行・全高の単位はcm。

その他、平面がほぼ円形を呈する個体が秭帰孔嶺遺跡（図1-2）から2点出土している。しかし、型式を設定しても、次節以下の論の展開で意味をもつ型式とはならないため、本稿ではとくに型式を設定しないまま、分析対象としても保留にした。

また、鍵穴形の平面を呈する陶製の明器が三峡地区のいくつかの墓地遺跡で出土している。この明器は豚小屋、あるいは竈を模したものとして報告されている（重慶市文化局他2005）。しかし、この形状は、奉節県小雲盤遺跡（図1-29）で出土したような鉄製焜炉を象ったものであり（内蒙古文物考古研究所2006）、豚小屋明器でもなければ、まして竈形明器でもない。そのため、本稿では分析の対象外とする。

(3) 編　年

竈形明器は、戦国時代に秦が支配した陝西省で出現し、前漢時代に中国の広範囲に拡散したことが明らかにされている（高浜1995、Kawamura 2009）。本稿で対象とする年代は、竈形明器が広域への拡散を開始した紀元前200年頃の前漢前期から、後200年頃の後漢時代末までとする。各個体の年代は、基本的に竈形明器を出土した墓の報告年代に従っている。

報告に掲載された三峡地区の漢墓は、おもに土壙墓から磚室墓へと移行する構造の変化、磚や出土遺物に時折残された紀年銘、および副葬された銅貨の種類と形態などによって、総合的に年代が決められている。墓葬の年代は、とくに後漢時代になると追葬が流行したため、詳細には特定し難い。しかし、各報告に載っている年代は大略において問題ないものと思われる。

以上の条件を踏まえて、三峡地区の竈形明器の編年には、Ⅰ～Ⅲ期という比較的大まかな区分を設定した。図3は、前節で分類したA～D型の竈形明器のうち、各型式の代表的な個体を年代順に並べたものである。また、Ⅰ期からⅢ期にかけての各型式の数量の変化を表2に整理した。

Ⅰ期　前漢時代前期および同中期と報告された墓で出土したものが該当する。

三峡地区の竈形明器でもっとも一般的な型式、A型Ⅰa式とA型Ⅱa式がすでにこの時期から揃っている。Ⅰ期における出土点数はそれぞれ11点と33点である。これに2点のA型Ⅱb式と3点のB型a式が加わる。

A型Ⅰa式・A型Ⅱa式・B型a式で、この時期に特徴的な属性はとくにみられない。この3型式は、もともと形態が単純であることにもよるが、形態上の変化がほとんどないままⅠ期からⅢ期にいたる。

A型Ⅱb式は、A型Ⅱa式の上面に壁のついた型式であるが、この時期に帰属する2点はいずれも上面の後縁に壁が立つ。そのうち1点は、上面の後縁および両側後寄りにかけて壁が立ち、上からみると壁が「コ」字形を呈する（図3-14）。

Ⅱ期　前漢時代後期・新・後漢時代前期と報告された墓で出土したものが該当する。

A型Ⅰa式が25点、A型Ⅱa式が42点と、この両型式だけでⅡ期に該当する竈形明器の約4分の3を占める。この他に、A型Ⅰb式が2点、A型Ⅱb式が11点、B型b式が1点、C型が7点、それぞれ出土している。

A型Ⅰb式の壁は、上面の後縁および両側後寄り、ないし前縁および両側前寄りにかけてつき、上からみると「コ」字形を呈する（図3-7）。

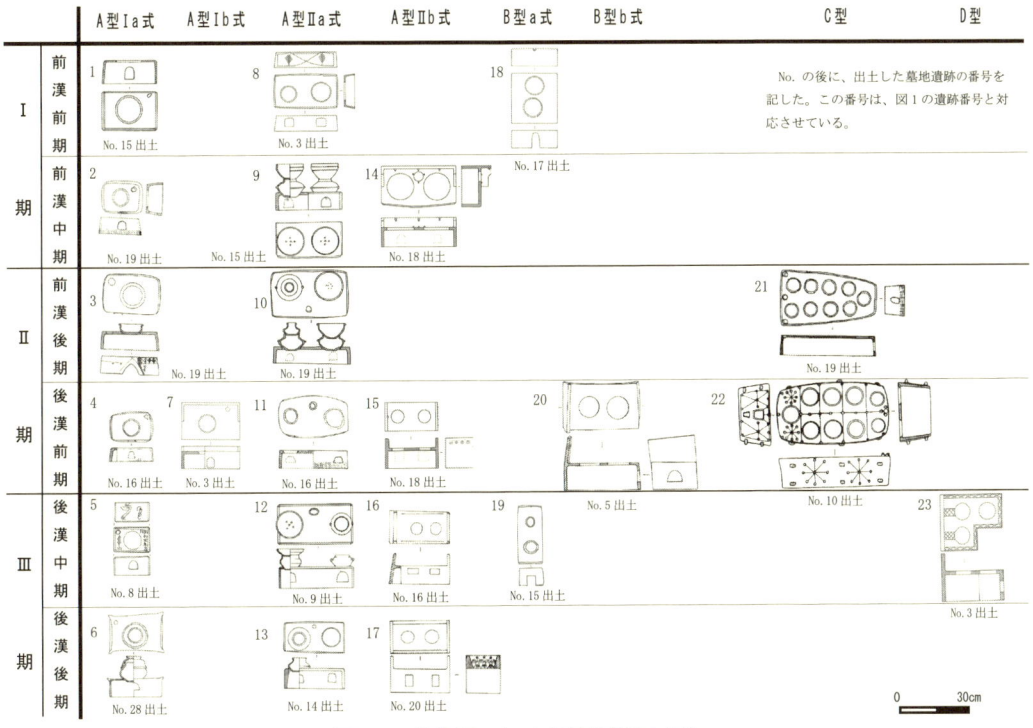

図3 三峡地区における竈形明器の編年

　B型b式の壁は、上面の後縁につく（図3-20）。

　Ⅱ期のA型Ⅱb式は、Ⅰ期の2点から11点に出土点数が大きく増えただけでなく、壁のつく位置にも変化が生じた。Ⅰ期のA型Ⅱb式は、上面の後縁、ないし図3-14のように後縁から両側後寄りにかけて「コ」字状に壁がつく。しかしⅡ期になると、壁は上面の左右両側に立ち、後縁には立たなくなる。しかも、Ⅰ期のA型Ⅱb式には紋様がなかったが、Ⅱ期になると、その半数以上の個体の壁に鋸歯紋・円紋などの連続する図案が刻まれるようになる（図3-15）。

　このほか、Ⅱ期にはC型がみられる（図3-21、22）

　Ⅲ期　後漢時代中期から後期にかけての時期と報告された墓で出土した竈形明器が該当する。

　Ⅰ期以来のA型Ⅰa式・A型Ⅱa式は、Ⅲ期も形態がほとんど変わることなく存続する。この時期の両型式の点数は、A型Ⅰa式が14点、A型Ⅱa式が9点であり、後漢後期に限れば前者が2点、後者が1点と減少傾向にあることがわかる。

　一方、A型Ⅱb式はⅠ期が2点、Ⅱ期が11点だったが、Ⅲ期になると18点まで増加し、後漢後期だけでも7点を数える。このことから、Ⅲ期におけるもっとも主要な型式の竈形明器は、従来のA型Ⅰa式とA型Ⅱa式からA型Ⅱb式に代わったことがわかる。しかし、本型式の出土点数そのものは増加しているのに対して、壁に紋様を飾る例は1点しかない（図3-17）。Ⅱ期のA型Ⅱb式は、11点のうち6点に紋様が刻まれていた。本型式は、Ⅲ期に無紋化の進んだことがうかがえる。

　さらに、Ⅲ期にはB型a式とD型の竈形明器も1点ずつ含まれる（図3-19、23）。

表2　三峡地区で出土した竈形明器の型式別個体数の変遷

| 時期 | 年代 | A型Ⅰa式 | A型Ⅰb式 | A型Ⅱa式 | A型Ⅱb式 | B型a式 | B型b式 | C型 | D型 | 合計 |
|---|---|---|---|---|---|---|---|---|---|---|
| Ⅰ期 | 前漢前期 | 3 |  | 11 |  | 3 |  |  |  | 17 |
|  | 前漢中期 | 8 |  | 22 | 2 |  |  |  |  | 32 |
| Ⅱ期 | 前漢後期 | 10 |  | 12 |  |  |  | 4 |  | 26 |
|  | 後漢前期 | 15 | 2 | 30 | 11 |  | 1 | 3 |  | 62 |
| Ⅲ期 | 後漢中期 | 12 |  | 8 | 11 | 1 |  |  | 1 | 33 |
|  | 後漢後期 | 2 |  | 1 | 7 |  |  |  |  | 10 |

※ 数値はすべて個体数を示す。　※ 年代を特定できない個体は、含まない。

(4) 小　結

　ここまで、三峡地区の漢墓より出土した竈形明器を対象に、まず全体の形状と焚口の位置を基準として、A～D型に分類した。さらに、受け口の数・壁の有無などを基準として合計8つの型式に細分した。つづいて、出土した墓葬の年代によって各型式の形態と数量の変化の過程をⅠ～Ⅲ期にわけて整理した。

　その結果、A型Ⅰa式とA型Ⅱa式は、出土点数がもっとも多いだけでなく、Ⅰ期からⅢ期にかけて存続していることがわかった。横長の箱状を呈する両型式は、Ⅰ期に出現してⅢ期に至るまでほとんど形態に変化がない。出現当初から、その形態が三峡地区でいかに定着したものであったかがうかがえる。A型Ⅱb式は横長の箱状を呈することに加えて、上面に壁をもつ型式であるが、Ⅰ期は壁の位置が後縁であったのに対して、Ⅱ期以降は壁の位置が左右両側に移行した。また、A型Ⅱb式の出土点数は、Ⅰ期がわずか2点であったものの、Ⅱ期から増加していき、Ⅲ期になるとA型Ⅰa式とA型Ⅱa式を凌いで最多の型式になった。A型Ⅰb式のみ2点と少数であるが、A型は全体としてみれば、漢時代の三峡地区で主流をなす竈形明器であったと言える。

　A型Ⅱb式が増加するⅡ期には、A型Ⅰb式やB型b式といった上面に壁を立てる型式が他にも出現した。上面における壁の位置は、A型Ⅰb式の1点が前縁であることを除いて、いずれも後縁である。A型Ⅱb式の壁の位置も上面の左右両側が主流となるものの、Ⅰ期は上面の後縁であったことを考慮すれば、三峡地区における竈形明器の壁は、型式を問わず、本来は後縁に立たせるものとして始まったのであろう。

　B型a式はⅠ期とⅢ期に出土例がある。Ⅱ期に該当する例が発見されていないものの、B型b式は先述した通りⅡ期に出土している。従って、前後に細長い箱形のB型自体は、A型に次いで漢時代の三峡地区に定着していた可能性がある。平面が細長い台形を呈するC型と、「L」字形を呈するD型は、それぞれⅡ期とⅢ期にのみ出土例がある。C型とD型の両型式は、三峡地区における竈形明器の主要な形態、すなわちA型にみられる横長の箱形と開きがあるだけでなく、出土年代の幅も短い。

　漢時代の三峡地区で副葬された竈形明器は、数量や出土年代の幅からA型を主流、B型を副次

的な型式、C型とD型を限定的で長くは定着しなかった型式として位置づけることができる。

## 2　三峡地区の竈形明器の系譜

　この節では、漢時代の三峡地区で作られた竈形明器の各型式が他地域からの影響を受けたものであるのか、あるいは独自に製作されたものなのか、系譜を明らかにする。そのために、まず三峡地区における分布範囲の広がりを型式ごとに整理する。そのうえで、隣接地域の竈形明器と分布状況・年代・形態を比較しながら、三峡地区で出土した竈形明器のうち他地域のものと関連づけられる型式と、関連づけられない独自の型式とを区分する。

### (1) 分布範囲

　三峡地区におけるA〜D型の出土遺跡と分布範囲を図4に示した。

　A型の諸型式は、型式ごとに分布の偏りはとくにみられず、巫山や奉節を中心としてI期から広域に展開している。図4にはA型の出土遺跡を□で、その分布範囲を太い破線で示している。雲陽より西は竈形明器の出土がほとんど報告されていないものの、I期にA型Ia式が重慶市中心部で飛び地状に出土している。A型はII期になると分布範囲の西限が雲陽に、III期になると奉節に移り、次第に分布範囲を狭めていく。しかし、それでも漢時代を通して三峡地区にもっとも定着した型式であったことは、前節で触れた年代の幅だけでなく、出土範囲の広さからも明らかである。

　B型は、B型a式がI期とIII期に巫山で、B型b式がII期に湖北省秭帰で出土している。図4にはB型諸型式の出土遺跡を◆で、その分布範囲を細い破線で示した。この範囲は、A型の広がりには遠く及ばないものの、B型も巫山以東の三峡地区にある程度は展開していたことを意味する。前節で、B型は三峡地区においてI期からIII期にかけて定着はしていたものの、主流のA型に対して出土点数が少ないことから副次的な型式として位置づけた。図4の分布範囲からも、同じ評価をB型に与えることができよう。

　C型は、図4に出土地点を▲で示した。7点とも巫山の漢墓で出土したものであり、今のところ三峡地区において他所の墓葬から出土した例はない。年代はいずれもII期の範囲内に収まることは先に述べたが、分布範囲も巫山に限定され、A型やB型のような広がりがない。

　D型は、図4に★で出土地点を示した。湖北省秭帰にあるIII期の漢墓から1点のみ出土している。D型もC型と同じく、年代幅だけでなく、分布範囲も限定的であったことがわかる。

　前節の小結では、三峡地区における竈形明器各型式の位置づけについて、それぞれ年代の幅と出土点数を踏まえながら、A型を主流、B型を副次的な型式、C型とD型を長く定着しなかった型式として評価した。この評価は、各型式の分布範囲の広がりからみても、およそ当てはまるようである。

　さて、ここで改めて注意しなければならないのは、三峡地区の竈型明器の分布範囲が全体として東に偏っていることである。その分布範囲の東限は湖北省秭帰であるが、C型を除くすべての型式に秭帰での出土例が報告されている。これは奉節以西ではA型しか分布していないこと、しかも、

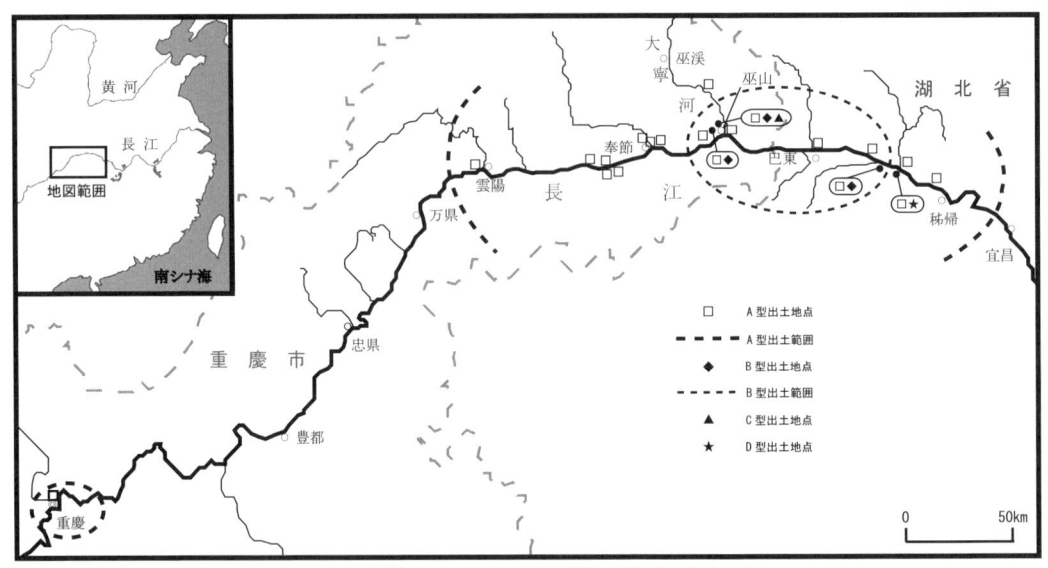

図4　三峡地区における竈形明器の型式別分布範囲

万県以西では型式を問わず、竈形明器そのものの出土がほとんど報告されていないことと極めて対照的である。この分布傾向から、三峡地区における竈形明器は、東に隣接する江漢平原[8]の西部ともっとも密接に関わりながら成立、展開したことが予想される。

そこで次節では、とくに江漢平原西部を中心として、他地域と三峡地区の間で竈形明器の分布状況・年代・形態について比較を試みる。

(2) 他地域との比較

図5は、漢時代の竈形明器が三峡地区の近隣地域で出土した地点を、A～D型の型式ごとに示したものである。図5の右側上寄りには、江漢平原西部での出土地点を示した。図5の左側には、湖南省西部（以下では、湖南を示す"湘"を取り、湘西地区と呼ぶ）における出土地点を示した。

図5をみると、江漢平原西部ではA型・B型・D型の3型式が出土している。C型は出土していない。B型とD型はこの地域に広く分布し、それぞれ25点と40点の出土が報告されている。これは同地域の竈形明器として、型式別に比較した場合、1番目と2番目に多い出土点数である。D型は計40点のうち32点が前漢前期から中期にかけて、つまり本稿のⅠ期の墓葬から集中的に出土しているが、B型と同様、漢時代を通して存在する。B型とD型は、同地区における主流の竈形明器の型式であったと言える。これに対し、A型は宜昌市前坪遺跡での出土に限られ、しかも6点しか出土していない。この遺跡は江漢平原の西端にあり、長江に近く、あたかも三峡地区の出入り口に相当するような位置にある。つまり、A型は江漢平原のなかでも三峡地区に隣接した最西端に偏って分布している。年代は前漢前期から後漢中期と比較的長期に渡るものの、6点という出土点数の少なさと偏った分布のあり方から、同地区において主流の型式ではなかったと位置づけられる。しかし、図5左に示した湘西地区では、B型とD型の出土は報告されておらず、A型だけが出土している。その分布のあり方は、おもに沅江およびその支流に沿っている。沅江は、湖南省西部の山岳地帯を縫うように流れ、やがて湖沼地帯に至り、長江に合流する川である。

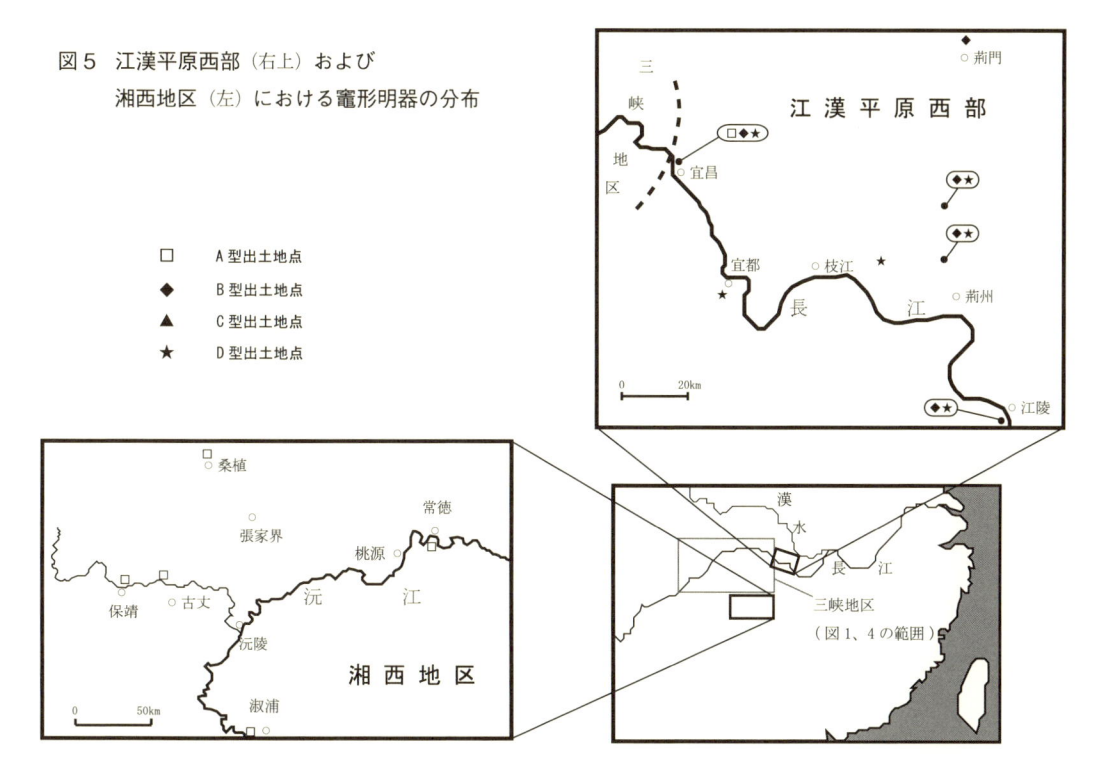

図5 江漢平原西部（右上）および
湘西地区（左）における竈形明器の分布

□　A型出土地点
◆　B型出土地点
▲　C型出土地点
★　D型出土地点

次に、上記の2地域で出土した竈形明器の形態について、型式ごとに述べる。

横長の箱型を呈するA型は、前節で4つの型式に細分した。宜昌では、この4型式のすべてが出土している。なかでも、受け口を上面左右に配置したA型Ⅱa式ないしA型Ⅱb式の竈形明器は、Ⅰ期に含まれる前漢前期からⅢ期の後漢中期まで存続する。そのうち、後漢中期の墓葬で出土したものがA型Ⅱb式で、壁は上面の後縁についている（図6-4）。A型Ⅱ式で排煙装置が表現されている個体は1点のみで、その上面には左右両側に煙孔が空いている（図6-3）。受け口が単独の型式については、A型Ⅰb式が前漢中期の墓葬で、A型Ⅰa式が後漢中期の墓葬でそれぞれ1点ずつ出土している。煙孔の位置は右寄りに偏っている（図6-1）。A型Ⅰb式の壁は、上面の後縁と右縁についており、真上からみると「L」字形を呈する（図6-2）。湘西地区で出土したA型も、排煙装置が表現されている場合はすべて煙孔であり、煙突の例は1点もない。やはりA型Ⅰ式の煙孔は左右どちらかに偏り、A型Ⅱ式の煙孔は左右両側に並べて配される。以上の比較により三峡地区・江漢平原西部・湘西地区の間で、A型の形態にほとんど違いはないことがわかった。ただし、三峡地区でⅡ期からⅢ期にかけて流行した、A型Ⅱb式で上面の左右両側に壁がつくもの（図3-15～17）は、他地域で1点も出土していない。

縦長の箱型を呈するB型は、三峡地区ではいずれも2個の受け口を前後に配置したものであり、前節では壁のないものをB型a式、壁のあるものをB型b式とした。江漢平原西部でも、両型式は出土しており、その分布範囲は広く、かつⅠ期からⅢ期にかけて存続している（図6-7、8）。このほか同地区では、受け口が単独のものが5点、3個のものが2点それぞれ出土している（図6-5、6、9）。年代は前者がⅠ期の前漢前期からⅡ期の後漢前期まで、後者がいずれもⅡ期の範囲内に収まる。前者は5点のうち4点が宜昌市前坪遺跡に集中している。江漢平原西部のB型で

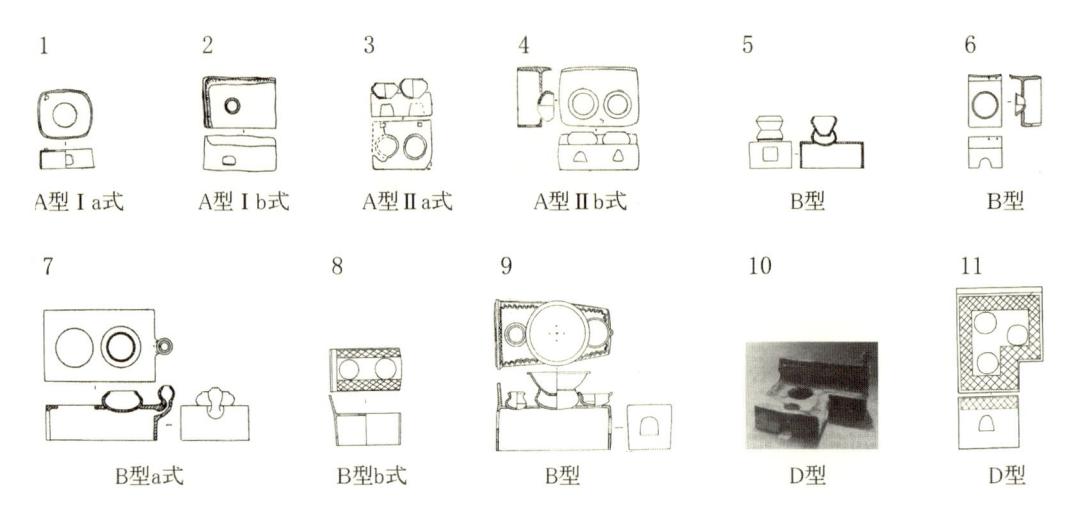

| | | | | | |
|---|---|---|---|---|---|
| 1 | 2 | 3 | 4 | 5 | 6 |
| A型Ⅰa式 | A型Ⅰb式 | A型Ⅱa式 | A型Ⅱb式 | B型 | B型 |

| | | | | |
|---|---|---|---|---|
| 7 | 8 | 9 | 10 | 11 |
| B型a式 | B型b式 | B型 | D型 | D型 |

1〜7.宜昌市前坪遺跡出土　8,11.江陵県岳山出土　9.荊州市紀南出土　10.江陵県張家山出土　　縮尺不同

**図6　江漢平原西部出土の竈形明器**

排煙装置をもつ個体は、煙突ないし壁に内蔵された煙道が表現されている（図6-7）。同地区のB型は、菱形の紋様帯などの線刻がおもな装飾であり（図6-8、9）、その他、焼成後に顔料で彩色した加彩や釉薬を施したものなどがある（湖北省博物館1976、宜昌地区博物館1985）。

　上面の平面形が「L」字形を呈するD型は、江漢平原西部ではⅠ期の前漢前期からⅢ期の後漢中期にかけて出土している。なかには、三峡地区で出土したD型と同じく、3個の受け口と上面の後縁に壁をもつものも含まれる（図6-11）。しかし、江漢平原西部のD型は、受け口が2個のものも多い（図6-10）。この種のD型は三峡地区では出土していない。2個の受け口は、上面の長手側に前後に並ぶ。受け口が2個のものも、3個のものと同様、基本的に上面の後縁に壁が立つ。2個のものは、年代がⅠ期に限られ、とりわけ、前漢前期に集中している。従って、江漢平原西部におけるD型は、Ⅰ期においてまず受け口が2個のものが盛んに作られ、やや遅れて出現した3個のものがⅡ期以降に取って代ったという形態上の変化を読みとることができる。D型のおもな装飾は、菱形の紋様帯、樹木紋などを挙げることができる。いずれも線刻で表現されている（図6-11）。壁に煙道を内蔵する形で表現された排煙装置や、おもに菱形の紋様帯で線刻された装飾表現は、江漢平原西部出土のB型の個体にも備わっており（図6-8）、この地域における竈形明器の主要な特徴の一つとして注目される。

### (3) 各型式の系譜

　ここでは、三峡地区・江漢平原西部・湘西地区の3地域間で比較した竈形明器の形態と年代の結果を踏まえて、三峡地区で出土した竈形明器の系譜を型式ごとに整理する。

　A型は三峡地区で出土した竈形明器の9割以上を占めるもっとも主要な型式であり、Ⅰ期の前漢前期から出土例がある。江漢平原でA型が唯一出土する宜昌市前坪遺跡でも、前漢前期からすでに出土例がある。湘西地区の沅江およびその支流の流域にもA型が展開したが、ここでも前漢前期の出土例がある。しかし、三峡地区で竈形明器の出土が報告されている漢墓は長江とその支流

沿いに限られており、そもそも湘西地区とは直接接していない。湖北省宜昌と湘西地区もまた隣接していない。従って、隣接しあう三峡地区と宜昌で出土したＡ型と湘西地区のＡ型が、相互に関連するものなのか、それとも偶然同じような形の竈形明器が作られたのかはわからない。その答えは、三峡地区と湘西地区に挟まれた湖北省の清江流域などで、将来Ａ型の竈形明器が出土するかどうかによって決まるであろう。いずれにしてもＡ型は、西は重慶市中心部から東は湖北省宜昌にいたる長江沿岸で、もっとも濃密に分布している。しかし、各地域のＡ型を比較する限りでは、どこでもっとも早くＡ型が成立したのかは不明であると言わざるを得ない。

　ただ、Ａ型につく壁については、三峡地区のものが江漢平原西部の影響を受けたと考えられる。三峡地区のＡ型Ⅱｂ式の壁は、Ⅰ期においては上面の後縁、もしくは後縁と左右両側後方についていたが（図3-14）、Ⅱ期以降に上面の左右両側につくようになる（図3-15～17）。江漢平原西部の竈形明器の壁は、Ⅰ期からずっと上面の後縁につき、左右両側につく例はない（図6-2、4、6、8～11）。このことから、三峡地区のＡ型の壁は、江漢平原西部の影響を受けてもともと上面の後縁に立たせたものが、左右両側につく形態に変化していったと推定される。

　以上のことから、三峡地区のＡ型は、部分的に江漢平原西部の影響を受けながら、三峡地区から宜昌にかけての一帯でⅠ期に成立・展開したと言える。湘西地区にもⅠ期からＡ型が存在する。しかし、それが三峡地区と宜昌市のＡ型と直接関連するのか明らかでないことは先述した。

　三峡地区のＢ型は、江漢平原西部から伝播したものと考えられる。Ｂ型は江漢平原西部のほかにも、三峡地区の西に位置する四川省の成都平原を含め、中国全土でもっとも広く分布する型式の一つである。しかし、成都平原のＢ型は底板をともなう構造を取っており、三峡地区のものと比べて大きな違いがある。それに対して江漢平原西部のＢ型は、底板がないだけでなく、刻線による菱形を主体にした紋様（図6-8）や、壁に煙道を埋めこんだ排煙装置の表現が三峡地区のものと共通する。図4に示した三峡地区におけるＢ型の出土地点は、巫山と秭帰という同地区のなかでも東側に偏っており、形態だけでなく分布範囲の面でも江漢平原との近さを示唆している。三峡地区のＢ型は、前漢前期のなかでも比較的後よりの時期が上限であるのに対して（湖南省文物考古研究所、重慶市文物局他2007）、江漢平原西部のＢ型は、前漢初頭にまで遡るものもある（荊門市博物館2008）。また、江漢平原西部でのＢ型は先述した通り、Ｄ型と並ぶ主要な竈形明器の型式であるのに対して、三峡地区ではＡ型に次ぐ副次的な型式でしかない。これらのことから、三峡地区のＢ型は江漢平原西部から伝播したものと考えられる。

　江漢平原西部のＢ型には、注目すべき点がもう1点ある。やはり前節で言及した、受け口が1個しかない個体についてである。三峡地区で出土したＢ型は受け口がすべて2個であり、江漢平原西部で出土した25点のＢ型も、うち18点は受け口が2個である。しかし、江漢平原西部のＢ型には、受け口が1個のものも5点ある。受け口が1個のＢ型は、とくに宜昌市前坪遺跡に集中して出土している。三峡地区では、受け口1個の例はＢ型にはないものの、Ａ型だと全体の約1/3の58点を占める。三峡地区で流行した受け口1個のＡ型が、宜昌市前坪遺跡で出土した受け口1個のＢ型とまったく無関係のうちに成立したとは考えがたい。この遺跡は江漢平原にありながら、三峡地区の出入口に位置するだけに、三峡地区との関係が他の遺跡よりも濃いのであろう。年代は、前坪遺跡の例のほうが三峡地区のものよりやや早いものと考えられる[9]。そうであれ

ば、三峡地区のA型のうち、少なくとも受け口1個のA型I式は、宜昌市前坪遺跡の受け口1個のB型の影響を受けて作られたと理解できよう。ただし、受け口2個のものも含めて、三峡地区のA型すべてが宜昌から伝播したと断定するには、まだ証拠が十分でない。A型そのものについては、やはり江漢平原西部の影響を部分的に受けながら、三峡地区から宜昌にかけての一帯でI期に成立・展開したという先に示した認識を再提示するに留めておく。

　三峡地区のD型も、B型と同じく江漢平原西部から伝播したものである。このD型は、秭帰の卜荘河遺跡E区81号墓から出土したものである（国務院三峡工程建設委員会辦公室他2008）。秭帰という三峡地区のなかでも江漢平原にもっとも近い場所で出土していること、江漢平原では前漢初頭からD型が竈形明器の主要な型式であることを踏まえれば、卜荘河遺跡出土のD型が江漢平原から伝播したものと考えるのは自然であろう。後漢時代の卜荘河出土例は上面の縁辺や後部に菱形を充填した紋様帯をもつが、同様の装飾をもつD型は、江漢平原西部では前漢前期に始まる。このことも、先に示した理解を裏づけるものである。

　以上の比較から、三峡地区で出土した竈形明器のうち、B型とD型は江漢平原西部より伝播したものであることがわかった。三峡地区でもっとも主要な型式のA型は、1個しかない受け口や竈形明器の上面後縁につける壁など、江漢平原西部の影響を部分的に受けながらも、基本的には独自に作られたものであると結論づけた。A型が最初に出現した場所は不明ながら、重慶市中心部から湖北省宜昌にかけての長江に沿った一帯で、短期間のうちに広く展開している。湘西地区のA型も、三峡地区のA型との関連は不明ながら、おもに沅江とその支流に沿った峡谷で出土している。これらの地域では、平地が川に面するごく限られた範囲にしかなく、斜面に家を建てることも珍しくない。そのため、実際の竈の形状はB型のように奥行の長いものより、A型のように幅広のほうが合理的であったに違いない。江漢平原でも、西端の宜昌市内で三峡の山々の麓にある地域では、やはり同じことが言える。このように、上記の峡谷ないし山麓地帯では、その地形に適した幅広の竈を象った明器、すなわちA型がI期のうちから広範囲に展開したのであろう。

　C型だけは、巫山以外の三峡地区だけでなく、他地域の竈形明器にも類例がまったくなかった。その系譜については、細長い台形を呈する箱状の上面に9個の受け口をもつ形態、他型式よりも抜きん出た大きさ、II期の巫山にだけ集中する出土のあり方と、どれを取っても他の竈形明器との脈絡がない。竈形明器として、C型だけが明らかに孤立しているのである。

　そこで次節では、この独特なC型の性質について、考察を行うことにする。

## 3　C型竈形明器と塩竈との比較検討

　新石器時代以来、中国では炊事・調理の施設として竈が普遍的に用いられてきた（合田2000）。実際に住居址で出土する竈の遺構と照らし合わせても、三峡地区の竈形明器のうちA型・B型・D型の3型式が、一般的な竈形明器と同様に炊事・調理用の竈を象ったものとみなして何ら問題はない。しかし、中国における竈の用途は炊事・調理だけに限らない。例えば、食塩の生産地においては、鹹水を容器に入れ、その容器を加熱することで食塩を作るための竈（塩竈）を用いることがある。C型は、前節で他の竈形明器と比較した結果、きわめて特殊な型式であることが明らかに

なった。そこでここではC型が一般的な炊事・調理用の竈ではなく、塩竈を象った明器である可能性について検討したい。
　まず、画像磚に描かれた塩竈および発掘された塩竈とC型との間で、形態を比較する。そのうえで、調理用である一般の竈形明器が漢時代を通して広く展開したのに対して、なぜC型の年代と出土地点がⅡ期の巫山に限定されるのかについて考えたい。

(1) 塩竈の画像磚

　本稿が問題とする竈形明器は、三峡地区で出土したものである。同地区で画像磚は発見されていないが、西に隣接する四川省の成都平原では、漢墓から様々な主題を描いた画像磚が出土している。そのなかには、塩竈を含む製塩工程を描いたものが少なくとも3枚知られている[10]。3枚のうち、郫県および成都市揚子山1号墓から出土した2枚は図案が同じであり、同一の型（笵）から起こされたものと考えられる（菅野2002）。図7上には郫県出土磚の拓本を、下には邛崍市花牌坊で出土した磚の拓本をそれぞれ示した。これらは三峡地区の画像磚ではないものの、竈形明器と併行する漢時代の塩竈が描かれている点で、極めて貴重な画像資料である。

　いずれの磚も画面に向かって左下に井戸を描き、組まれた櫓の上から4人の人物が釣瓶で地下から鹹水を汲み上げている。地下に埋蔵する鹹水を汲み上げるための井戸を塩井という。塩井は文献で確認する限り、前3世紀後半の戦国時代後期、秦の支配下に置かれていた成都平原に出現しており、その後、成都平原およびその周辺の至る所で掘られた（唐1997他）。ちなみに山東省萊州湾沿岸部では、後述するように、殷墟期末から西周前期にかけての時期（前11～前10世紀）には塩井が出現している。汲み上げられた鹹水は、塩井の櫓のすぐ右手に描かれた管（鹹水管）に流しこまれたと考えられる。鹹水管は、竹ないし木を接ぎ合わせながら、山間を縫うように延びており、図7上の拓本では、やがて鹹水を貯めるために四角く掘られた水槽に達している。その水槽の右手には、塩竈が描かれている。塩竈の上面には、図7の上を見る限り、少なくとも5個の容器が前後に並んでいる様子を確認できる。水槽に貯まった鹹水をこの容器に注ぎ、塩竈で煎熬して

図7　画像磚に描かれた塩竈

いる。焚口の前にいる人物は、塩竈の火加減を調節している。背景に連なる険しい山々では、動物とそれを狩猟する人物、および何かを運んでいる人物が画面中央の下寄りに描かれている。図7上に示した拓本をみると、画面中央下寄りの人物は、塩竈の燃料となる薪を背負っている。

　図7下の塩竈をより詳しくみてみると、塩竈の上方に屋根のようなものが描かれている。細い柱で支えられていることから、テントのように必要に応じて組み立て、撤収できる覆いだったと考えられる。これが塩竈の付属品なのか、塩竈とは無関係のものなのかは拓本をみる限り判然としない。しかし、塩竈が拓本のように屋外にある以上、不意の雨によって煎熬中の鹹水が雨水で薄まらないように簡便な覆いが実際には用意されていたと考えてよい。本資料の出土した成都平原は、中国のなかでも一年を通して湿潤な気候であり、雨も降る。漢時代もそれは大きく変わらなかったであろう[11]。このような気候の地域では、雨避けの覆いは屋外の塩竈になおのこと必要なものだったと想定される。

(2) 塩竈の遺構

　山東省の莱州湾沿岸部では、龍山文化中期から宋元時代までの製塩遺跡が集中的にみつかっている。この地域は、塩分が海水より3～6倍も濃い鹹水を地下に埋蔵しており、その地下水を利用した製塩が古くから行われてきた[12]。塩竈の遺構も、寿光市双王城遺跡と東営市南河崖遺跡で発掘されている（山東省文物考古研究所他2010、山東大学考古系他2010）。図8には、そのうち双王城遺跡で出土した塩竈の遺構（014AYZ1）の平面図を示した。年代は殷墟期末から西周前期にかけてと報告されているから、紀元前11～同10世紀の頃に相当する。

　莱州湾沿岸部は、本稿が分析対象とする竈形明器の出土した三峡地区から遠く離れているだけでなく、竈形明器と同じ漢時代の塩竈遺構が報告されていない。しかし、殷周時代の莱州湾沿岸部を除いて他に塩竈遺構の詳細な発掘報告は現時点で存在しない。また、時代や地域が違うとしても、塩竈ならではの共通点があると予測されるため、目下公表された限りでも塩竈遺構の特徴を整理しておく意義はある。

　図8の塩竈は、東から西に向かって作業場・焚口・楕円形燃焼室・長方形燃焼室とつづく。長方形燃焼室から煙道が三叉状に分かれ、末端に煙孔がつくが、竈の中軸線上にあった煙孔は後世の遺構に切られ、残っていない。竈は全体が半地下式の構造で、全長17.2m、最大幅8.3m、残高は最大で0.5mある。楕円形の燃焼室の南北両側には、深さ30cmほどの長方形の穴（H37、H38）を設けている。発掘報告は、井戸から採った鹹水を浅い池で天日に晒すなどして濃縮させた後、この穴に貯めておき、煎熬時にここから濃縮した鹹水を塩竈上の製塩土器へ適宜汲み足したと推定している。塩竈の南北には、細長い掘込があり、そのなかに柱穴が並んでいる。柱穴は直径50～70cm、深さ50～80cmあり、30～50cm間隔で比較的密に配列されている。柱の本数はそれぞれ16本ずつあり、位置も南北でほぼ対応する。そこで、塩竈およびその周囲を丸ごと覆う屋根が存在したと発掘担当者は想定し、図9のような推定復元図を提示している。屋根と壁は、図9の復元図には描かれていないものの、葦で作った編み物で覆ったと推定している。塩竈本体と壁の間には、比較的広い空間がある。この空間は製塩に関連する作業を行ったり、出来上がった塩を一時的に置いたり、労働者の仮の生活空間として使われたと考えられている。とくに塩竈の西南側の空間は、表面が焼

土で覆われており、継続的にここで火を使用していたことを物語っている。

塩竈の上面は残っておらず、どのような構造だったのか不明である。しかし、双王城遺跡で発掘された殷周時代の塩竈では、燃焼室の床面上に複数の製塩土器が密集して立った状態でしばしば発見されている。製塩土器の底部には、草を混ぜた土の層（混草土層）が付着しており、その混草土層内には棒状の焼土の塊が並んでいる。この棒状焼土は、破損した状態で燃焼室周辺のピットから出土することもあり、表面に木の圧痕を留めている。混草土層内の棒状焼土にも木の圧痕があるのか発掘報告には記されていないが、恐らくそうなのであろう。その証拠に、発掘担当者は双王城遺跡の塩竈の上面を図9のように推定復元している。これによると、格子状の枠を塩竈の燃焼室上に掛け、格子目の部分を混草土で

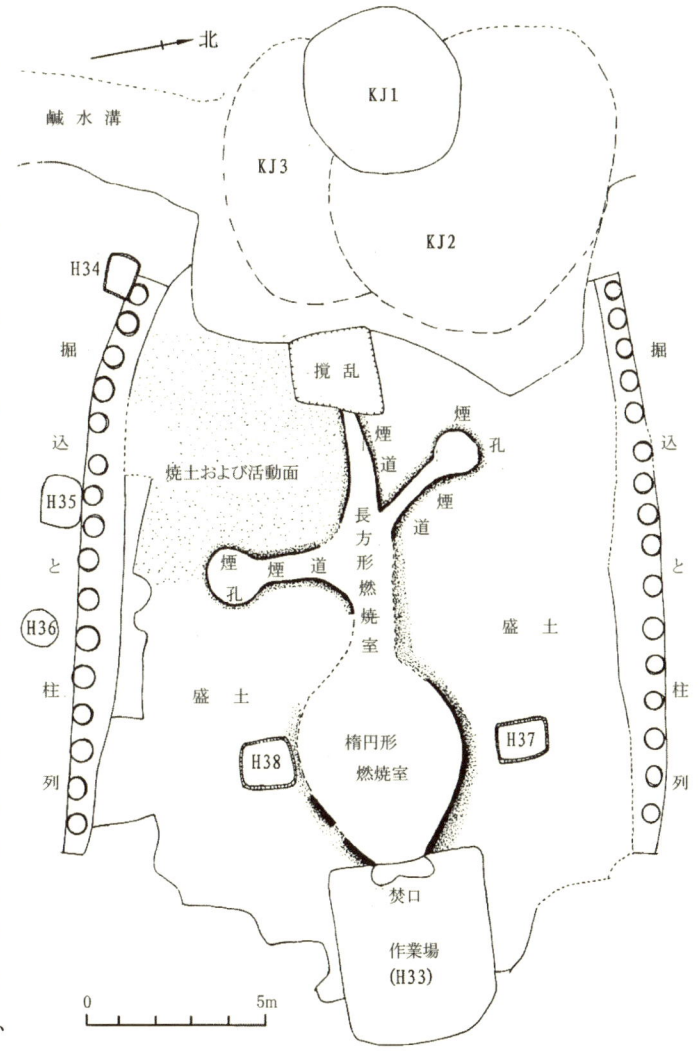

図8 寿光市双王城遺跡の塩竈遺構（014AYZ1）平面図

充填し、その上に〝盔形器〟と呼ばれる丸底の製塩土器を置いている。枠の自重もさることながら、格子目を混草土で塞ぎ、その上に鹹水をたたえた多数の盔形器が載るとなると、相当な重量になる[13]。複数の盔形器が密集して立った状態で塩竈燃焼室の床面からしばしば発見されるのは、重量に耐えられなくなった上面の枠が盔形器もろとも崩落した結果であると発掘担当者はみている。同遺跡のある塩竈遺構（014BYZ1）では、楕円形燃焼室のほぼ中央に土台が発見されたが、その用途について上面の枠を受けるための柱であると発掘担当者は推定している。

これまで山東省の莱州湾沿岸部では、夥しい量の盔形器が出土している。その内壁に炭酸カルシウムを主成分とする、鹹水の煎熬過程で析出された物質がしばしば残存することから[14]、盔形器は製塩土器であることが判明した。しかし、底部や外壁に二次的に火を受けた明確な痕跡がなく、どのようにして盔形器で鹹水を煎熬したのか説明がつかなかった。双王城遺跡の発掘担当者は、上述のように枠を塩竈に掛け、さらに混草土で充填した枠の目の上に盔形器を載せたと解釈した。

この解釈であれば、盔形器は煎熬時も燃焼室内の炎を直接受けずに済む。盔形器の鹹水は、内壁付着物のサンプルに含まれた酸素と炭素の同位体を分析した結果、50〜60度の温度で煎熬していたと推定されている（崔他2010）。もしもこの説が正しければ、沸騰前の「トロ火」状態で鹹水を蒸発させつづけたことになり、漢時代以降に普及する金属製盆を塩竈の受け口に掛けて、直接底部に火を当てて加熱した方法に比べて、格段に時間のかかる作業であったことと思われる。双王城遺跡の発掘報告によると、盔形器は胎土に混和材を含んでおらず、直接火に当てることができないという。この手の土器は砂粒などを胎土に混ぜている土器に比べて、直接火に当てると破損しやすいという意味であろうか。やや舌足らずな報告の記述ではあるが、直接火を当てることのできなかったのは盔形器に限らず、塩竈上面に掛ける枠もまた然りであったに違いない。発掘報告は枠の材質について明言していないが、先述のピットに廃棄されていた、木の圧痕が付いた大量の棒状焼土は、木枠が燃えないよう枠の周りに塗り固めた粘土であったのではないだろうか。

図9 双王城遺跡の塩竈遺構推定復元図

　図8で示した014AYZ1の他にも、山東省莱州湾沿岸部で3基の塩竈の平面図が公表されている[15]。いずれも殷周時代のもので、東向きに開口している[16]。全体は焚口・楕円形の燃焼室・長方形の燃焼室・煙道・煙孔で構成された細長い形態で一致しており、燃焼室の上面に多数の盔形器を載せて煎熬する。その数は150〜200個と推定されている。煙道はいずれも2本か3本に分岐している。焚口で起こした火の余熱を塩竈の隅々まで行き渡らせ、なるべく効率的に利用できるように、煙を塩竈の後部両側に誘導しようとしたのであろう。東営市南河崖遺跡の塩竈遺構YZ4は、燃焼室内の後部に壁があり、中央と左右両端だけ孔を設けて火道としている。これも塩竈全体の隅々に余熱を回し、上面をびっしりと覆う盔形器に少しでも効果的に熱を伝えて鹹水を煎熬できるようにするための工夫とみることができよう。この遺構は煙道も左右両側に分岐しており、燃焼室内部における火道の位置とともに余熱を一貫して左右両隅に誘導しようとしている。覆い屋については、先に紹介した通り寿光市双王城遺跡の塩竈遺構ではその痕跡が検出されたが、東営市南河崖遺跡では報告されていない。それでも、丸太柱で構成された双王城遺跡の例ほどしっかりしたものではないにしても、南河崖遺跡の塩竈にもテントのような何らかの雨避けはあったと考えるほうが自然である。

　寿光市双王城遺跡では、宋元時代の塩竈遺構も30基近く発見された（山東省文物考古研究所他2010）。図面はないが、速報で写真が公表されている（王・李2009）。この公表された写真と報告の記述から、宋元時代の塩竈はやはり半地下式に掘り込んであり、全長10m以上の細長い形態であることがわかる。前方から作業場・焚口・燃焼室・煙道と配置され、塩竈によっては煙道の上にさらに小型の燃焼室を設けているものもある。発掘担当者は、この小型の燃焼室の上にも容器を掛け

て、余熱を利用して容器中の鹹水の塩分を濃くする煎熬の予備的な作業が行われていたと推測している。塩竈の上面は崩壊して残っていないが、燃焼室の床面で鉄鍋の破片がみつかったものもある。恐らく、上面には竈形明器のように受け口があり、そこに鉄鍋を掛けて鹹水を煎熬したのであろう。宋元時代の塩竈は、上面に枠を掛けてその上に盆形器を載せた殷周時代の塩竈と比べて、受け口をもつ上面の構造にこそ違いはあったが、基本的な形態はほぼ同じであったことがわかる。

本稿で取り上げた竈形明器の出土地である三峡地区でも、忠県中壩遺跡で塩竈遺構が発掘されている。この塩竈は「登り窯（中国語で龍窯）」と呼ばれている。登り窯のように細長い形態で、斜面に構築されているためである。ただし、図面が公表されていないうえに、報告の記述内容が少なく、それ以上のことはわからない。詳細な平面形も、上面の様相も不明である。年代は諸説あるが、いずれも根拠が不明瞭で結局よくわからない[17]。このほか、「登り窯」とは記されていないが、塩竈である可能性をもつ遺構が、忠県の中壩遺跡、哨棚嘴遺跡、瓦渣地遺跡で出土している。しかし、詳細はやはり不明である[18]。従って、本稿では三峡地区で発見された塩竈遺構について、これ以上触れない。

### （3）C型竈形明器と塩竈の比較

前節まで、塩竈の画像資料と塩竈遺構の形態的な特徴について整理してきた。その特徴と三峡地区で出土したC型竈形明器の形態を比較する。

C型竈形明器は全体に細長く、上面の平面形は奥の方がやや広がる台形を呈する。手前より奥の方が幅広いのは、後縁に設けられた煙孔の配置と関連がありそうである。C型の煙孔は、上面後縁の中央1箇所に配した個体が1点あるが、確認できる限り、その他は上面後縁の中央と左右両隅の計3箇所に配置している。実際、山東省の莱州湾沿岸部で発掘された塩竈遺構の平面図をみても、後部の煙道および煙孔は2～3本に分岐しており、塩竈によっては燃焼室内の後部に中央および左右両端に火道を設ける隔壁を設置している例もあった。これらは焚口で起こした炎の余熱を満遍なく塩竈のなかに行き渡らせ、上面の後方に置いた容器でも、余熱を利用して容器内の鹹水の塩分を少しでも濃くしようとするための工夫と考えられる。この余熱を利用して鹹水の塩分濃度を高める作業は、2004年8月に四川省自貢市燊海井を調査した時にも行われていた（写真1、口絵2上）。写真1の塩竈は、手前に円形の大きな燃焼室があり、奥に円形でやや小さな燃焼室（傍らに男性が立って作業している）と、さらにその奥には塩井から汲み上げた鹹水を貯めておくための四角い水槽がある。手前と奥の燃焼室および水槽は、すべて連結しており、これで塩竈全体を構成している。焚口は手前の竈にしかなく、ここで天然ガスを燃やして上面に掛けた製塩盆内の鹹水を煎熬している。しかし、その余熱は奥の燃焼室と水槽にも伝わり、製塩盆および水槽の中の鹹水の塩分濃度を高めるのに役立っていた。やがて、手前の盆で塩が結晶して取り出されると、今度は奥の盆から手前の盆にあらかじめ余熱で濃度を高めてある鹹水を移し、煎熬が再開された。同時に、水槽から奥の盆にもやはり濃度を高めた鹹水が移された。塩井から汲み上げた鹹水をいきなり煎熬するより、余熱を利用してある程度まで塩分を高めた鹹水を利用するほうが、はるかに効率的である。

C型竈形明器は、計9個もの受け口のうち8個を左右2列で、前後方向に配列していた。画像磚の塩竈は、受け口が5個しか確認できなかったが、やはり前後に並べていた（図7）。山東省の

写真1　自貢市燊海井の塩竈

莱州湾沿岸部の塩竈遺構も、上面に受け口こそなかったものの、夥しい数の盔形器と呼ばれる製塩土器を前後方向に長くなるように並べていた（図9）。食塩を塩竈で大量かつ効率的に生産するには、塩竈を前後に細長くして、鹹水を盛った製塩容器に余熱を伝えて塩分を高めることができるよう、容器も前後に配列する必要があった。莱州湾沿岸部で発掘された塩竈は、軒並み長さ10mを超える大型のものがほとんどであったが（山東省文物考古研究所他2010）、このことは表1のように三峡地区で出土した竈形明器のなかでもＣ型が他型式より抜群に前後に長かったことの意味を考えるうえで、示唆的である。製塩容器を塩竈上面に前後方向に配置し、前方の容器で一定量の食塩が結晶する度に、その食塩を取り出し、同時に、余熱を利用して塩分濃度を高めてある鹹水を後方の容器から前方の容器に移して煎熬を繰り返す。このことを前提にした造りの塩竈が、中国では遅くとも殷時代末期には出現し、その後も金属製盆の出現やそれを受けるための孔（受け口）を上面に設置するなどの改良が加わるものの、基本的な構造は変わらぬまま現在に至るのである[19]。調理にも竈を用いるが、調理用の竈は間断なく煮沸をつづけたり、水分を蒸発させつづける必要はまずないため、極端に長くなることも、余熱を隅々にまで行き渡らせて効率的に利用するための工夫を設ける必要も、塩竈ほどにはなかった。

　Ｃ型竈形明器は基本的に無紋であるが、巫山県小三峡水泥廠1号墓で出土したものに線刻で紋様が表現された例がある（図3-22）。その個体は、線刻の紋様以外にも、左右両側面の前・中・後部の3箇所に、上下2段に渡って環状の突起がつく。線刻の紋様や環状突起は、装飾ではなく、実用的な機能をもった設備を表したものかもしれない。それでは、どのような設備を象ったものなのであろうか。四川省邛崍市花牌坊で出土した画像磚には、塩竈の上にテントのような簡易の覆いが描かれている（図7の下）。山東省寿光市双王城遺跡の塩竈遺構でも、やはり覆いの柱列と思われる遺構がみつかっている（図8・9）。巫山県小三峡水泥廠1号墓で出土したＣ型竈形明器にも、テントのように組み立ておよび撤収が可能な覆いが存在したと仮定すると、その左右両側面の前・中・後部にほぼ等間隔でつく環状突起は、テントの柱を立てるための受けであった可能性が高い。線刻の紋様が何を表したものかはなお不明であるが、環状突起は竈の上に組み立てた覆いの支柱受けとしての用途を想定すると、一応の説明はつく。三峡地区のＡ・Ｂ・Ｄ型の竈形明器には、壁をともなう個体が多くみられた。数の上で最多のＡ型は、左右両側に壁の立つものがもっとも多く、もっとも早いⅠ期に相当する個体のなかには左右両側の他に後縁にも壁の立つ例があった。このこ

とから、恐らくA・B・D型の多くは屋内か、建物の壁に接する形で設けた竈を模していると考えられる。これに対して、C型で壁をともなう個体はない。C型は建物から独立して屋外に存在する竈を象った明器であると解釈することができよう。塩竈は基本的にみな屋外にあった。屋内にあったとしても、建物の壁に直接は接せず、双王城遺跡の塩竈遺構や四川省自貢市に残る製塩工房のように覆い屋で覆われていた。食塩の煎熬は連続して行うため、不意の雨でも急には中断できない作業である。そのため、塩竈は覆い屋で覆うか、テントのようなものを組み立てて雨から守る必要があった。

第1節で述べたC型の属性のうち、上面の面積が底部のそれを上回る点、換言すれば横断面が逆台形を呈する点は（図3-22）、塩竈遺構の上面が崩落して残っていないこともあり、画像磚や遺構では確認できなかった。また、焚口が竈の前面に上下2段になって備わる個体がC型竈形明器にあったが（図3-22）、やはり画像磚や塩竈遺構でその例を認めることはできなかった。それでも、C型の前後に細長い竈の上面に9個もの容器を並べて、それらの容器にできる限り余熱が回るような構造上の工夫や煙孔の配置は、実際の塩竈にも確認することができた。そのうえ、巫山県小三峡水泥廠1号墓で出土したC型竈形明器の左右両側面につく環状突起は、塩竈の実例にしばしばみられる雨避けの覆いを立てるための支柱受けであると指摘した。以上のことから、三峡地区の漢墓で出土した竈形明器のうち、C型は調理用の竈ではなく、塩竈を模したものであると考えられる。

竈形明器の型式間での共伴関係をみても、C型の特殊性は際立っている。A・B・D型のいずれも、一般的に1個のみ単独で副葬される[20]。これに対して、C型は単独で出土することはなく、必ず他型式（これまでの事例では、いずれもA型）の竈形明器と共伴出土している。調理用の竈と塩竈のどちらがより広く一般的に使われ、また、明器に象る対象としてどちらがより優先されたかと問えば、まず調理用の竈があって後に塩竈であると考えられよう。死者への副葬品としてだけではなく、実際の生活においても、塩竈だけあって調理用の竈がなければ本末転倒になる。従って、三峡地区の漢墓でもA・B・D型と違ってC型のみを副葬することはなく、まず本地域でもっとも一般的な調理用の竈形明器であるA型を副葬し、その上で一部の墓葬ではC型も一緒に副葬したのであろう。

このように、塩竈の画像磚や出土遺構と形態を比較し、さらに他型式の竈形明器との共伴関係を分析した結果、C型竈形明器は塩竈を象ったものであると結論づけることができた。

## 4　塩竈形明器を副葬した背景

C型竈形明器が塩竈を模したものだとして、なぜそれが巫山の、しかも本稿の編年で言うII期の墓葬に出土に限定されるのか。実際、C型が出土しているにも関わらず発掘報告が刊行されていない遺跡、もしくは発掘されないまま三峡ダムの湖底に沈んでしまった遺跡もあるかも知れない。そうであれば、C型竈形明器は分布範囲がもっと広く、年代の幅もより長くなる可能性がある。それでも、C型が巫山のII期に副葬された事実は変わらず、その場所でその時期に塩竈を明器として象り、副葬した然るべき背景があったことにも変わりはない。本節では、その背景について考察する。

## (1) 分布範囲と年代について

　図4で示した通り、C型竈形明器（塩竈形明器）は巫山のなかでも、県城周辺に集中している。漢時代の県城遺跡も現代の県城附近にあり、当時からこの地区が巫山の中心地であったことがうかがえる。当地区は傾斜が比較的緩やかであることに加えて、大寧河が長江に合流する交通の要衝であることが、中心地として発達する要因となった。『漢書』巻二十八「地理志第八上」によると、当地には塩官も置かれていた。北宋の建中靖国元年（1101）には、黄庭堅が巫山の県署で「大きな塩盆が積水堂の下にあり、蓮の植込みに使われていた」のをみたと、『隷続』巻三「巴官鉄盆銘」に記録がある。そのとき、黄庭堅が「植込みの泥を取除くと、鉄の上に鋳出された銘文が認められた。」銘文は16文字で「巴官三百五十觔、永平七年（西暦64）第廿七酉」と記されていた。このことからも、巫山で後漢時代前期には鉄製の盆で製塩が行われていたことがうかがえる。

　しかし、製塩に必要な鹹水を供給する塩泉は、巫山の県城附近にはなく、もっとも近くの塩泉であっても巫渓県の宝源山麓にあった。その塩泉については、『輿地紀勝』「大寧監景物・咸泉」に引用された『輿地広記』「図経」に「漢永平七年、甞引此泉于巫山、以鉄牢盆盛之」という記述がある。「永平七年」という年号は、先述の黄庭堅が巫山県の県署でみたという鉄盆の銘文に合わせたのかも知れないが、とにかく巫渓県宝源山麓から巫山までかつて鹹水を引いて、製塩を行っていたと記してある。湯緒沢氏の研究によると、鹹水の水道管は大寧河（図1）沿いの岸壁に孔を穿ち、その孔に木材を挿入して組んだ木道（桟道）に併設され、巫渓の塩泉から巫山まで伸びていたという（湯1997）。桟道は現存していないが、岸壁に穿たれた孔は当地が三峡ダムによって水没するまで残っていた。孔はいずれも約20cm四方の方形で、深さ約50cmあり、1.46〜2.18mごとに配列されていた。険しい岸壁では、孔は上2列に設けられている部分もあった（写真2の矢印）。図7の拓本には、鹹水を汲み上げた塩井から煎熬を行う塩竈まで竹ないし木を接いで作ったと思われる鹹水管が描かれているが、大寧河沿いの岸壁に設置された鹹水管も、あるいはこのようなものであったのであろう。塩泉のある巫渓県宝源山麓は険しい地形のため、大規模な製塩には向かず、また作り出した食塩を運ぶには流れの速い大寧河を舟で下らねばならず、危険を伴った。しかし、鹹水の水道管を大寧河沿いに引いたことによって、途中および終着地の巫山で鹹水を煎熬して製塩することが可能となり、食塩の生産量と運搬の効率は飛躍的に向上したと思われる。とくに巫山での製塩を可能にさせたことにより、大量に生産した食塩を、支流の大寧河を経ずに直接長江の水運で運び出すことが可能となった。大寧河沿いの鹹水管の設置工事および維持修理は極めて困難なものであったはずであるが、一旦設置に成功すれば、製塩の効率や利益を飛躍的に向上させることができたに違いない。その設置年代については、前述した「漢永平七年」よりも早かったと考えて差し支えないであろう。その設置工事には、少なくとも二つの前提条件があったと想定される。一つは、河沿いの崖に支柱を挿しこむ孔を繰り返し穿つに耐える大量の鉄製工具の生産と管理である。もう一つは、統治の安定である。写真2（および口絵2下）をみればわかるように、大寧河沿いのような険阻な地形では、落石事故も珍しくなかったであろう。そのような条件下で、長距離に渡って鹹水管を敷設し維持管理するには、安定した統治が前提となる。これらの条件が満たされたのは、前漢中期以降であったとみて大過なさそうである。武帝による中央集権的で強力な統治体制の整備と、鉄

官の設置がなければ、大寧河沿いの鹹水管敷設という大事業と、巫山における塩官の設立は極めて困難であったに違いない。その後は、恐らく三国時代まではその命脈を保ったのではないかと思われる。黄巾の乱をはじめとする後漢後期の動乱と不安定な政情が、三峡および四川盆地の経済に深刻な打撃を与えたとする記載はどの歴史書にもとくにない。実際、後漢後期から三国時代にかけて他地域ではほと

写真2　大寧河の岸壁に上下2列に穿たれた桟道の孔（矢印）

んど絶えた画像石をもつ豪奢な墓が四川一帯では依然として作られていたことは発掘によって明らかにされている。大寧河沿いの鹹水管の維持と、それによる巫山での製塩の継続を脅かすような大きな要因も、三峡で蜀と呉の戦争が起きた三国時代までとくに見当たらない。塩竈を象ったC型明器が巫山で出土するⅡ期（前漢後期〜後漢前期）という年代が、巫山における製塩活動の可能であったと予想される時期、換言すれば、大寧河沿いの鹹水管を安定的に維持できたと予想される時期のなかに収まるのは、単なる偶然ではないであろう。

(2) 塩竈形明器を副葬した人々

第2節でみた通り、塩竈形明器の出土点数は7点しかない。しかも、それらは巫山のたった3基の墓から出土した。そのうち、麦沱40号墓と小三峡水泥1号墓の2基の墓葬に3点ずつの塩竈形明器が副葬されていた（湖南省文物考古研究所他2001、四川省文物考古研究所他2007）。塩竈形明器は、その出土点数の少なさと特定の墓に集中する出土のあり方から、決して調理用の竈と同じような一般的な明器ではなく、より限られた人々が副葬した明器であったと言える。

それでは、その限られた人々とは、どのような人々であったのか。

塩竈形明器を出土したⅡ期の巫山では、本格的な製塩活動が開始していたと思われることは先に述べた。本稿のⅡ期は、前漢後期から後漢前期にかけての時期である。これより先の前漢中期に相当する元狩四年（前119）、『史記』巻三十・平準書第八によると、武帝は塩鉄丞の孔儀・東郭咸陽の奏上を受けて、塩と鉄の産地に塩官・鉄官を設置し、国家による独占的な塩と鉄の生産経営を断行した。しかし、前漢後期の初元五年（前44）に元帝が塩鉄の官営を廃止すると、食塩の生産経営は民間の手に移った。羅慶康・羅威の両氏によると、その後、王莽や後漢の章帝などが塩鉄の官営を一時的に復活させたが、後漢中期の章和二年（88）に和帝が塩鉄の官営を再び廃して以後、漢王朝は食塩の生産・経営を民間の手に委ね、各地の塩官は製塩業者からの徴税をおもな任務とするようになった（羅1995、1996）。つまり、本稿のⅡ期は中国における食塩の生産・経営の担い手が、国

図10　塩竈形明器とともに副葬されていた陶俑

家から民間へと移行する過渡期と位置づけることができる。この間、中国の塩業の担い手は官営と民営の間を行き来しただけでなく、後漢初期のように官営を原則としながらも、ある程度の民営も容認していた時期があったことを羅慶康氏らは明らかにしている。同氏は、官営と民営には、それぞれ長所と短所があったという。すなわち官営は国庫を潤したが、食塩の価格高騰と官吏の汚職を招き、民衆の生活を圧迫した。民営にすれば、食塩の販売による利益が民間を潤したが、各地で有力な豪族の台頭を促し、結果的に漢王朝の中央集権体制を脆弱にさせた。

　塩竈形明器を出土した麦沱40号墓には、6体の陶俑も副葬されていた（図10）。いずれも半袖半ズボンの服を身に着けただけで、頭頂部に結われた髻が露出している。半袖の服は、丈が短く腰までしかない。上下合わせて、まるで作務衣のような服装である。靴は履いていないようである。膝を抱えて座っている姿勢の者と、立った姿勢の者とがあり、後者のうち2体は少し腰を落としている。この姿と格好は、中国の陶俑として極めて特異なものである[21]。通常、陶俑は死者に仕える召使や兵士を象ったものが多く、コックの陶俑でさえ長袖で丈の長い服を纏い、冠か帽子を被っている。つまり、どのような職能の陶俑であれ、それなりに衣冠を正しているのである。道化を披露する芸人の俑（説唱俑）に、半裸の例もあるが、図10の俑の仕草はいずれも芸人のものにはみえない。半袖半ズボンの軽装は、よほど熱い環境下で労働に従事していた人物を象ったものと思われる。報告書の平面図で、墓室内における陶俑の出土位置を確認してみると、他の夥しい副葬品と固まっており、塩竈形明器の傍らに置いたものかどうかはわからない。ただ、ごく簡単な服装を身に着けた陶俑は、にわかには断定できないものの、大量の火を継続的に使用する塩竈の周辺で、火加減をみるために座ったり、作業をするために腰をかがめた労働者を表現したものであるかもしれない。

以上のことから、塩竈形明器の持ち主は、Ⅱ期の巫山で（あるいは図10の陶俑のような労働者を使い）、塩竈で製塩を行った人物と推定される。発掘報告は、塩竈形明器を出土した麦沱38号墓出土のA型竈形明器（図3-3）に刻まれた陶文「姻子方（もしくは如子方）」の「姻」と、やはり塩竈形明器を出土した同40号墓の土器3点の肩部に刻まれた「姻（もしくは如）」が、同一家族の姓を表す可能性について指摘している（湖南省文物考古研究所他2001）。彼らが塩官に勤める官吏であったのか、民間の経営者であったのかはわからない。いずれにせよ、塩竈形明器の持ち主は、生前に製塩でかなりの富を得たことだけは間違いなさそうである。巫渓の塩泉から巫山に引いた鹹水管さえ維持できていれば、製塩直後から長江の水運を使って運搬できた巫山の恵まれた流通環境は、他の製塩地よりも大きな利益をこの地にもたらした可能性さえある。だからこそ、死後も富をもたらす保障として塩竈を、時には1つの墓に3個も、あるいは労働者の陶俑も含めて、副葬したと考えられる。塩竈形明器は、Ⅱ期以降の巫山のような有数の製塩地でこそ、財力の象徴としての意味をもちえた特殊な明器であったのである。

## 結　論

本稿は、1節で三峡地区の漢墓で出土した竈形明器を対象にA～D型の4型式に分類し、Ⅰ～Ⅲ期に時期区分したうえで、型式ごとの形態および数量の変化と年代を明らかにした。2節では、江漢平原西部を中心とした他地域と三峡地区の間で、竈形明器の形態・数量・分布範囲・年代について比較検討を行った。その結果、A型は三峡地区で出土した竈形明器の9割を超える主要な型式であり、部分的に江漢平原西部の影響を受けながら、三峡地区から湖北省宜昌市の山麓にかけての一帯でⅠ期に成立・展開したことが明らかになった。B型とD型は、江漢平原西部から伝播した型式であることがわかった。しかし、C型はⅡ期の巫山にだけ存在し、巫山を除いた三峡地区や他地域のどこにも類例のない、まったく孤立した型式であることを指摘した。3節では、A・B・D型が調理用の竈を象った明器であるのに対して、画像磚に描かれた塩竈の画像や、塩竈遺構を分析した結果、C型が塩竈を象った明器であることを明らかにした。4節では、塩竈形明器としてのC型を副葬した墓がⅡ期の巫山に限られている背景について論及した。もともと塩の産地ではなかった巫山に、巫渓の塩泉から鹹水管を引いた結果、Ⅱ期には巫山で製塩が盛行し、官営か民営かを問わず、当地の塩業経営者に巨富をもたらした可能性が高い。だからこそ、Ⅱ期の巫山では明器に象って副葬されるほど、塩竈が財産の象徴としても重要な意味をもつようになったと結論づけた。

本稿の成果として、従来、調理用の竈と理解されてきた明器のなかに、塩竈形明器の存在を見出し、さらに塩竈形明器が副葬された背景の考察にまで踏みこめた点をとくに強調しておきたい。

## 追記

「塩―アジアと日本の生産・流通史」を大会テーマとした東南アジア考古学会2009年度大会において、筆者は「中国塩業考古学史」というタイトルで発表させていただいた。中国における塩業考古学のこれまでの研究動向、主要な成果、および今後の展望について紹介した。しかし、同様の内容の論文がすでに刊行されていることを発表後に知り（陳2008）、そこで本稿のタイトルと趣旨は、

大会で発表したものから大幅に変えた。また、近年の中国塩業考古のなかでも最大の成果のひとつとして、山東省寿光市岇王城遺跡の発掘成果について大会で大きく取り上げた。しかし、同遺跡の正式な発掘報告が大会発表後に刊行された以上（山東省文物考古研究所他2010）、発掘成果の紹介に力点を置いた内容を繰り返すことに積極的な意義を見出せなくなった。このことも内容を見直す動機となった。大会発表時の内容を期待された方には、内容変更のお詫びを申し上げたうえ、前述の論文と発掘報告をご参照いただければ幸いである。

註
(1) 三峡ダム建設にともない水没する遺跡を対象とした発掘調査の計画は、おもに1996年に公布された「長江三峡工程淹没及遷建区文物保護規劃報告」から知ることができる。この報告では、合計10億元を超える予算を投入し、全国72箇所の遺跡発掘資格をもつ考古学関連機関を動員して、1087箇所の遺跡・文化財を発掘・調査する計画が示された。結局、同地区における発掘がいつ完了し、所期の目標がどこまで達成されたのか最終的な報告は未見であるが、新華社2007年4月19日の報道「三峡庫区四期文物保護工程2007年結束田野工作」により、少なくとも2007年まで発掘は継続していたことが知られる。ちなみにダム本体は2006年に完成し、発電所などダム関連施設の建設を含めた全工程は2009年に終了した。
(2) 重慶市忠県にあった中壩遺跡・瓦渣地遺跡・哨棚嘴遺跡などで、大量の製塩土器片と製塩の関連遺構がみつかった経緯は、これまで多くの論文や著作のなかで紹介されてきた。そのなかでも、主要なものは次の通りである。孫智彬2003、孫華2004、Flad et al. 2005・2009、付・袁2006、李・羅2006、四川省文物考古研究院他2007。
(3) かつて中国における「製塩土器の上限は遡っても商代後期中頃（紀元前12世紀頃）と考えられている」と紹介したことがある（川村2007）。しかし、その後の調査研究の進展によって、中国の製塩土器は新石器時代晩期には存在していたことが確実になってきた（四川省文物考古研究院他2007、陳2008他）。
(4) 三峡地区の漢墓で出土した明器の形態的な近似性について、ここで詳しく述べる余裕はない。しかし、同地区は『華陽国志』に記録された巴族の主要な活動範囲とほぼ重なり、戦国時代以前から一定の文化的まとまりをもつ地域であったと言える。
(5) 三峡地区は雲陽の東と西で地形が多少異なる。全体として峡谷の地形をなすが、とくに東半部の地形が急峻で、長江およびその支流の両岸に断崖絶壁がつづく。生活のできる緩斜面は、支流との合流地点や流れが湾曲する箇所などにほぼ限られる。これに対して、西半部の地形は両岸に段丘が多く、生活可能な土地が東半部よりもはるかに多い。三峡地区にみられる地形上の東西差が、生活のあり方や竈形明器を含む特定の遺物の分布密度の差と何らかの関連をもつ可能性はある。しかし、雲陽より西の地域でも実際は竈形明器が出土していながら、未報告の例が少なからず存在するものと思われ、竈形明器の分布にみられるこの東西差の現状をにわかに信じることはできない。
(6) 渡辺芳郎氏が竈形明器の型式分類に採用した基準には、この2つの他に、「煙り出し」（煙突）の形態も含まれている。しかし、三峡地区で出土する竈形明器には煙突がまず表現されていないため、本稿では煙突の形態は型式分類の基準に含めなかった。
(7) 巫山県下西坪15号墓と雲陽県馬沱2号墓で出土している（湖南省文物考古研究所他2007、鄭州市文物考古研究所他2007）。
(8) 秭帰の東には、険しい峡谷が連続する三峡地区とは一転して、湖北省宜昌市から長江沿いに広大な河川網と平原が展開する。この平原地帯は、長江およびその支流である漢水に挟まれていることから、長江の"江"と漢水の"漢"を取って江漢平原と呼ばれている。江漢平原は、三峡地区と地勢が大きく異なるだけでなく、竈形を含む明器も異なったものが流行した。しかし、江漢平原の西部に分布する竈形明器は、三峡地区の竈形明器との共通点が比較的多い。それゆえ、江漢平原西部を中心とした他地域と三峡地区との間で、竈形明器の形態を比較することにした。

(9) 宜昌市前坪遺跡35号墓で出土した受け口1個のB型竈形明器は、焼成後に顔料で彩色と紋様を施し（加彩）、後面の煙突末端の形は動物の頭部を模している（湖北省博物館1976）。加彩による装飾や細部まで丁寧に作りこむ明器は、陝西省など他地域で出土した類例の年代を考慮すると、前漢前期のなかでも比較的早い時期にまで遡る可能性がある。一方、三峡地区には加彩や細部まで作りこんだ煙突をもつ竈形明器がない。しかも、受け口1個のA型を出土した三峡地区の墓葬の年代は、前漢前期のなかでも比較的遅い時期と考えられている（国務院三峡工程建設委員会瓣公室他2003、武漢市文物考古研究所他2007、湖南省文物考古研究所他2007）。

(10) 重慶市博物館1957、龔延万他1998、《中國畫像磚全集》編輯委員會2006を参照。

(11) 漢時代の成都平原は蜀布の産地として有名であったが、蜀布とは苧麻の布のことである（任1987）。また、漢代に設置された蜀郡西工では、漆器も盛んに制作されたことが知られている。これらの特産品は、四川盆地の気候が漢時代においても十分に湿潤であったことを示唆している。

(12) 莱州湾沿岸部の製塩活動は海水を用いたとする説が当初みられたのに対し、かつて地下の鹹水を利用したとの見通しを示したことがある（川村2007）。2008年に寿光市双王城遺跡で採鹹用の塩井が発掘されたことにより（山東省文物考古研究所他2010）、この見通しの妥当性が証明された。

(13) 発掘報告は、双王城遺跡の殷周時代の塩竈1基に置くことのできる製塩土器（盔形器）は、最大で150～200個と計算している。また、盔形器1個につき、少なくとも2.5～3.5kgの塩を作ることができるので、塩竈1基で一度に375～700kgの製塩が可能としている。

(14) 盔形器の内壁に残留していた白色物質に対する成分分析については、山東大学東方考古研究中心等2005、王・朱2006、山東省文物考古研究所他2010、崔他2010等を参照。

(15) 塩竈遺構の平面図は、図8で示した寿光市双王城遺跡014AYZ1の他に、同遺跡の014BYZ1、SL9YZ1、東営市南河崖遺跡のYZ4がそれぞれ公表されている（山東省文物考古研究所他2010、山東大学考古系他2010）。

(16) 莱州湾沿岸部の塩竈遺構が東向きに開口している理由について、双王城遺跡の発掘担当者は、莱州湾沿岸部で春季に吹く乾燥した東風を煎熬に利用したためと解釈している（山東省文物考古研究所他2010）。つまり、同地区における殷周時代の煎熬は年間を通して行われたものではなく、季節風の吹く春季に集中して行われたものと理解している。

(17) 忠県中壩遺跡の「登り窯」の年代については、漢時代とする報告（李・羅2006、陳2008）、新石器時代晩期および漢時代とする報告（四川省文物考古研究院他2007）がある。この他、「登り窯」を春秋戦国時代の層位で発見したとする論稿もある（曾2003）。拙稿「漢代における製塩器交代の背景」執筆時において、「登り窯」の資料は曾氏の論稿しかなかったため、かつて春秋戦国時代の遺構として引用したことがある（川村2007）。しかし、四川省文物考古研究院等は2007年に刊行した報告文中で、「登り窯」を東周時代とする曾氏の根拠を、他者のデータを誤って引用したものとして否定した。曾氏論文を読む限り、その年代の根拠は他者のデータの引用ではなく、層位に基づいており、四川省文物考古研究院等の批判は当を得ていないように思われる。しかし、曾氏の論文も春秋戦国時代の層位で「登り窯」遺構があったと記すだけで、具体的な図や写真による説明がない。結局、中壩遺跡の「登り窯」に言及しているどの報告や論文をみても、年代を特定する一方で、層位や共伴遺物など年代決定の具体的な根拠を示していない。そのため、現在は「登り窯」遺構の年代が諸説あり、混乱した状況を来たしている。中壩遺跡の発掘担当者による、「登り窯」の詳細な報告の刊行を期待する。

(18) 「登り窯」と呼ばれていないが、塩竈の可能性をもつ遺構は、中壩遺跡の東周時代・漢時代の層位（孫2004）、同遺跡の唐時代の層位（四川省文物考古研究院他2007）、哨棚嘴遺跡（孫2004）、瓦渣地遺跡（北京大学考古学系三峡考古隊他2003、孫2004）でもそれぞれ出土している。

(19) 以前、「民俗例によると製塩盆のカマドの上面にはいくつかの孔が通常設けられており、炎直上の火力が強い孔の盆では煎熬を、後方の孔にかけられた盆では余熱を利用した採鹹をそれぞれ行った。複数孔のカマドで煎熬と採鹹を同時に行う技術は、中壩遺跡の春秋戦国時代の層から見つかった『登り窯』にすでに見られる」と述べたことがある（川村2007）。拙稿の執筆当時は、殷時代に遡る塩竈遺構が存在していなかったが、塩竈を用いた製塩技術の上限を春秋戦国時代から殷時代後期に訂正する。

(20) 三峡地区で出土したD型は、秭帰卜荘河E区の81号墓で出土した1例しかなく、しかもA型の竈形明器を共伴したが、D型が主流の型式である江漢平原西部では、D型の竈形明器がしばしば単独で出土する。
(21) 同様の姿勢をとる陶俑の類例は、広東省広州市一帯の後漢墓からも竈形明器に伴って出土することがあるが、陶俑に服装までは表現されていない。

**図版出所** (とくに出所を記していない図は、筆者作成ないし撮影)
図2　渡辺 1987、Fig.1を一部改変。
図7-上　《中國畫像磚全集》編輯委員會 2006、一一〇を転載。
図7-下　龔他、13を転載。
図8　山東省文物考古研究所他 2010、図五を一部改変。
図9　山東省文物考古研究所他 2010、図一六を転載。
図12　湖南省文物考古研究所他 2001、図一五を転載。

## 引用文献
王守功・李水城
　　2009「南水北調東線工程　山東寿光双王城水庫塩業遺址調査与発掘」『2008　中国重要考古発現』文物出版社、72-77.
王青・朱継平
　　2006「山東北部商周盔形器的用途与産地再論」『考古』2006-4. 61-68.
川村佳男
　　2007「漢代における製塩器交代の背景—土器から金属盆へ—」青柳洋治先生退職記念論文集編集委員会編『地域の多様性と考古学—東南アジアとその周辺—』173-187. 雄山閣、東京.
菅野恵美
　　2002「四川漢代画像磚の特徴と分布—特に同范画像磚を中心として—」『史潮』51. 22-44.
龔延万・龔玉・戴嘉陵
　　1998『巴蜀漢代画像集』文物出版社、北京.
合田幸美
　　2000「壁灶の集成」『日本中国考古学会会報』10. 114-137.
崔剣鋒・燕生東・李水城・党浩・王守功
　　2010「山東寿光市双王城遺址古代製塩工芸的幾个問題」『考古』2010-3. 50-56.
山東省文物考古研究所・北京大学中国考古学研究中心・寿光市文化局
　　2010「山東寿光市双王城塩業遺址 2008 年的発掘」『考古』2010-3. 18-36.
山東大学考古系・山東省文物考古研究所・東営市歴史博物館
　　2010「山東東営市南河崖西周煮塩遺址」『考古』2010-3. 37-48.
山東大学東方考古研究中心・寿光市博物館
　　2005「山東寿光市大荒北央西周遺址的発掘」『考古』2005-12. 41-47.
四川省文物考古研究院・北京大学考古文博学院・美国加州大学洛杉磯分校（UCLA）・中国科技大学科技史与科技考古系・自貢市塩業歴史博物館
　　2007「中壩遺跡的塩業考古研究」『四川文物』2007-1. 37-49.
重慶市博物館
　　1957『重慶市博物館藏四川漢畫像磚選集』文物出版社、北京.
仁及強
　　1987『華陽国志校補図注』上海古籍出版社、上海.
曾先龍
　　2003「中壩龍窯的生産工芸探析」『塩業史研究』2003-1. 46-50.

孫華
　2004「渝東史前製塩工業初探—以史前時期製塩陶器為研究角度」『塩業史研究』2004-1．3-14．
孫智彬
　2003「忠県中壩遺址的性質—塩業生産的思考与探索」『塩業史研究』2003-1．25-30．
高浜侑子
　1995「秦漢時代における模型明器—倉形・竈形明器を中心として—」『日本中国考古学会会報』5．21-45．
《中國畫像磚全集》編輯委員會
　2006『中國美術分類全集　中國畫像磚全集　四川漢畫像磚』四川美術出版社、成都．
陳伯楨
　2008「中国塩業考古的回顧与展望」『南方考古』2008-1．40-47．
湯緒沢
　1997「巫渓古塩道」『塩業史研究』1997-4．32-35．
唐仁粤
　1997『中国塩業史　地方編』人民出版社、北京．
付羅文・袁靖
　2006「重慶忠県中壩遺址動物遺存的研究」『考古』2006-1．79-88．
北京大学考古学系三峡考古隊・忠県文物保護管理所
　2003「忠県瓦渣地遺跡発掘簡報」重慶市文物局・重慶市移民局編『重慶庫区考古報告集　1998 巻』649-678．
　　　科学出版社、北京．
羅慶康・羅威
　1995「漢代塩製研究」『塩業史研究』1995-4．30-35．
　1996「漢代塩製研究（続）」『塩業史研究』1996-1．73-80．
李水城・羅泰編
　2006『中国塩業考古　長江上游古代塩業与景観考古的初歩研究（第一集）』科学出版社、北京．
龍騰・夏暉
　2000「漢代塩鉄盆」『成都文物』2000-2．54-55．
渡辺芳郎
　1987「漢代カマド形明器考—形態分類と地域性—」『九州考古学』61．1-15．
　1993「中国におけるカマドの変遷と地域性—カマド形明器からの検討」『古文化談叢』29．97-116．
Flad, R. *et al.*
　2005　Archaeological and chemical evidence for early salt production in China. *PANS*, vol.102, 12618-12622.
Flad, R. *et al.*
　2009　Radiocarbon Dates and Technological Change in Production at the Site of Zhongba in the Three Gorges, China, *ASIAN PERSTECTIVES-The Journal of Archaeology for Asia and the Pcific-*, Spring, vol. 48, no.1, 149-181.
Kawamura, Y.
　2009　The spread of pottery miniatures in Han dynasty China. Blythe McCarthy *et al.* (ed.) *Scietntific Reserch on Historic Asian Ceramics.* 123-132. Archetype Publications. Washington, D. C.

**参照した発掘報告一覧**（地域別）
＜三峡地区＞
河南省文物考古研究所・重慶市文物局・巫山県文物管理所
　2007「巫山秀峰一中戦国、両漢墓地発掘報告」重慶市文物局・重慶市移民局編『重慶庫区考古報告集　2000 巻』177-205．科学出版社、北京．
河北省文物研究所・重慶市文物局・奉節県文物管理所

2007「奉節蓮花池墓地発掘簡報」重慶市文物局・重慶市移民局編『重慶庫区考古報告集　2000 巻』611-631. 科学出版社、北京.

広東省文物考古研究所・湖北省秭帰県博物館
　　2003「秭帰蟒蛇寨漢晋墓群発掘報告」国務院三峡工程建設委員会瓣公室・国家文物局編『湖北庫区考古報告集　第一巻』636-663. 科学出版社、北京.

吉林大学考古学系
　　2000「四川省奉節県三峡工程庫区磚室墓清理報告」陳振裕編『三峡考古之発現㈡』570-573. 湖北科学技術出版社、武漢.

吉林大学辺疆考古研究中心
　　2004「重慶奉節県三峡工程庫区崖墓的清理」『考古』2004-1. 44-61.
　　2005「奉節宝塔坪遺址 2003 年発掘簡報」『江漢考古』2005-4. 10-18.

吉林大学辺疆考古研究中心・重慶市文物局・奉節県白帝城文物管理所
　　2007「奉節宝塔坪遺址 2001 年漢晋墓葬発掘報告」重慶市文物局・重慶市移民局編『重慶庫区考古報告集　2001 巻』415-436. 科学出版社、北京.

吉林大学辺疆考古研究中心・重慶市文物局・奉節県文物管理所
　　2007「奉節宝塔坪墓群戦国、漢代墓葬発掘報告」重慶市文物局・重慶市移民局編『重慶庫区考古報告集　2000 巻』514-526. 科学出版社、北京.

国務院三峡工程建設委員会瓣公室・国家文物局編
　　2003『秭帰柳林渓』科学出版社、北京.
　　2008『秭帰卜荘河』科学出版社、北京.

湖南省文物考古研究所・巫山県文物管理所
　　2001「巫山麦沱漢墓群発掘報告」重慶市文物局・重慶市移民局編『重慶庫区考古報告集　1997 巻』100-124. 科学出版社、北京.

湖南省文物考古研究所・湖南省懐化市文物事業管理處・重慶市文物局・巫山県文物管理所
　　2007「巫山下西坪古墓群勘探発掘報告」重慶市文物局・重慶市移民局編『重慶庫区考古報告集　2001 巻』204-242. 科学出版社、北京.

湖南省文物考古研究所・湖南省湘西自治州文物管理處・重慶市文物局・重慶市文物考古所・巫山県文物管理所
　　2007「巫山高唐観遺址発掘報告」重慶市文物局・重慶市移民局編『重慶庫区考古報告集　2001 巻』181-203. 科学出版社、北京.

湖南省文物考古研究所・重慶市文物局・重慶市文物考古所・巫山県文物管理所
　　2007「巫山麦沱古墓群第三次発掘簡報」重慶市文物局・重慶市移民局編『重慶庫区考古報告集　2001 巻』290-309. 科学出版社、北京.

湖南省文物考古研究所・重慶市文物局・巫山県文物管理所
　　2007「巫山高唐観墓群発掘簡報」重慶市文物局・重慶市移民局編『重慶庫区考古報告集　2000 巻』395-423. 科学出版社、北京.

湖北省文物考古研究所
　　2002「湖北秭帰東門頭漢墓与宋墓清理簡報」『江漢考古』2002-3. 41-45.
　　2005「秭帰馬槽嶺与孔嶺東漢墓発掘簡報」国務院三峡工程建設委員会瓣公室・国家文物局編『湖北庫区考古報告集　第二巻』467-483. 科学出版社、北京.

湖北省文物事業管理局・湖北省三峡工程移民局編
　　2003『秭帰廟坪』科学出版社、北京.

山東大学考古系
　　2003「巴東黎家沱遺址発掘簡報」国務院三峡工程建設委員会瓣公室・国家文物局編『湖北庫区考古報告集　第一巻』11-46. 科学出版社、北京.

四川省文物考古研究所・重慶市文物局・巫山県文物管理所
　　2007「巫山小三峡水泥廠墓地発掘報告」重慶市文物局・重慶市移民局編『重慶庫区考古報告集　2000 巻』

146-176. 科学出版社、北京.
四川省文物考古研究所・巫山県文物管理所・重慶市文化局三峡文物保護工作領導小組
　2004「重慶巫山県巫峡鎮秀峰村墓地発掘簡報」『考古』2004-10. 47-61.
重慶市博物館
　1986「重慶市臨江支路西漢墓」『考古』1986-3. 230-242.
重慶市文化局・湖南省考古研究所・湖南省津市市博物館・奉節県白帝城文物管理所
　2007「重慶奉節拖板崖墓群2005年発掘報告」『江漢考古』2007-3. 29-43.
重慶市文化局・湖南省文物考古研究所・巫山県文物管理所
　2005「重慶巫山麦沱古墓群第二次発掘報告」『考古学報』2005-2. 185-206.
重慶市文化局・中国文物研究所・吉林大学考古学系・巫山県文管所
　2003「巫山江東嘴墓群発掘報告」重慶市文物局・重慶市移民局編『重慶庫区考古報告集　1998巻』206-231. 科学出版社、北京.
重慶市文物考古研究所・武漢市文物考古研究所・巫山県文物管理所
　2008「重慶巫山県神女路秦漢墓葬発掘簡報」『江漢考古』2008-2. 46-66.
重慶市文物考古所・西安半坡博物館・重慶市文物局・奉節県白帝城博物館
　2007「奉節擂鼓台墓地発掘簡報」重慶市文物局・重慶市移民局編『重慶庫区考古報告集　2000巻』548-564. 科学出版社、北京.
重慶市文物考古所・武漢市文物考古研究所・重慶市文物局・巫山県文物管理所
　2007「巫山水田湾東周、両漢墓葬発掘簡報」重慶市文物局・重慶市移民局編『重慶庫区考古報告集　2000巻』125-145. 科学出版社、北京.
陝西省考古研究所・西安半坡博物館・重慶市文物局・奉節県白帝城文物管理所
　2007「奉節白楊溝墓群2001年発掘簡報」重慶市文物局・重慶市移民局編『重慶庫区考古報告集　2001巻』386-396. 科学出版社、北京.
中国社会科学院考古研究所長江三峡工作隊・巫山県文物管理所
　2003「巫山双堰塘遺址発掘報告」重慶市文物局・重慶市移民局編『重慶庫区考古報告集　1998巻』58-102. 科学出版社、北京.
　2007「巫山古城遺址発掘報告」重慶市文物局・重慶市移民局編『重慶庫区考古報告集　2000巻』25-48. 科学出版社、北京.
中国文物研究所・重慶市文物局・宜昌博物館・巫山県文物管理所
　2007「巫山江東嘴墓群発掘報告」重慶市文物局・重慶市移民局編『重慶庫区考古報告集　2000巻』266-295. 科学出版社、北京.
鄭州市文物考古研究所・重慶市文物局・雲陽県文物保護管理所
　2007「雲陽馬沱墓地2001年度発掘報告」重慶市文物局・重慶市移民局編『重慶庫区考古報告集　2001巻』626-681. 科学出版社、北京.
内蒙古文物考古研究所
　2006「奉節小雲盤遺址発掘報告」重慶市文物局・重慶市移民局編『重慶庫区考古報告集　1999巻』156-167. 科学出版社、北京.
南京大学歴史系・重慶市文物局・巫山県文物管理所
　2007「巫山江東嘴遺址発掘報告」重慶市文物局・重慶市移民局編『重慶庫区考古報告集　2001巻』1-33. 科学出版社、北京.
南京博物院考古研究所・巫山県文物管理所
　2001「巫山瓦崗槽漢代墓地発掘報告」重慶市文物局・重慶市移民局編『重慶庫区考古報告集　1997巻』125-138. 科学出版社、北京.
　2003「巫山瓦崗槽墓地発掘簡報」重慶市文物局・重慶市移民局編『重慶庫区考古報告集　1998巻』148-171. 科学出版社、北京.
武漢市文物考古研究所・重慶市文物局・巫山県文物管理所

2007「巫山瓦崗槽墓地2001年度考古発掘報告」重慶市文物局・重慶市移民局編『重慶庫区考古報告集
　　　　2001巻』151-180. 科学出版社、北京.
武漢市文物考古研究所・巫山県文物管理所
　　2005「重慶巫山水田湾東周、両漢墓発掘簡報」『文物』2005-9. 4-13.
　　2006「巫山烏鶏溝墓地2003年度発掘簡報」『江漢考古』2006-4. 3-37.
　　2008a「重慶巫山土城坡墓地Ⅲ区東漢墓葬発掘報告」『江漢考古』2008-1. 37-59・64.
　　2008b「重慶巫山土城坡墓地2006年度発掘簡報」『四川文物』2008-3. 3-20.
武漢大学考古系・重慶市文物局
　　2007「奉節趙家湾墓地発掘報告」重慶市文物局・重慶市移民局編『重慶庫区考古報告集　2001巻』469-524.
　　　　科学出版社、北京.
洛陽市第二文物工作隊・重慶市文物局
　　2007「巫山胡家包墓地発掘報告」重慶市文物局・重慶市移民局編『重慶庫区考古報告集　2000巻』296-340.
　　　　科学出版社、北京.

＜江漢平原西部＞
宜昌地区博物館
　　1985「1978年宜昌前坪漢墓発掘」『考古』1985-5. 411-422.
　　1989「湖北肖家山戦国西漢墓」『考古与文物』1989-3. 36-44.
宜昌地区博物館・宜都県文化館
　　1989「宜都陸城発掘的一座西漢墓葬簡報」『江漢考古』1989-2. 33-36・32.
宜昌地区博物館・秭帰屈原紀念館
　　1991「秭帰卜荘河古墓発掘簡報」『江漢考古』1991-4. 24-28・93.
宜昌地区文物管理處・湖北省博物館
　　1985「宜昌市前、後坪古墓1981年発掘簡報」『江漢考古』1985-2. 27-33.
荊門市博物館
　　1986「荊門市瓦崗山西漢墓」『江漢考古』1986-1. 8-15.
　　1987「荊門十里九堰東漢墓」『江漢考古』1987-3. 35-39・81.
　　1990a「荊門市子陵崗古墓発掘簡報」『江漢考古』1990-4. 1-11・55.
　　1990b「荊門市玉皇閣東漢墓」『江漢考古』1990-4. 24-31・69.
　　2008『荊門子陵崗』文物出版社、北京.
荊州地区博物館
　　1992「江陵張家山両座漢墓出土大批竹簡」『文物』1992-9. 1-11.
荊州博物館
　　2008「湖北荊州紀南松柏漢墓発掘簡報」『文物』2008-4. 24-32.
　　2009「湖北荊州謝家橋一号漢墓発掘」『文物』2009-4. 26-42.
湖北省荊州博物館編
　　2000『荊州高台秦漢墓　宜黄公路荊州段田野考古報告之一』科学出版社、北京.
湖北省江陵県文物局・荊州地区博物館
　　2000「江陵岳山秦漢墓」『考古学報』2000-4. 537-563.
湖北省博物館
　　1976「宜昌前坪戦国両漢墓」『考古学報』1976-2. 115-148.
湖北省文物考古研究所
　　1993「江陵鳳凰山一六八号漢墓」『考古学報』1993-4. 455-513.
　　1994「紀南城毛家園新莽東漢墓」『江漢考古』1994-4. 11-15.
湖北省文物考古研究所・荊門市博物館
　　2008「湖北荊門十里鋪土公台西漢墓発掘簡報」『江漢考古』2008-3. 11-31・85.

長江流域第二期文物考古工作人員訓練班
　　1974「湖北江陵鳳凰山西漢墓発掘簡報」『文物』1974-6．41-61．
　　1998「1973年宜昌前坪古墓的清理」国家文物局三峡工程文物保護領導小組湖北工作站編『三峡考古之発現』
　　　　415-423．湖北科学技術出版社、武漢．
長瓣庫区處紅花套考古工作站
　　1990「湖北宜昌前坪包金頭東漢、三国墓」『考古』1990-9．815-829．
鳳凰山一六七号漢墓発掘清理小組
　　1976「江陵鳳凰山一六七号漢墓発掘簡報」『文物』1976-10．31-46・50．

＜湘西地区＞
懐化地区文物工作隊・淑浦県文物管理所
　　1994「1990年湖南淑浦大江口戦国西漢墓発掘簡報」『考古』1994-1．23-33．
湘西自治州文物管理處・古丈県文物管理所
　　2007「湘西古丈河西戦国、漢墓発掘簡報」『江漢考古』2007-2．19-31・76．
湘西土家族苗俗自治州文物工作隊
　　1985「湖南保靖粟家坨西漢墓発掘簡報」『考古』1985-9．782-789．
常徳市文物工作隊
　　1995「湖南桃源県二里崗戦国西漢墓発掘報告」『江漢考古』1995-2．7-18．
桑植県文物管理所
　　1995「湖南桑植朱家台西漢墓」『江漢考古』1995-4．18-31．

# インドの塩に関する断章
── 歴史・文化・象徴 ──

小西 正捷

## 1 古代の塩の伝承

　人は塩分なしには生きていけない。塩は食材に豊かな味付けをして食物を美味とするほか、塩化ナトリウム成分に含まれている塩化物イオンが胃酸の主成分として消化を助け、黴菌を殺す役割を果たす。またナトリウムイオンは小腸で栄養素の吸収を助け、体内の細胞外液にあって細胞内の成分や水分とのバランスをとり、さらにモノの温度などの刺激を脳に伝え、脳からの命令を筋肉に伝える神経細胞にあって刺激の伝達を行なう。このような塩の果たす重要な役割は近代医学の明らかにしてきたことであるが、インドでは経験的に活かしたその効用を、古くから、「アーユルヴェーダ」というインド伝統医学のうちに集成してきた。

　しかし、そもそも食用塩の起源と歴史は、人類にとっての食の起源・歴史と軌を一にするといってよいほどに古い。肉そのものにも多少の塩分は含まれているが、古来その保存のためには塩分が活用されてきた。ことに穀物を主食料としてからは、塩の摂取は必須となったはずである。しかしかえって、その食材としてのあまりの一般性からか、インドにおいては食に関する古代の文献にも、塩とその製法についての言及はほとんどなく、一方、遺構としての先史時代の岩塩坑や、海岸部などにおける古代の製塩遺跡もしくは製塩土器などの発掘報告もほとんど見あたらない。

　おそらくそれは、インドの場合、塩は岩盤から直接採掘する岩塩の結晶塊であることが多く、また海水や塩湖・涸河床等からの塩の採取もほぼ自然の状態での天日製塩法（ābi）によっていて、濃度を増した塩水（鹹水）を壺に満たし、火にかけて煮詰めるいわゆる「煎熬（せんごう）」（jariā）を必ずしもしてこなかったことにもよるのであろう。しかしこの点については、今後もなお地域ごとの精査が必要である。当然インドにおいても、各地各様の方法で古くから製塩が行なわれていたはずであるが、古代におけるその様相については、比較的近代になってまとめられた文献類を通じて垣間見るよりない。

　塩に関する最古の言及をあえて文献に探るならば、前1000年頃の聖典『アタルヴァヴェーダ』に「海塩神」として現れる、ラヴァナ Lavaṇa なる神に行きつく。同神と塩の関係は必ずしも定かではないが、一説にラヴァナは世界を同心円状に取り巻く七つの海の一つ（Stutley 1977：161）とされていることが、かろうじて海塩との関係を想起させる。ラヴァナはむしろ、後にはアスラ（阿修羅）のナラカとも関係付けられ（古代叙事詩『ラーマーヤナ』にでてくるランカーの魔王、ラーヴァナ Rāvaṇa とは無関係）、女性問題で神々から罰を受けたともいわれる存在である（Garrett 1871：360）。出典はおそらく『ヴィシュヌプラーナ』であろうが、それによれば、ラヴァナとはヴェーダを軽んじたり、女性問題を起こしたものが落とされる地獄（II・6）のこととされ、あるいはかつてマトゥラーを

統治していたが、やがてラーマ王子の異母弟シャトルグナに滅ぼされた羅刹の王（Ⅳ・4）のこととされている（Stutley 1977 : 161）。しかしここでも、ラヴァナと塩との関係は不明である。

それでもラヴァナの語は、その後も一貫して、「塩」を意味するサンスクリット語（*lavaṇam*）、またヒンディー語のラヴァン（*lavaṇ*）としても用いられてきた。ただし現代ヒンディーでは、*lavaṇ* よりノーン *non*、もしくはヌーンかルーン *nūn/ lūn*、あるいはナマク *namak* のほうが一般的であり、後述するように、塩との関連でこれらの語から派生する単語や言い回しはかなり多い。

より歴史的には、成立は紀元後2～3世紀であるが紀元前3世紀のマウリヤ王朝下の社会的実情をよく伝えるとされるカウティリヤの『アルタシャーストラ（実利論）』に、宝石や貴金属などとともに、もっぱら製塩を監督・管轄する「塩長官」のラヴァナーディヤクシャ *Lavaṇādyakṣa* がいたことが見えるのは興味深い（II-6・24の「鉱山」の項、上村 1984 : 108）。民衆は、塩を得るには一定額をこの長官に払う必要があった。のちにも塩は一貫して国家の専売あるいは強い統制下に置かれてきたが、その歴史はこのように、2000年以上もさかのぼるのである。

## 2　医書に見る古代の塩

『アタルヴァヴェーダ』ほど古いものではないが、それに続く塩に関する比較的詳しい言及は、やはり紀元前にさかのぼる知識 *veda* を集成したインド伝統医学の「アーユルヴェーダ」の基本文献に得られる。ことに『チャラカ本集』*Carakasaṃhitā*（2世紀頃に成立）（矢野 1988）と、それに並ぶ『スシュルタ本集』*Suśrutasaṃhitā*（4～5世紀に成立）（大地原 1979）が注目されるが、ことに内科療法に詳しい医書の『チャラカ本集』には、多種にわたる塩が、その効用とともに詳しく列挙されている（27章「飲食物の規定に関する章」*Annavānavidhi* 中の第12群「調味料及び香辛料」*Āhārayogin* の項；矢野 1988 : 214-215）。『チャラカ本集』の同章300～304節に見えるのは6種であるが、アーユルヴェーダを引きつつ食材としての塩に関する情報を集めた伊藤（2008 : 238-244）は、チャラカの挙げる6種にパーンシュジャ塩を加え、これらについて簡潔にまとめている。そこで以下では、主としてこれによりつつ、矢野（1988）の解説・翻訳を以下では 'CS' として「　」内に引用し、またワット（Watt 1908）、アタヴァレー（Athavale 1987）その他の文献による情報をも含め、筆者なりに再構成して、次のような箇条書きとして整理してみたい。

＊サインダヴァ *Saindhavam*：字義上は"シンド産"［の塩］の意であるが、実際にはシンド州（パキスタン南部）よりさらに北東のパンジャーブ地方、あるいは北西辺境州のコーハートにかけて産する岩塩で、rock salt すなわち halite, sodium chloride Nacl を指す。岩塩としては、むしろより北方の、パンジャーブ州のソールト・レンジ山中、ジェーラム県のケウラ Khewra 岩塩鉱に産するピンク～薄紫色をした美しい結晶岩塩が良く知られているが、シンド州でも、インド国境に近いタール・パールカルのように、地中の岩塩層を採掘しているところもある。サインダヴァの効用については、CSでは「食欲を与え、火を熾し（消化を助け）、強精作用があり、眼によく、胸焼けを起こさず、三ドーシャ［病素・病因としてのヴァータ、ピッタ、カパ］を除き、甘味もあるシンドゥ産の岩塩が塩の中で最上」とされ、また現代のアーユル

ヴェーダ医であるアタヴァレーも、その強精作用と強心作用、身体浄化と頭脳の純化、眼疾、消化力減退等への薬効を説いて、そのつど岩塩と混ぜるべき植物性の生薬等の材料と薬の製法を、その著作中にこと細かに述べている（1987：24, 52, 78, 216, 309）。

＊サウヴァルチャラ Sauvarcalam：スヴァルチャラ国もしくは地方（その現在の位置は不明）に産する黒色岩塩。矢野はこれをソーダと塩を一緒に煮沸した黒色の塩とする（1988：215）。CS はこの塩を、「きめ細かく、熱性を有し軽性で、芳香があり、食欲を与え、秘結（便秘）を除き、胃によく、痰を排除する」としている。産地を含めた詳細は不明ながら、伊藤はこれを「ヒマーラヤの黒岩塩」とする。次項の「ビダ黒塩」、「カーラ黒塩」とは別とされているが、その根拠も不明。ただしこの語には、硝石あるいはナトロン（硝酸カリウム）の意もありうるので注意が必要である。

＊ビダ Bidam：岩塩にアーマラカ＝アンマロク等の生薬を高温で溶融させた黒色の塩。矢野注では、岩塩に少量のミロバランを混ぜて融蝕させた黒色塩。CS には「刺激性と熱性を有し、浸透性があり、消化を促し、疝痛を除去し、[身体の]上部と下部[にひそむ病素]のヴァータを順調にする」とある。黒塩は Skrt.：kāla-lavaṇa；Hind.：kāla-namak としていまもよく用いられている。現在の商品としての黒塩は、塩にミロバラン（Skrt.：harītakī、訶梨勒）、アンマロク等を加え、sajji-khar（ソーダ灰、炭酸ナトリウム）と硫酸ナトリウムを混じて煮詰めたもので（Watt 1908：56）、食用というより薬用や工業用として用いられることが多い。後述の kāla を参照。

＊アウドビダ Audbhidam：主として硫酸ソーダよりなり、少量の塩化ナトリウムを含む岩塩の一種とされるが、詳細は不詳。CS には「苦・辛・渋味を有し、刺激性があり、湿り気を帯びやすい」とも。語幹の udbhida を「井戸・泉」の派生語とすれば、塩分を含む沼沢地や鹹水井などより採掘された、あまり純度の高くない塩をさすか。

＊カーラ Kāla：黒色塩 kāla-lavaṇa; kāla-namak としていまも一般的に用いられている黒塩。薬用としての効用はサウヴァルチャラ、ビダ塩に同じ。英名 'Black salt' の名のもとにかなり広く流通していて、調理に使う場合もあるが、味にはやや癖があり、CS は「香りがない」というが、時にやや硫黄臭のあるものもあるようだ。薬効・製法に関しては、ビダ塩の項を参照。

＊サームドラカ Sāmdrakam：文字通り、海水塩。CS は「海の塩には甘みがあり、砂地の塩はやや苦味があり、辛味もある」とする。おそらくはニガリに含まれる塩化マグネシウムのゆえか。製法は塩田を使うが、比較的単純な天日乾燥によることが多い。インドでも最も一般的な食用塩であり、塩の全産出量中の6割以上を占めている。

＊パーンシュジャ Pānśujam：「塩分を含んだ土（pānś）から採る塩」の意。直訳すれば地中塩で

あるが、ラージャスターン、グジャラート等乾燥地の涸河床・塩湖より採掘されるものかと思われる。沼沢塩・湖塩として後述する。

そして総じてチャラカは、「すべての塩は食欲を与え、吸収を促進し、沈殿性があってヴァータ（病因の一つとしての「風」）を除去する」という（27・304）。

インドは古代の錬金術にも長けた世界であるが、ベンジャミン・ウォーカー（1968）によれば、各種の塩 lavaṇa のうちもっとも重要なものは海水塩サームドラカと岩塩サインダヴァ、それに西方由来の地中海産ローマカであったという。さらにイスラーム科学の導入後は西方各地からもたらされた塩が用いられるようになり、なかには由来や素性もはっきりしないものもある。たとえばアレクサンドリア産のローマカーンタ Roma-kānta、ギリシア産のシャーカター Sākaṭa、中国あるいはティベット産のチョーブチーニー Chobchīnī、イラン産のホラーサーニ・ヴァーチャ Khorāsāni vācha、ペルシア湾岸のスレイマーニー・フジャーリ Sulemānī Khujāri、ジャワ産のヤヴァプリ・ループ Yavapuri Lūp、中央アジア産のクシャーナ・シーリ Kushāṇa Shīri などがそれであるという（Walker 1968 : 24）。

このリストからすれば、かなりの量の塩を外国に頼っているかのようにも見えるが、それはあえて多種多様の塩を外国に求めているインド人の塩へのこだわり、嗜好を示すものであって、インド自体での塩の産出量は実は極めて多い。現在のインドにおける塩の算出高は、2008年のデータで19,151 t、中国・アメリカに次いで世界第3位を占めていることを見落としてはなるまい。その自給率は106%である（なお日本はその1割以下の1,132 t、自給率は11%にとどまり、生産ランクは世界26位であるため、国内消費量を見込んで、毎年9,000 t あまりを輸入しているのが実情である）。

## 3　塩の産地と製法

インドの物産を詳述したジョージ・ワットも、諸種の塩 Sodium chloride のうち、今日にいたるまで最も一般的な塩として、岩塩 saindhava と海水塩 sāmudraka、それに romaka もしくは sākam bari とよばれる乾燥地の塩湖（たとえばラージャスターン州の Sāmbhar 湖など）産の塩（以下では湖塩という）、また塩分を含む湿地中から採掘する pānśuja（以下では沼沢塩ないしは地中塩という）の4種を挙げている（Watt 1908 : 963）。産地によってその製法は異なり、それは食塩の大きな地域差となって現れる。たとえば岩塩はパキスタン北部のパンジャーブ、北西部のコーハートなどのようにかなり内奥地域に産し、半透明のピンク色や薄紫色をした美しい結晶塩であるが、他種の塩はそれぞれ産地によって製法もまったく異なる（図1）。岩塩については後に述べるとして、まずはより一般的な海水塩と、沼沢塩についてみていこう。

塩田による海水塩はアラビア海に面したボンベイ管区（グジャラートを含む）や、ベンガル湾に面したマドラス管区・コロマンデル海岸の河口部に得られる。しかし最大の都市カルカッタ（現コルカタ）を擁することから需要の最も多いベンガル地方の海岸は、ガンガー本流等からの多量の淡水の流入に加えて潮の干満が激しく、また湿度がかなり高いために海水塩の産出は困難であった。それでもベンガル地方では塩土（nani/ nonī, noncā/ noncā-maṭṭi）から採った沼沢塩 laban を産し、スリ

ランカにおいて、より良質の「シンド塩」Saindhava などと交換された。

　伝統的にこの交易に当たってきた集団はベンガル地方ではゴンドボニク（gandhabanik、香料商人）と呼ばれ、彼らはその名のとおり香料・薬草はもとより、絹布、顔料、染料、鉱物、昆虫類、諸種の動物などをもスリランカまで運んで、そこで他地方からのさまざまな商品と交換していた。その長く危険に満ちた航海の様子は16世紀ベンガルの物語詩・縁起譚・絵巻語りなどに如実に窺い知れるが（鈴木2010）、彼らの扱う品目は、中世の王権の要請による戦闘用の馬、珍獣などの威信財をも含むものであったから、なかでも塩が、とりわけ中心的で重要な交易品であったとは必ずしも思えない。それでも彼らの交易活動は、その多大な困難の対価として莫大な富をもたらしたことは確かで、15～16世紀におけるベンガルなどでの地方言語・文学の興隆、また新たな地域的信仰の

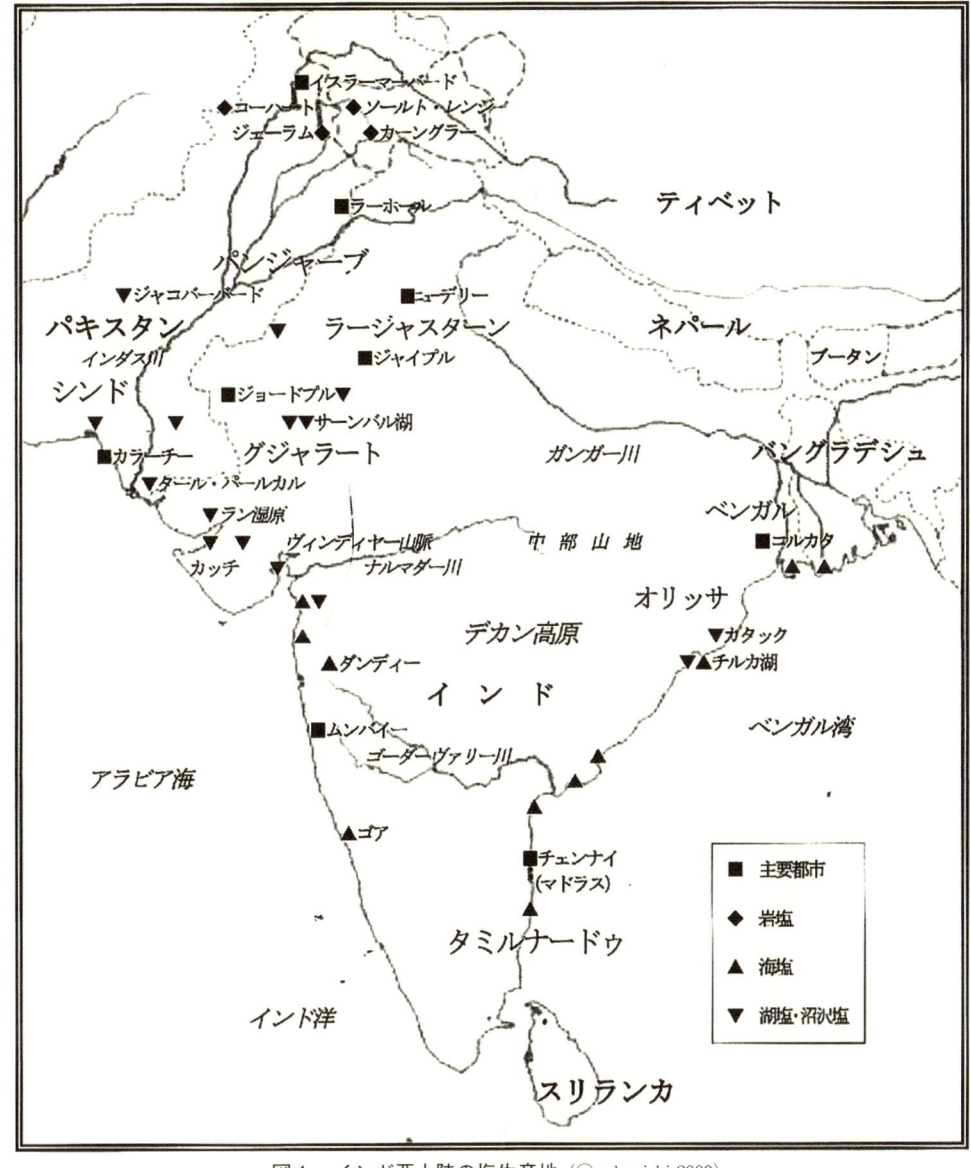

図1　インド亜大陸の塩生産地（© mkonishi 2009）

流布と確立は、この繁栄を背景としてのことであったといえる。

　しかし16世紀も半ばの「大航海時代」になり、ポルトガルがチッタゴンに1537年に商館を設立して一帯の海上権を掌握し、またその他国籍の船も補給と交易のためにベンガルに寄港するようになると、補給物資との交易のためにも、塩の大量生産が必要となった。東ベンガルではサンディープ島を中心にして塩の大量生産が始まり、交易の中心はベンガル湾に注ぐフーグリ河口へと移ったが、このあたりの航行はポルトガルの海上権によって制限され、より大きな危険を伴うものであったうえに、塩の交易活動も、従来のようなゴンドボニクの独占ではなくなってきた（鈴木2007）。塩土から沼沢塩を採り、もしくは塩ないしは塩土そのもののブロックを商品として扱うことは、従来の交易職が従事すべきことではないとの激論もあって集団は割れたが、あえて新たにそれに従事して生き残ろうとする者や、バラモン層の参入までが見られるようになってきたという。新たな状況、あるいはニーズに対しては、かえって従来の伝統に縛られない集団の方が対応しやすかったのかもしれない。しかし、こうして従来方式によるベンガル地方での塩の生産・流通のシステムは、ほとんどここに崩壊した。オリッサの場合に見るように（次項）、そこには18世紀末以降のイギリス植民地政府による塩の独占専売、あるいは高額の課税も大きく関わっており、こうしてインドの製塩は大きな痛手をこうむった。

　かくて19世紀前半までには、塩のほとんどはヨーロッパや西アジア諸国などの外国からの輸入に頼るようになっていた。またこのような外来の塩は、むしろ東インド会社の商船の船底バラストとして、主としてリヴァプール、さらにはハンブルグ、アデン、マスカット、ジェッダなどから積み込まれてカルカッタに入ってきたのである（Watt 1908：967-8；重松1992：304-5）。ただし19世紀も半ば以降となると、マドラス管区の海水塩が陸路を通じてベンガル管区に輸入されはじめるが、その質は劣っていたという。

## 4　オリッサとグジャラートでの製塩

　とはいえベンガル湾岸でも、オリッサ地方では、1898年まで天日製塩が行なわれていた。塩を産出する海岸部は南北の長さ500km、東西幅15～100kmにわたる広大な範囲であり、春の高潮時には海水が地中の塩の層（カラリ *kalari*）に浸水して、それが乾季に蒸発して地表に塩のクラストを作る。この粗塩をカルタッハと呼ぶが、より良質の塩バンガー *baṅgā* は、高潮時に水門を開けて海水を取り入れ、塩分を含んだ土壌にさらに海水を浸透させて塩分を高め、それを煮つめた製塩法が採られたという（カーランスキー 2005：329-330）。日本流に言えば、一種の「入浜式」製塩法（後述）といえようか。

　カーランスキーによればこの作業には専業の塩職人マランギが当たったが、煮沸の方法は200個ほどの長方形の容器に濃い海水を入れ、互いに泥で接着されたものが、前後に開口部を設けた大きなドーム状の窯の中で熱せられた。水分が飛ぶと、マランギはさらに柄杓でそこに塩水をかけて熱し、真っ白な結晶ができるまでそれを繰り返したという。このような遺構も遺物も今はまったく残っていないが、一時期このバンガー塩は大変な評判を呼び、インド中部からは綿・阿片・大麻・穀物などが大量にオリッサに運ばれて交換され、カルカッタのイギリス人もオリッサ産の塩を、本国

リヴァプールの塩に勝るものとしてカルカッタに集積し、競って本国に送ったという。18世紀の対仏戦争の軍需品製造のため、あるいは火薬の原料とするためにも、かなりの量の塩がオリッサに求められた。やがてはそれが、インド産の塩の専売制と、塩に対する過酷な課税へとつながり、大きな反発を呼ぶことになるのである。

なおオリッサでは、海岸そのものからではなく、海には近いがやや内陸の沼沢地から塩を得ることも多かった。すなわちバラソール、カタック、チルカ鹹水湖などに沼沢塩が得られたが、ここも東インド特有の湿潤な気候のため、天日乾燥のみではうまくいかず、加熱・煎熬が必要とされた。

これに対して、酷暑の乾燥地であるグジャラートのカッチ地方などでは、その製塩法式は、基本的に天日乾燥であった。アラビア海に面した海岸部でも製塩が行なわれたが、むしろ「ラン」と呼ばれるカッチの巨大な湿原「ラン湿地/沼沢地」Rann of Katch とその周辺の涸河床、また季節的な湿原や鹹水の井戸水などをも利用した製塩法が、多量の塩を産出した。2万3000km$^2$ にも及ぶこの大湿原はかつて海底であったと推定され、過去5000年にもわたって製塩が行なわれてきた地であるという。この湿地は8〜9月の雨季には海水と氾濫する川の水をかぶり、12月には北方からの乾いた冬の風で塩水が蒸発を始める（カーランスキー 2005：328）。このような乾燥地では、太陽の熱射と激しい水分の蒸発によって地中の塩分が高まり、地上に真っ白で固い塩のクラストを現出させている。農業にとって厄介な「塩害」がこれであり、この塩害がインダス文明崩壊の一因とすらされているが、今もこれらの地にあっては基本的に、汲み上げた鹹水溶液を天日乾燥するのみの製塩法によっている。

概して西インド一帯の海岸部では、塩田に海水を汲み上げての天日乾燥が行なわれた。それが、日本流にいえばいわゆる「揚浜式」であったか「入浜式」を取り入れたものであったかは、場所によってやや異なるだろうが不詳である。前者は海水を人力で汲み上げ、塩田の砂にかけて太陽熱と風とで蒸発させ、さらにその砂を海水で洗って塩分を高める方法であり、また後者は潮の干満差を利用して海水を塩田に引き込み、毛細管現象で浮き出てくる塩の付いた砂を天日で乾燥させ、さらにこれを海水で洗って濃い鹹水を得ようとするものである。日本では前者は中世以来の方法であって、後者は江戸期から昭和30年代まで行なわれていた方式であるが、いずれも最終段階として、塩分の濃縮された鹹水をさらに加熱し、不純物を除去して精製した。しかし、乾燥した暑い西インドの海岸部では、ほとんどの場合、煮沸を伴わない揚浜式による天日のみに頼る乾燥法であったように思われる。前述のように、煮沸用の設備や容器等が遺物として残っている例はほとんど見あたらないからである。

## 5　より内陸の塩湖・沼沢産の塩

乾燥地帯におけるカッチのランのような沼沢地も数千年前までは海であり、地層に閉じ込められて底に堆積した塩は雨季の溶解と乾季の乾燥を繰り返して、厚い塩の堆積を形成してきた。同様の地形をなす現パキスタン側のシンド州タール・パールカルの政務官であったスタンレー・レイクス大佐は、1856年に次のような記録を残している（Aggarwal 1937：14）。これらの沼沢では雨季の水が乾季には引き、堆積した塩の層の表面はかなり固い砂の層に覆われているが、ツルハシなどでこ

の層を破ると、およそ20～30 cm下で濃い鹹水層に当たり、さらにその下層に、かなり純度の高い固い塊をなした塩の層が得られるとしている。「アーユルヴェーダ」でサインダヴァ（シンドの塩）と呼ばれているのがこれであろう。さらにシンド地方では、やや北方のジャコバーバード、また南部のカラーチーにも近いソンミアーニからマリール川沿いで、ルーナリー Lūṇarī（lūn は塩）と呼ばれる専業の製塩職人がその作業に当たってきた。

いっそう内陸ながら、塩の産地として著名なサーンバル湖をはじめとする塩湖 agār/ dhānd や沼沢を多数擁するラージャスターンのメーワール地方も、地質時代には海底であったとされているから、その生成は、地続きでもあるグジャラートやシンド地方の沼沢地と大きく変わるものではない。その意味で、湖塩と沼沢塩、あるいは高い塩分を含む鹹水井産の塩はそれぞれ大きくその性格を異にするものではないが、乾燥度がさらに高い内陸の沙漠地帯産の塩として、かつ純度も高い良質の塩として、ここではその扱いを別にした。

古典的名著『ラージャスターン史』全3巻を著したトッドは、同州の特産物として、塩と毛織物、また木綿布と手漉紙（Pāli 産）を挙げている（Todd 1920：813）。中でも塩は主要な産物であり、1901年の時点でその生産量は年間20万t、5,900万人の需要に応えることができた。その収益による税は、当時同州の全地税の半額にも及んだという（Watt 1908：965-66）。同州の塩は塩湖産であることが特徴であるが、塩湖のうちでも最大規模で、かつ塩の生産量も多いのが同州南部、メーワール地方ジャイプルの西方約60 kmにあるサーンバル湖 L. Sāmbhar である。しかもその製塩史は、1500年も以前にまで遡るという（ただしその根拠は明らかでない）。

このサーンバル湖は最大長で約32 km、幅は3～11 kmで、乾燥した沙漠的景観に囲まれている。湖水の塩分は年によって異なり、降水の多寡によって、塩分濃度を表す比重単位（ボーメ Beaumé 度）で、3～10度もの差がでる。周囲の岩盤に含まれる塩分は降水時の川の流入によって湖底にシルトとして堆積し、雨季に塩分を溶解した湖水は乾期に蒸発して濃い鹹水湖となる。さらにそれを湖岸の囲い kyār に導き、白い塩の層ができるまで天日乾燥させる。このようにして生産された塩は、1871年に国家の管理体制下に入ってからの30年間で、約400万tにも及んだという。

しかし近年（20世紀初頭）では流入するシルト堆積の量が増し、かつ純粋の塩分以外の不純物の混入も著しいので、その質は落ちてきているとワットはいう（Watt 1908：966）。しかも問題はその生産量の不安定性で、雨の少ない旱魃の年は最大26万tの生産が見込まれるのに対し、多量の降雨のあった年は3,300tにとどまるという問題がある。この点が、雨に依存する農民の期待するところとは正反対となるのが興味深い。

## 6　その他の沼沢

サーンバル湖よりさらに西方、いっそう乾燥度の高い内陸のマールワール地方、ジョードプル近郊に位置するパチバドラー Pachbhadrā とディドワーナー Didwānā についても触れておこう（Watt 1908：966-7；Todd 1920：1107；Aggarwal 1937：13）。前者はジョードプルからは約60 km、タール沙漠の南縁を南西に走るルーニー川（Lūnī すなわちその名も「塩の川」）の右岸に位置する町で、近くには長さ約10 kmにわたって含塩地層が露出している。そのためこの周辺には鹹水井が数多く掘ら

れ、そこから塩水を採取している。井戸状の採掘坑は深さ70m、径2m弱のもので、そこに棘のあるクコ科の潅木 Lycium europaeum を投げ入れ、小枝に塩分を凝結させて引き上げる。その結果、鹹水濃度はボーメBeaumé度でおよそ10〜25度と、かなり高いものとなる。この地は1878年に国家の管理下となるが、当時の生産高は年間約3万tであった。

およそラージャスターンとその周辺に産する塩は、特定の産地にかかわらず「サーンバル湖塩」Sāmbhar lūn と呼ばれているが、その製法に関連して、トッドは次のような興味深い例を紹介している（Todd 1920 : 1117-18）。その製法は基本的には天日乾燥であるが、採取した鹹水の表面にはサルカンダ sarkanda という草（Saccharum sara）で編んだむしろを敷く。おそらくは塩分を分離付着させるためであろう。さらにこれを山のように積みあげた上に、sajji khar（英名で salt wort「塩草」）すなわちソーダ灰の製造用のオカヒジキ（アカザ科 Salsola komarovii）を置いて火をつける。塩を乾燥させ、不浸透性を高めて傷みにくくするためという。日本の製塩で『万葉集』にも出てくる、アマモ（モシオグサ Zostera marina）を焼いて塩を得る「藻塩焼き」を想起させる。

もう一つの塩の産地、ディドワーナーもやはりジョードプルに近く、サーンバル湖からは北西方向約65kmにある。極度に乾燥した地域にあるにもかかわらず、地下の鹹水量は無尽蔵ともいわれる。製塩が稼動するのは酷暑季を除いた9ヵ月であるが、それでも同地の塩が1878年に国家の専売となって以降30年間の生産は、総量30万tにも達した。1897〜1903年の年平均生産高は10,502tであり、広域に各地に輸出されるサーンバル湖産の塩とは異なり、そのほとんどはラージャスターンとパンジャーブ州内で消費された。

## 7　岩　塩

1900年前後の様相を見ると、インドにおける塩の産出量のうち61.8％が海水塩であり、塩湖の塩に加えて地下あるいは地中の鹹水から採った湖塩・沼沢塩は27％、岩塩は11.2％ほどであったという（Watt 1908 : 964）。したがってやや意外にも、岩塩の占める比重そのものはさほど大きなものではなかった。しかしかえってそれだけに、最良質の塩とは、歴史上も最古とされる岩塩を指すとされてきたのである。

ちなみに、世界で生産される塩は、約2/3が岩塩であるという。岩塩は今から5億年〜200万年もの昔に地球の地殻変動によって海が陸地に閉じ込められ、水分が蒸発してその上に土砂が堆積してできたと考えられている。このような地底の岩塩が、水分を蒸発させきらずに濃い地下鹹水としてとどまったり、あるいはすでに結晶した岩塩を再び溶かしつつあるような場合もあって、一様ではない。

この岩塩は、微量の硫酸カルシウム・塩化カルシウム・塩化マグネシウムなどを混ずることがあるがほぼ100％に近い塩化ナトリウムであり、それは本来、主として海水の蒸発によって形成された結晶体である。内陸部にあっては、岩塩は粒状または立方体の結晶が固まりあって厚い地層をなし、透明または半透明の白色または灰色、あるいはピンク色を呈していて美しい。岩塩はインドのかなりの地域でも産出されるが、最も重要な産地はパキスタン側のパンジャーブ地方北東部に位置するソールト・レンジ、同じく北西辺境州のコーハート、そしてインド側の北部パンジャーブ

写真1　カラバーグ岩塩鉱付近の岩塩鉱脈（万葉創業社提供）

（現ヒマーチャル・プラデーシュ）カーングラー地方のマーンディ、以上の3地域であるとされてきた。

　なかでも著名なのが、ジェーラム川の北岸（右岸）に沿ってインダス川に向け南西に走る、その名もソールト・レンジ Salt Range の岩塩鉱脈である（写真1、口絵3上。以下写真は万葉創業社・中川功氏の提供）。同地はパキスタン・パンジャーブ州の北東部に位置し、インドとの国境にも近い。同地域ではいまなお岩塩の採掘が盛んに行なわれているが、この岩塩鉱は、インド遠征中のシカンドラ（イスカンダルすなわちアレクサンドロス王、前4世紀）の軍馬が舐めたことから発見に及んだとの伝承があるが、史実ではないにしても、その歴史の古さを物語っている。またムガル朝期1595～96年頃の成立とされる『アクバル会典』Āīn-e Akbarī にも、この地方の塩の鉱脈への言及があるという（Aggarwal 1937：17）。この時代の製塩はいまだ国家の独占的事業ではなく、私的生産も認められていて、各地の領主が塩の交易商人に、一種の通行税を課したらしい。

　とりわけ最も良質の岩塩を産することで当時からよく知られたソールト・レンジ（ジェーラム県）のケウラ Khewra の岩塩鉱は、ヒジュラ暦600（西暦1203）年頃の開鑿であるとの伝承もある。ケウラ鉱の坑道入口に立てられた看板によると、ムガル朝のアクバル大帝（1542～1603）に対して当地の領主アスプ・ハーン Asp Khān はケウラの岩塩鉱について報告し、こうして岩塩の採掘が始まった。その後ケウラは1809年にムガル朝からシク王国の管轄下に入り、1849年に第2次シク戦争によってシク王国が滅びるまでその管理下にあった。イギリスはその後、1872年にワース博士 Dr. Warth が近代的採掘法を導入するなどさまざまな改良を重ね、改めて大英帝国の管理のもと、1889～90には5万t、1914年には8万tを超す産出量を得るにいたった。

## 8　ケウラ鉱とカラバーグ

　ケウラをはじめとする岩塩は、独立後のインド・パキスタンにとっても高い税収の源となった。岩塩とはいえ塩分99.5％とその質は高く、砂等の不純物をまじえないため溶解・再精製の必要はなく、半透明のピンクか淡いルビー色をした塊を細かく砕いてそのまま食卓に上げうるまろやかな味に人気がある。世界第2の規模といわれるその深いケウラ坑道内の一部は、いまでは観光地としてトロッコで見学できるほどとなっていて、中には大理石のような岩塩製の病院やモスクまでがあり、見学者には岩塩製の工芸品も土産物として売られている。岩塩の発するマイナスイオンを利用して、喘息ほかの病気にもよいというこのユニークな病院が採掘坑内に開かれたのは1902年にさかのぼるが、その100年後の2002年になって、さらにこの坑道は観光リゾートとして整備され（写真2）、

坑内の病院にも、訪れる人が多い。

1905年のホーランド Holland の記録によると（Watt 1908 : 964-5）、泥灰土層 marl に挟まれた塩の鉱脈は、ケウラのメイヨー坑では厚さ160mに及び、そのうちの岩塩層は82.5mの厚さである。Kolar と呼ばれる塩以外の層は泥土分が多くて不純であり、商品にはならない。これらの塩の層は奇妙にもここでは古生代の初期カンブリア期の岩床直下に見られるが、おそらくそれは「押しかぶせ断層」によるものであり、

**写真2　ケウラ岩塩鉱内の坑道**
観光客用に遊歩道ができている（万葉創業社提供）

その実際の形成は、より新しい第三紀初頭まで降るのではないかと考えられている（Watt, *ibid.*）。岩塩の色は透き通るようなピンク色が主であるが（写真3、口絵3下）、産地によって、半透明の白から暗紫までさまざまなものが見られる。ワットの報ずるケウラ・メイヨー坑採取の岩塩の分析によると、

| | | |
|---|---|---|
| Sodium chloride | 塩化ナトリウム | 98.86％ |
| Sodium sulphate | 硫酸ナトリウム | 0.57％ |
| Sodium carbonate | 炭酸ナトリウム | trace |
| Magnesium chloride | 塩化マグネシウム | nil |
| Moisture | 水分 | 0.08％ |
| | 〈計〉 | 99.51％ |

となっており、塩分の純度が極めて高く、かつ水分がほとんどないことが特徴であって、その味はいたって美味である（Watt, *ibid*）。現在立てられているケウラ坑入口の別の看板によると、微量ながら塩化マグネシウム、硫酸マグネシウム、臭化マグネシウム、硫酸カルシウム、塩化カリウム等も検出されているが、その内実は灰分として存在するほぼ純粋な塩化ナトリウム（塩）であり、食品加工・味付けと貯蔵用はもとより、塩酸・重曹、あるいは石鹸・染料・ガラスの原料ほかさまざまな用途に用いられていて、ことにその純粋で大きな結晶は、プリズムや赤外線用レンズとして加工されている。

**写真3　ケウラ鉱内の岩塩層**（万葉創業社提供）

ソールト・レンジの岩塩鉱はケウラのほかにもシャープール県のワルチャ Warcha にもあり、その層は厚さ 6 m で、30 cm ほどの泥灰土層に挟まれている。インダス河畔のカラバーグから東北東 3 km のところでも遠目にも明らかな淡紅色の岩塩層が露出しており、年間約 7 万 t の岩塩が採掘されていて活況を呈している（写真 1・4）。カラバーグの近辺にもさらにいくつもの岩塩鉱があって北インドの諸地方に送られているが、ほとんどが地元での消費用に当てられている。

写真 4　カラバーグ岩塩鉱から切り出した岩塩塊
（万葉創業社提供）

ソールト・レンジ以外で産出される岩塩としては、北西辺境州のコーハート地方の Bahādur Khel, Jatta, Karak, Nari, Malgin などの岩塩鉱が良く知られている。この地の塩は灰色を帯び、部分的に透明である。露天掘りによって採掘されているが、第三紀層岩盤の下に背斜する形の岩塩層は、所によってはバハードゥル・ケールなどのように 12 km 以上にもわたって延び、無尽蔵との印象すら受ける。

インド側パンジャーブ地方の北部（現ヒマーチャル・プラデーシュ州）カーングラー地方のマーンディ Māndi には Guma と Drang 坑があるが、岩塩の質はそれほどよくない。岩塩層は第三紀層と非化石化層の断層に挟まっていて、露天掘りで採掘されている。色は鈍いスモモ色で泥土を混入し、塩分は 60〜70 ％にとどまるので、再溶解を経て天日乾燥あるいは煮沸が必要である。

## 9　塩の専売と塩田経営の構造

さて、塩は現在も国家の統制のもとでの専売とされているが、このような塩が国家の管理化に入り、本格的に専売制が取られるようになったのは、つとに 1790 年代の東インド（のちにはベンガル管区）においてのことであった（カーランスキー 2005：330-336）。良質の海水塩を産していたオリッサでは、それ以前から、同地方を領有していたマラータ王国が、その領内に流通する塩に対して課税をしていたが、その額は少なめに押さえられていた。彼らはむしろそれによって、製塩産業を振興しようとしていたからである。しかしその策とは正反対に、質も悪く値も高い本国のリヴァプール産の塩を脅かすインドの塩に対し、イギリスは、ランカシャー産の綿布の「保護」のために採ったインド製綿布の使用禁止と同様の策を採った。1790 年、イギリスはマラータに対し、オリッサ産のすべての塩の買い上げ許可を求めたが、時のマラータ宰相 Peshwā ラグジー・ボースレーに拒否されると、オリッサの地そのものを軍事制圧、同地を直轄のベンガル管区に併合してしまった（1803 年）。

翌 1804 年 11 月、イギリスはオリッサの塩の独占管理を宣言、塩による特権を得ていた大地主

層 Zamīndār はもとより、彼らに従属していた塩職人マランギも、たちまち窮乏におちいった。多くの職人が転地するか餓死、あるいは伝染病で倒れた。ついに1817年、マランギは反乱を起こしたが、たちまちのうちに鎮圧された。塩の密造、密売を試みるものもあったが、その監視と刑罰は厳しかった。その後もさまざまな税制「改革」が試みられたが、1863年、イギリス政府はついにオリッサでの塩の製造の全面中止を宣言、それによって3年後の1866年にはオリッサで大飢饉が発生した。死者の多くは生計手段を奪われた塩職人のマランギであった。このときをもって、オリッサの製塩史はほとんど終わりを告げたといってよい。製塩と植民地政策はこのように密接であり、塩を巡る「反乱」は、必ずしもガーンディー独自の思いつきではなかったのである。

さてベンガル管区のみならず、南のマドラスと西のボンベイ両管区でも、税務局の管轄のもとに専売制度の導入が図られた。先述のように、ソールト・レンジのケウラ鉱の岩塩は1849年、サーンバル湖塩は1871年、その近郊の塩鉱でも1878年ころまでには国家の専売権が確立するが、塩田経営権の国家所有、塩田の私有制と国家による専売制、定率関税制の採用などを巡ってはなお問題が大きく、塩税政策は二転三転した。

重松（1992）によると、19世紀後半のイギリス領インドの国家財政は、地税、阿片の専売、茶・藍・ジュートなどへの関税、印紙税などによっていたが、そのうち塩税の占める割合は、7～12％であったという。また長崎（2004：402-403）は、「両大戦期におけるインド財政構造の変化」として1925/26年次と1938/39年次のデータを比較検討しているが、それによると塩税は、前者では6300万ルピーで総歳入の2.93％であったのに対し、後年には塩税は8100万ルピーで、3.93％と増加していることがわかる。ガーンディーらがこの過酷な塩税に対抗して立ち上がり、ひいてはインド独立の運動へと結びつけていった背景には、このような状況があった。

当時の塩田経営のあり方を見ると、そこには地主・小作からなる農地経営と似た点がきわめて多いことに気づく。塩田の経営権は管区政府の行なう入札によって当地不在住の塩田主にも与えられ、不在地主 Zamīndār にも似たこの経営塩田主の下に、常雇いの製塩職人、季節労働者、塩を運搬する労働者たちが重層的な階層を形成していた。この最下位に近い階層の季節労働者は、小作農や小農たちの補完労働をなし、自らの補完収入を得る手段でもあった。その契約条件も、農地を巡る小作制の場合以上に過酷であったようである。しかも、彼らの暮らしにとっての必需品であり、また彼ら自身のつくった塩が、専売制によってイギリス政府に独占されていたことが、人びとの大きな不満と怒りを募らせた。それが、塩に対する関税の撤廃、さらにはインドのイギリスからの独立への動きへと連なる、後述するガーンディーらによる「塩の行進」へと連なっていったのである。このルートはまた、塩がより内陸に運ばれていった行程とも重なっていたのではないかと思われる。

なお先述のように、「常雇い」すなわち専業の製塩職人たちは各地にあって、シンド地方では彼らはルーナリー Lūṇarī と呼ばれていた。また製品となった塩を運搬する人々も、この業務上、重要な役割を果たした。そこでここでも、塩をはじめとする各地の物資の運搬と通商に携わってきたバンジャーラー Banjārā 社会についても一言しておこう。

彼らは非定住的であることから「インドのジプシー」などと呼ばれることもあるが、彼らの主要な生計は、主としてラージャスターン産の塩・穀物・織物・紙などの交易であった。今世紀初頭、トッドは4万頭の牛からなるバンジャーラーの隊商 tanda が組まれていたとしているが（Todd

1920：1117-18)、現在彼らは概ね南インドに移動し、アーンドラ・プラデーシュやカルナータカ地方であらたに「スガーリ」を名乗って農業労働や牧畜等にも従事している（小西 2000)。一方ラージャスターン地方にいまも残り居住するバンジャーラーは、やや少数となりながらも彼ら独自の生活風習・社会慣習をよく残しており、交易等を通じてのその行動範囲はいまなお広い。交易といえばティベット高原からも、タカリーやタマンなどのティベット系民族が、塩・茶・紙・毛織物を運んできた（Konishi 2008：Chap.8)。ティベット人がヤクなどの家畜に塩をなめさせ、彼らもまた塩を入れたバター茶を飲んでいることは良く知られている。塩業者集団の一角を担ってきた者として、彼らについては、専門の製塩職とその実際の技術体系と並んで、さらに具体的な調査が進められるべきであろう。

## 10　民俗伝承のなかの塩

　生活に密接な物質である塩は、当然インド人の民俗風習に深く関わっている。それは各地の俚諺にも反映していて、たとえば「［あの塩湖の］サーンブル湖にして塩不足とは何ごとぞ」 bhalā sāmbhar mĕ non kā ṭoṭā というのは、「不足などとはありえない」、「そうあってはならない」ことのたとえである。これは政治家や権力者にとっての賄賂、商人にとっての金、あるいは学者の知識や知恵不足、森の中の木、などの意味に敷衍して使われる。また non-tel すなわち「塩と油」といえば、各家で必ず備えておかねばならない必需品を意味する。

　以下、non/ nūn, もしくは namak（いずれも塩の意）を用いたヒンディーの俚諺や特徴ある表現をいくつか拾ってみよう（McGregor 1997；古賀 2008-9)。「小麦粉に塩は収まるが、塩に小麦粉は収まらない」 āṭe mĕ namak jātā hai, par namak mĕ āṭā nahīn samātā（うそもほどほどにせよ)、また「うそをつくなら小麦粉に混ぜる塩ほど［の少量］で」 itnā jhuṭ bolo jitnā āṭe mĕ namak（同上の意)、「小麦粉に混じった塩のように分かちがたく」 aise rahe jause āṭe mĕ namak（人とは親密な関係を保て、うそならばほどほどに)、「塩抜きの料理を誰が食べようか」 binā namak kā kaun khāy（利益にならないことを誰がしようか)、等々。

　また、興味を引かれる語として noncay というのがあり、これは塩水 nonchar/ nonā-pāṇī に浸して置いた藁を焼き、その灰を食塩に混ぜて量を増したものをいう。製塩の過程での、日本で言えば藻塩焼きを思わせる面もあるが、ここでは当然、より現実的ではあっても不法な手口の一つである。真の塩作り、塩商人（noniyā）なら許せることではあるまい。

　あるいは言い回しとして、「塩にも値しない」 namak harām（値打ちもない役立たず)、「恩師の塩を食す」 namak halāli karnā（師に正直・熱心につくすこと)、「［誰かの］塩を食べる」 atīthī honā（食客となること)、「塩をかける」 namak potnā（妊娠させること)、等々もある。古賀の著作（2008-09）は北インドの俚諺を集めて日本の諺とも比較した労作であるが、日本では「手塩にかける、敵に塩を送る、傷口に塩」など多くの諺や言い回しに塩が登場するのに、類似の意であっても、インドでは「塩」（namak, lavaṇ, lūn, nūn, non, etc.）の語を必ずしも使っていないとの印象をうけた。文化の違いであろうが、今後も文学作品などでの検証が必要であろう。

　また、常に部族間で反目を重ねてきたラージャスターンのラージプート諸族のあいだでは、背信

の疑いをはらすため、また旧来の反目を清算して和解を図るために、ヌーンダブ nūndab（塩 nūn/lūn + 振り掛ける dabnā）の儀礼が厳かに行なわれたという（Todd 1920：1405）。これは相互に手を塩の中に差し込むことからなる。祭のさいに塩を撒くこともあるが、これはその場を荘厳するためであり、日本の神道の儀礼のような、清め・浄化の意味ではない。浄・不浄に強い関心を寄せるインド社会であるが、清めの機能を担うのは、ガンガー（ガンジス川）の聖水が最上、さもなければ牛乳かウコンの粉末であって、塩ではない。

　また概して塩には、塩漬けの効果にも明らかなように、ものを腐らせずに保存する効力があることから邪を払う呪力のあるものとも考えられており、逆にその香気が魔を呼ぶとも言われる。甘いものを食べたあとの子供には塩をなめさせ、新婚夫婦や新生児の頭上では塩を容れた籠を回す。家の戸口には塩を埋めて魔よけとする。かつては寺院などの参拝者には、塩を水で溶いたものをふりかけた。ヒンドゥーの苦行者のなかには死後塩漬けにする例もあった。また北インドの多くの農民のあいだでは、太陽神スーラジ・ナーラーヤナ神の儀礼にあたって、ことに日曜には塩を断ち、乳からバターを作るかわりに米で乳粥を作ってバラモンに布施する。北インドの古い習俗をまとめたクルークは、やや断片的ながら、塩にまつわる上のような民俗の諸相にも言及していて興味深い（Crooke 1896：I-7, 243；II-23；etc.）。

　また数多くの優れた民族誌を残したヴェリア・エルウィンも、部族社会での塩に関わる風習や、塩の発見・起源に関する神話伝承を記録している。後者は例も多く、いまは詳細には立ち入らないが、たとえば製鉄民として知られた中部インドのアガリアは、鉄を焼き戻す神聖な水には塩を混ぜない。彼らはまた、塩を借りたなら必ず返さないと、水に入れた塩のように溶けてしまうだろうと警告する（Elwin 1942：265）。塩の重要性と危険性を説くものである。

## 11　反権力の象徴としての「塩の行進」

　さて、話を再び歴史に戻そう。インドの近現代史において塩が象徴として最も大きな役割を果たしたのが、植民地宗主国イギリスに対する不服従運動（第2次サティヤーグラハ闘争）として、1930年に、当時61歳であったM. K. ガーンディーが指導した「塩の行進」である（内藤1995；長崎2004；カーランスキー2005）。地域や生産量によって年代上に多少の違いはあるが、イギリスは塩を専売品としてインドの各地に高額の税を課し、かつインド人自らの手による製塩を禁止した。古くはローマ帝国においても、塩は民主制、人民の権利の象徴であったから、以来このような塩の専売や塩に対する課税には、洋の東西を問わず、民衆の激しい反発が起こった。先述のように、インドでもことにオリッサ州などで塩の専売や課税に対する抗議運動が高まっていたが、ガーンディーらによる「塩の行進」は、単に塩の専売や塩税に抗するものというより、塩の象徴する植民地支配そのものに向けられたものであり、ガーンディーは塩を、民族自決・自主独立の象徴へと大きく読み替えたのである。

　当初、ガーンディーとともに政治的レベルでの独立運動を展開していた同志にとって、辺鄙な海岸での手作業で塩を作る、というのはいかにも唐突に見え、その真の意味するところを理解するのはむずかしかった。しかし、アラビア海岸に近いポールバンダルに生まれ育ったガーンディーにと

っては、グジャラートの製塩は身近な風景であったろうし、この小さな塩の結晶が実はイギリス植民地主義の象徴であり、インド支配の土台そのものであることを彼は見抜いていた。ただそれでも、彼が特に製塩に詳しかったとは思われず、またなぜこの行進の目的地がダンディーというグジャラートでも小さな海岸の村に定められたかは不詳である。しかし、塩が人々の暮らしにとって欠くべからざるものであり、にも関わらずそれがイギリスによって独占され、高価な税が課せられ、単に塩を含んだ泥の塊を拾うだけでも重罰を受けるような弾圧に対する反発は、オリッサなどではまさに爆発寸前の状況であった。このことを銘記するためには、最も小さく貧しい村からの発信が、都市やエリートからの発言に勝るとの彼特有の読みがあったのかもしれない。

　こうしてガーンディーは、ついに1930年3月12日、その理念の共鳴者らとともに、ダンディーの海岸で自ら禁を犯して海水塩をつくるべく、本拠地のアムダーバード（アフマダーバード）から海岸にいたる延々390kmにわたる道のりを、信奉者らとともに徒歩で行進した（図2）。彼を囲んで歩く参加者は、はじめはたった78人にすぎなかったが、その数はやがて数千人に達し、途中イギリス官憲は彼らを激しく打擲して重症を負わせ、また片端から逮捕して収監したが、ひとびとは非暴力主義ahiṃsāを貫いて激しい抵抗を止めなかったため、病院は怪我人で、また収容所は逮捕者であふれかえり、彼らを収容しきれないほどとなった。

　海岸に着くとガーンディーは、塩を含んだ泥の塊を拾い上げて高く掲げ、「私はこの塊で大英帝国の土台を揺るがすのだ」と言って、それを煮沸し始めた。明らかにこれは違法行為であったが、彼は数千の支持者に、どこの海岸であっても塩の採れるところならそこで塩を作ろうと呼びかけた。この非暴力による不服従運動は、植民地市場に流入するイギリスの製品を排除し、綿布や紙などの日用品はすべて国産品によることを奨励する「スワデーシー」運動の一環として位置づけられ、ガーンディーはそれをもって、ひいては完全独立「プールナ・スワラージ」に結び付けようとしたのである（Konishi 2008：Chap.6）。それから1週間か10日のうちに、インドの海岸のいたるところで塩は非合法的に作られ、販売された。オリッサでも、ガーンディーが初めてダンディーで塩を掬ったと同じ日の4月6日にインチュリの海岸で塩作りが始められたが、ここでも激しい弾圧の末に、多大な数の怪我人と逮捕者がでた。しかし間をおかず、この運動は、イギリス製の服や商品の不買運動にまでつながっていった。

　海岸で実際に収穫した塩の量はほんの一握りのものにすぎなかったが、その象徴的効果はきわめて大きかった。ことにガーンディーがダンディーで最初に掬った塩の塊には、1600ルピー（当時の約750ドル）の高値がついたという（Wikipedia）。この抗議活動のようすを世界のマスコミがこぞってくまなく報道したために、イギリス政府は取材陣が注目する只中、メンツのためにも、「悪法もまた法である」としてガーンディーを逮捕する。その逮捕の瞬間が世界に報道されると、インドでは各地で抗議行動が始まり、やがてそれが独立運動への大きなうねりとなっていった。

　しかしガーンディーは、情報操作という点でも天才であった。世界中の非難を浴びたイギリス政府は、ようやくにして1931年3月5日、時の総督アーウィン卿とガーンディーとの協定を用意し、海岸部の住民に限って、という条件でインド人が塩を作る許可を与え、ついに塩税の撤廃にも踏み切ったのである。これによってガーンディーは、「不服従」運動をいったん中止とする。これには批判もあるが、この協定は、インドが初めてイギリスと対等の席についたという点では、多少の

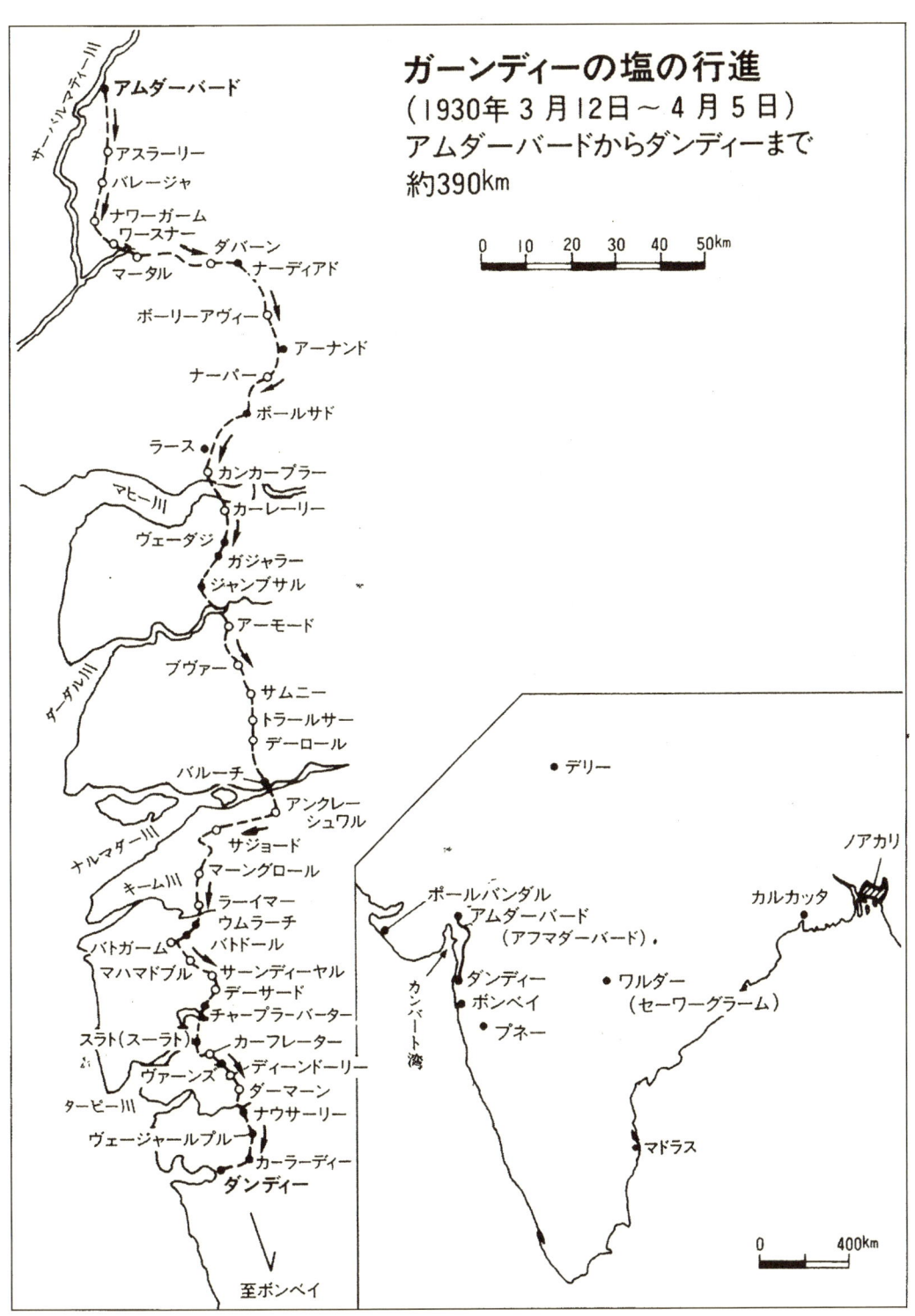

図2　ガーンディーの「塩の行進」行程図（内藤 1995 より）

前進があったといえるかもしれない。「合意」を祝って出された紅茶（これも植民地主義の象徴、小西 2010）に対し、ガーンディーはレモン水 nimbū-pāṇī に一つまみの塩を要求したという。

このように、いまだ道遠しとはいえ、やがて 1947 年のインド独立への兆しも次第に見えてきた。茶がアメリカ独立への途を開き（1773 年のボストン茶会事件）、アヘンが 1840〜42 年の阿片戦争を通じて清朝を崩壊させるきっかけとなったように、塩もまた、こうしてイギリスからのインド独立運動、ひいては世界史の重要な一翼を担ったのである。

## 12　塩の現在

1947 年、インドとパキスタンはついに分離独立を得た。以降インドは手ごろな値での塩の生産に専心し、製塩は小規模な共同組合の形態で行なわれていたが、ほとんどは失敗におわり、今ではほんの少数の塩取引業者が業界を牛耳っている（カーランスキー 2005：346-347）。製塩労働者の利益を保証すべき政府の製塩監督局はあまり機能しておらず、あてにできない。パキスタン側パンジャーブの岩塩採掘はほぼ順調であるが、インド・オリッサの塩田は 6 箇所のみとなってしまっていて、製塩はその 4 分の 3 をグジャラートとカッチ湿原に頼っている。しかしその労働条件は過酷で、製塩の時期に当たる毎年 9 月から翌年の春には、ほとんどが州外からの季節労働者が数千人という規模で製塩に従事するが、その多くは社会保険もないままで、子供も含めて、週 7 日労働に駆りたてられている。さらに近年では 1998 年にグジャラートを襲ったサイクロンの被害、2001 年のカッチの大地震などの自然災害も、彼らの困窮に拍車をかけている。

ガーンディーは「塩の行進」を、人間の尊厳を取り戻すべき「真理の把握」、サティヤーグラハ Satyāgraha と位置づけていた。そのことがいま、塩をめぐっても、強く思い起こされる。

### 謝辞
本稿をなすにあたり、「塩」に関するシンポジウム（2009. 11. 13、於青山学院大学）の発表者・出席者の諸氏から多くの貴重な情報とコメントをいただきました。また東京大学東洋文化研究所、たばこと塩の博物館、とりわけ万葉創業社（中川功氏）のご協力にも感謝いたします。

### 文献
アタヴァレー、V. B.（稲村晃江訳）
　　1987『アーユルヴェーダ』平河出版社、東京.
伊藤武・香取薫
　　2008『チャラカの食卓』出帆新社、東京.
大地原誠玄訳
　　1979『古典インド医学綱要書スシュルタ本集』臨川書店、京都.
上村勝彦訳
　　1984『カウティリヤ「実利論」―古代インドの帝王学』岩波書店、東京.
カーランスキー、マーク（山本光伸訳）
　　2005「塩と偉大な魂」『'塩' の世界史―歴史を動かした小さな粒』第 21 章、扶桑社、東京.

古賀勝郎編訳
    2008-09『北インドの諺』『北インドの諺表現集』私家版.
小西正捷
    2000「スガーリ」「移動生活民」綾部恒雄監修『世界民族事典』所収、弘文堂、東京.
    2010「インド紅茶史ノート」『インド考古研究』31：69-80
重松伸司
    1992「塩」辛島昇ほか監修『南アジアを知る事典』所収、平凡社、東京.
鈴木喜久子
    2007「下ベンガルにおける塩交易の展開―ヨーロッパとの関わりを中心に―」『歴史評論』8月号：73-86
    2010「ベンガル香料商人の変容―16世紀の物語詩を中心に―」『史学雑誌』119-2：59-76
内藤雅雄
    1995「半裸のファキール：ガーンディーのたどった道」小西正捷・宮本久義編『インド・道の文化誌』所収、春秋社、東京.
長崎暢子
    2004「ガンディー時代」辛島昇編『南アジア史』第9章、山川出版社、東京.
矢野道雄編訳
    1988『インド医学概論―チャラカ・サンヒター』科学の名著II-1、朝日出版社、東京.
Aggarwal, Shugan Chand
    1937 *The Salt Industry in India*. Manager of Publications. Delhi.
Crooke, William
    1896 *The Popular Religion and Folk-lore of Northern India*. (Rep. 1968, Munshiram Manohar Lal. Delhi).
Elwin, Verrier
    1942 *The Agaria*. Oxford University Press. Oxford.
Garret, John
    1871 *A Classical Dictionary of India*. Bangalore (rep. 1980, Oriental Publishers. Delhi).
Konishi, M. A.
    2008 *Hāṭh Kāghaz: History of Handmade Paper in South Asia*. Monograph submitted to Indian Institute of Advanced Study, Shimla.
McGregor, R. S.
    1997 *The Oxford Hindi-English Dictionary*. Oxford University Press. Oxford/ Delhi.
Om Prakash
    1961 *Food and Drinks in Ancient India*. Munshiram Manohar Lal. New Delhi.
Stutley, Margaret and James
    1977 *Harper's Dictionary of Hinduism—Its Mythology, Folklore, Philosophy, Literature and History*. Harper & Row, New York/ London.
Todd, James
    1920 *Annals and Antiquities of Rajasthan, or the Central and Western Rajput States of India* (ed. by W. Crooke). Oxford University Press. London.
Walker, Benjamin
    1968 'Alchemy', in his *Hindu World-an Encyclopedic Survey of Hinduism*. George Allen & Unwin. London.
Watt, George
    1908 *The Commercial Products of India*. John Murray. London.

# 東南アジアの塩の文明史
―― タイを中心として ――

新田 栄治

## はじめに

　東南アジアでは各地で特徴のある製塩が行われ、塩はナムプラー（タイ）やヌックマム（ベトナム）、プラーホック（カンボジア）といった魚醬などの調味料や、さまざまな塩蔵保存食品の生産に欠くことができないものとなっている（Le Roux et al. 1993）。なかでもタイはさまざまな製塩が現在でも行われており、また先史時代の製塩の実態も解明されている東南アジアでも珍しい地域である。
　タイの製塩の考古学は東北タイにある製塩遺跡の発掘調査によって、その実態が解明されている。また、現在でも各種の製塩がタイ各地で行われており、製塩の技術についてはひじょうに興味深い地域である。現在製塩が行われているのは、東北タイ、サムート・プラカーンからサムート・サコンに至るタイ湾岸、南タイのパタニなどである。私は1987年より東北タイを中心として、タイ各地の製塩について考古学的、民族誌的、文献的調査研究を行ってきた（新田 1989, 1991, 1995, 1996, 2006；Nitta 1992, 1993, 1995a, 1995b, 1997, 1999）。本論では、タイの製塩を中心として、東南アジアの製塩と塩が東南アジア文明史の中でどのような意味を持ってきたかについて論じる。
　東南アジアの製塩の研究は大林太良教授によって先鞭がつけられた（大林 1968）。この研究は文献学的研究であり、現地調査に基づくものではないが、ラオスにおける塩井製塩を紹介し、四川方面との技術移転を視野に入れて、その歴史的意義を論じたものである。その後、オタゴ大学のハイアム教授（Charles Higham）らによって東北タイの製塩について考古学的な視点から調査が行われるようになり（Higham 1997；Higham et al. 1971）、さらにはタイ芸術局による発掘調査も行われた。またバンコク在住地理学者のファン・リーレ氏も東北タイの製塩が先史時代より継続していることを述べている（Liere 1982）。新田が東北タイの現地踏査の際に、内陸部製塩について初めて接したのは1987年のことである。1987年に文部省科学研究費補助金により、東北タイでの発掘調査の予備調査としてコンケン周辺を踏査していたときのことであった。不毛の地に丸太を半裁した採鹹槽が並び、さかんに採鹹をしている光景は今でもはっきりと記憶している。さらに1989年から3シーズンにわたる新田の東北タイでの現地調査は、製鉄と製塩遺跡の発掘調査を中心としたが、1991年のノントゥンピーポン製塩遺跡の発掘によって先史時代製塩の実態が明らかにされた。その後1995年に2度にわたり、エスノアーケオロジー調査を実施し、現在に生き残る東北タイの製塩の実態を明らかにした。

## 1　東北タイの製塩の生態学的背景

　東北タイはコーラート高原といわれる標高100～200m程度の緩やかな起伏をもった地形からなっている。コーラート高原は南に向かって傾斜を高め、カンボジア国境となるダンレク山脈で断崖となってカンボジア平原におちる。この地形はプレートが移動して大陸に衝突した際に、海底が持ち上げられた結果であり、その際に大量の海水がいっしょにもち上げられた。さらに断層が生じてカンボジア側が陥没し、現在のダンレク山脈が形成された。もち上げられた大量の海水は地下に浸透して、コーラート高原の地下には膨大な量の塩が残された。この中生代に形成された地下50～100mの岩塩層のはるか上、地表から2～3m地下にも含塩礫層が存在する。この含塩礫層に起因する塩は地下の水に溶け、毛管現象によって地表面に上昇する。塩を含んだ水分は地表面で蒸発し、その結果、地表面には塩の結晶が残される。これが東北タイの地表に見られる塩である。

　さらにコーラート高原の乾燥気候も製塩にとって重要な要因となる。コーラート高原で最も乾燥している地域では年間降雨量はわずか1000～1250mmにすぎない。東北タイは西側をチャオプラヤー流域の中部タイとの境界であるペチャブン・ピエドモント山系で、東側はベトナム・ラオス国境のチュオンソン山脈（ラオスではルアン山脈）によって、ついたてのようにさえぎられている。そのため、ベンガル湾の水分を含んだ夏の南西季節風はペチャブン・ピエドモント山系の西斜面に雨を降らせ、湿気を失った風がコーラート高原に入る。冬季はその逆で、南シナ海の水分を含んだ北東季節風はチュオンソン山脈東斜面に雨を降らせ、湿気を失った風がコーラート高原に入る。そのため、コーラート高原にはレイン・シャドウ（Rain Shadow）が生じ、全体に乾燥気候になる。また、コーラート高原には、かつて乾燥フタバガキ科の樹木が疎林として生えており、燃料としての薪資源にも事欠かなかった。

　このように乾燥気候に加えて、地下に塩があり、燃料資源にも恵まれていたという生態的要因が東北タイでの製塩の基盤になっている。

## 2　考古学からみた製塩

　東北タイには多数の製塩遺跡が存在する。それらは東北タイ全域に分布しているのではなく、特定の地域に集中する。ムン上流域、チー上中流域、ソンクラーム流域、ノンハンクンパワピー湖周辺域である。これらの製塩遺跡はいずれも居住遺跡と比べればずっと規模の小さなマウンド状の土の堆積であり、マウンドの裾には大量の土器細片が散布する特徴がある。また周囲は荒涼とした景観を呈し、地表面には塩の結晶が真っ白に現れ、植物はわずかの灌木しかない。

　製塩遺跡の考古学調査はハイアム教授によって先鞭がつけられた。東北タイ中央部のロイエ県スワンナブーム郡ヤノン村のボーパンカン遺跡（Bo Phan Khan）がそれである（Higham 1977；Higham et al. 1971）。ここでは煎熬のための燃料であった木炭と、採鹹槽あるいは採鹹のための水を溜めておく粘土を貼った水槽と思われる円形の遺構が2基検出されている。$^{14}$Cによれば、前5世紀と推定されており、現在のところ、東北タイの製塩遺跡としては最古の年代である。また、タイ

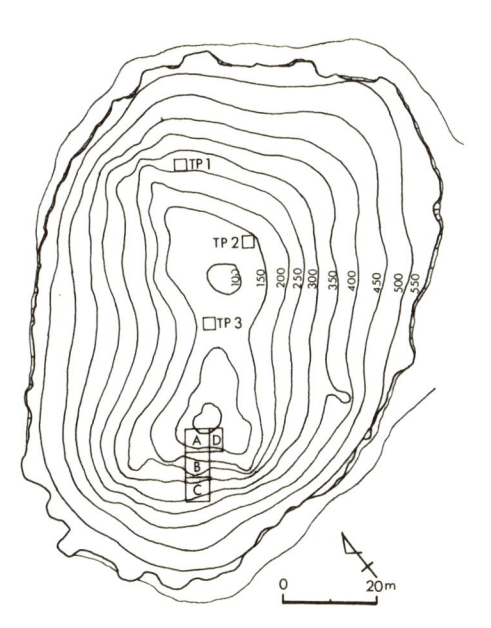

図1　ノントゥンピーポン製塩遺跡平面図

写真1　ノントゥンピーポン製塩遺跡全景

写真2　ノントゥンピーポンの発掘風景

　芸術局によりコンケン県バンパイ郡のバンノンピア製塩遺跡（Ban Non Phia）の調査も行われているが、詳細については明らかではない。タイ、シンラパコーン大学のシーサック准教授（Srisakra Vallibhotama）はムン、チー、ソンクラーム川の流域に、集落跡とは違い、小規模の低いマウンドが分布すること、それらが製塩遺跡であることを東北タイの踏査によって明らかにしている（Vallibhotama 1981, 1982）。また、パティヤ氏は東北タイの製塩と塩の利用法について短い記述を行っている（Jimreivat 1993）。

　1991年に行われた新田によるナコーン・ラーチャシーマー県ブアヤイ郡ノントゥンピーポン（Non Tung Pie Pong）遺跡の発掘は、後3世紀の製塩遺跡の実態を示すものとなった。ノントゥンピーポン遺跡はムン上流域に位置し、南北120m、東西75m、高さ5.5m程度のマウンドである（写真1、図1）。南北2つの円形マウンドが重なり合ってできた瓢形をしている。このマウンド裾には、大量の製塩土器の破片が散乱しており、また乾季には周囲の地表面に塩の結晶が生じて、真っ白になっている。この遺跡の周囲はすべて塩の結晶が地表に現れているため、荒涼とした景観をしており、塩分と乾燥に強い、棘をもった低灌木が生えているだけである。また、周囲にはノントゥンピーポン遺跡と同じような製塩マウンドが点在している（写真2）。

　マウンド南側の頂上部から基底部まで、トレンチを設定して発掘を行った。その結果、製塩関連遺構が検出されたのは、基底部も含めて全部で10層に及び、製塩遺構と考えられるものを包含したのはうち9層であった。各層には全く同じ構造の遺構がみられた。作業面は上層になるとやや傾斜をなした平地に整地されている。検出した遺構は、①水槽、②採鹹槽がほとんどである。その他に、煎熬のためと考えられるひじょうによく焼けた炉跡が2ヶ所で検出された。水槽は厚

さ1cmほどに粘土を貼った、高さ20cmほどの壁を作り、平面形は長方形をしている。なかには短辺の中央部が外側に少し張り出した五角形をしたものもある（写真3、図2）。採鹹槽と考えられる遺構は単独に設置されているのではなく、2〜4の採鹹槽が横に連結している場合が多い（写真4・5、図3）。採鹹槽は平面形が長方形で、粘土で現高20cm程度の壁を築き、緩傾斜側の外側に地面を浅く円形に掘ったくぼみがあり、そのなかには、土器の破片が入っているものもある。また、採鹹槽の内部で火を焚くことによって構造の強化を図っている。採鹹槽全面に掘られたピット内に置かれた土器は、採鹹槽から流化する鹹水を受ける装置である。また、煎熬炉と考えられる遺構が2ヶ所で検出された。ひとつは火熱で焼けた地面に多量の土器片が散乱していた（写真6）。もうひとつは、火熱を受けた円形のピット内に製塩土器がほぼ完全な形で残っていた。発掘の当初は、これらの遺構の性格についてははっきりとしたことが分からなかったが、近隣で製塩作業が行われるようになり、その作業を観察し、また聴き取りをすることによって、ノントゥンピーポン遺跡で検出された遺構の性格が明瞭に理解できるようになった。あわせて、その作業についても具体的に説明することができるようになった。

　出土遺物はすべて土器である。ほとんどが火熱を受けて真っ黒になった細片であり、また製塩土器の特徴を示すように、剥離状態の細片であった。この現象は、煎熬中に土器胎土中に浸透した鹹水の塩分が結晶化するときに、周囲の土器胎土に大きな圧力がかかった結果剥離したものである。比較的大きな破片で復元できた土器は10点である（写真7）。壺1点を除くと、すべて直径30cm、深さ15cm程度の丸底ボウル状の製塩土器である。そのうち1点は口縁部をつまんで片口状に加工し、注口としている。これは製塩土器ではなく、水を注ぐのに使ったものである。製塩土器はすべてタタキ技法によって作られており、消耗度が激しいことから、すべて粗製土器である。これら製塩土器の表面に残るタタキ痕である縄目には、少なくとも3種類が確認できた。これにより、製塩土器製作者あるいは製作集団が3人あるいは3グループ以上存在したと推定できる。製塩土器のほかには少数のピマイ黒色土器破片が出土している。またウシの肋骨と長骨、多数の貝殻も出土しており、これらは作業従事者の食料だろう。

　$^{14}$C側定値は1点のみである。1740±185BP（210±185AD）（5568h.y.）（未較正）（N-6308）であり、ノントゥンピーポン遺跡の製塩活動は1〜4世紀頃であったと推定できる。この年代は共伴した、コーラート南西部の土器であるピマイ黒色土器の年代とも齟齬がない。

　ノントゥンピーポン遺跡の遺構と製塩作業の関係は次のようであった。乾季になると、製塩作業が始まる。まず、塩が地表面に現れるような地を選び、鍬で畝状あるいは円錐形に土を盛る。土の表面積を大きくして、地中の水分の蒸発を早め、塩の結晶を速く生じさせるためである。作業地周囲の地表面に塩の結晶が形成されると、地表面の土を掻き採って集める。粘土壁をもつ水槽にはすでに水が溜められている。水槽の近所には、採鹹槽が設置され、ここの採鹹槽の外側には、浅いピットを設け、その内部には土器が置いてある。採鹹槽から土器に向かって竹パイプが伸びている。採鹹槽の底部には土がパイプを通って流れ落ちないように、籾殻や草などを敷いてフィルターとする。まず、集積した塩結晶のついた土を採鹹槽に入れる。水槽から水を汲んで採鹹槽に流し込む。すると土についた塩の結晶が水に溶け、塩水となって竹パイプを通して採鹹槽に流下する。このようにして得られた塩水は、塩分濃度をチェックした後、十分な塩分濃度であれば鹹水として煎熬に

図2　ノントゥンピーポン製塩遺跡の水槽平面図

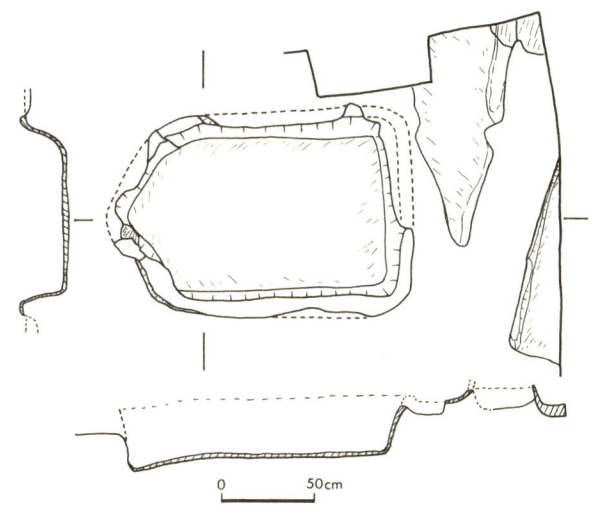

写真3　ノントゥンピーポン最上層検出の水槽

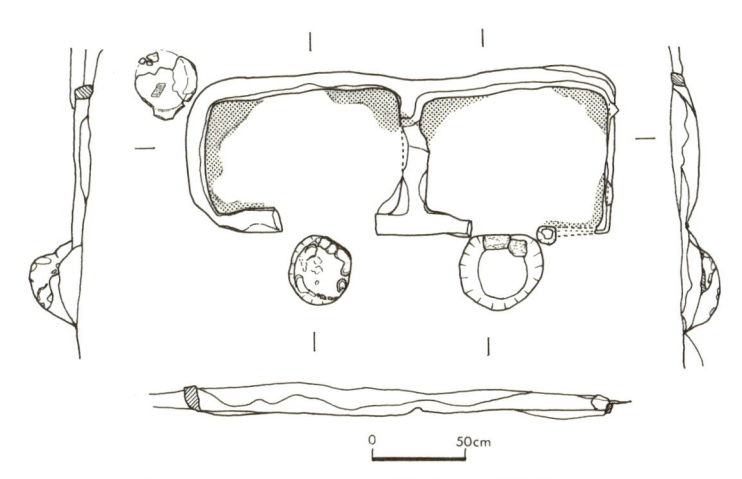

図3　ノントゥンピーポン製塩遺跡の採鹹槽平面図

写真4　ノントゥンピーポン最上層検出の採鹹槽

写真5　ノントゥンピーポンの3連式採鹹槽

写真6　ノントゥンピーポンの煎熬炉

写真7　ノントゥンピーポン製塩土器と片口、壺

まわされる。鹹水は製塩土器に入れられ、炉で加熱、煎熬作業が始まる。最終的に製塩土器のなかに塩ができる。塩分濃度が不足している場合には再度採鹹を繰り返す。採鹹後、採鹹槽に残った土は採鹹場の後背地に捨てられる。その結果、製塩シーズン終了後には製塩作業場に隣接して大きな廃土の山ができる。その結果が、現在目にするようなマウンド状の製塩遺跡となる。

　以上の作業工程に関しては、発掘地に隣接した製塩場で作業を始めたノーイ・キッガーンさんとモー・キッガーンさんご夫妻（Noy Kritngarn, Moh Kritngarn）の製塩作業を観察した結果得られたものである。先史時代の製塩作業と20世紀後半に残っていた製塩作業とは、ほとんど同じ作業工程で行われていた。

　上記した製塩を行うには、必要条件がある。その条件とは、①塩の結晶が生じるフィールド（塩田）があること、②採鹹用の水が近くで容易に得られること、③製塩土器製作用の粘土が得られること、④鹹水煎熬のための大量の燃料が近くでとれること、である。これらのうちひとつでも要件を欠くと製塩はできない。東北タイのうち、これら諸条件を満たすのは、ムン上流域、チー流域とソンクラーム川流域であった。ここでは塩の結晶が生じるフィールドがあり、井戸により水を得ることができ、土器製作用の粘土は水田底から採取でき、燃料となるフタバガキ科の森林があった。

　これらの地域には現在でも製塩遺跡と考えられる小規模マウンドが多数点在しているが、すべてノントゥンピーポン遺跡と同様の製塩作業を行っていたはずである。

　製塩遺跡がいずれもマウンドを形成している理由は、採鹹後に捨てられた廃土が堆積した結果である。また、廃土を平面的に捨てていくと、しだいに塩の結晶がついた土を採る塩田の面積が減少してくるから、同じ場所に廃土を積み上げることによって、塩田面積の減少を防止していると考えられる。翌シーズンには、前シーズンに使った製塩関連装置を修復して再使用するが、修復不可能の場合には、整地してその上に新しい装置を作って製塩を行う。この繰り返しの結果、同じ場所に高いマウンドが形成されたのである。

　ノントゥンピーポン遺跡の場合、製塩層は9層であった。キッガーン夫妻の製塩装置の耐用年数が2年程度であったことから、製塩関連装置の耐用年数が2～3年と想定すれば、20～30年であの程度のマウンドが形成されたことになる。かなり速いスピードで製塩マウンドはできあがった。井戸などからの水をマウンド高所に運搬しづらくなったり、そのほかの不都合が生じるような高さになったら、放棄された。

作られた塩はどのようにして運搬されたかについては、まったくわからないが、1995年にウドンタニーからサコンナコンへ向かうときに見た光景が参考になると思う。それは、塩をバナナの葉で包み、それを竹で編んだ円筒形の籠の中に入れて、ひとつのパッケージとしたものである。ひとつのパッケージは直径20cm、高さ40cmくらいである。このような塩のパッケージが生産地から消費地へと運ばれたかもしれない。

その後の東北タイでの塩華製塩については考古学的調査例がなく、よく分からない。ナコーン・ラーチャシーマー県の大型製塩マウンドであるノン・パヤムエ遺跡（Non Phaya Muay）では、製塩土器に混じって、クメール褐釉陶破片を採集したが、このことから少なくとも13世紀ころまでは、大きなマウンドを形成するような塩華製塩が行われていたと推定できる。

## 3　文献史料からみた東南アジアの製塩の盛衰

漢籍史料のなかには東南アジア情報を伝えるものが多々ある（石田1945）。それらのなかでも、南宋代に記述された『諸蕃志』と元代に記述された『島夷誌略』は13世紀から14世紀という時代の変わり目に、東南アジアで生産されていた塩と鉄に関して、どのような変動が起きたかを知ることができるもっとも貴重な史料である。両者はともに中国人貿易商人用に出版された東南アジア・インド方面の貿易ガイドブックである。ともに各地の産出品と輸入品のリストが記載されており、当時の貿易品がどのようなものであったかを知ることができる。両者の記述には塩と鉄に関して大きな違いがある。『諸蕃志』では東南アジアで製塩を行っていたのは、記載された15ヶ国のうち交趾と闍婆の2ヶ国であるのに対し、『島夷誌略』では東南アジア57ヶ国のうち、37ヶ国、東南アジア大陸部の多くの地域で海水を煮て塩を作る製塩が行われていた。13世紀前半～14世紀中頃の時期に東南アジアの製塩事情に大きな変動が生じていたことを示す史料である。塩と同時に鉄も同様の変化が生じている。『島夷誌略』には素材としての鉄の輸入がほとんどの国で行われている。鉄鍋の普及が製塩を容易にさせ、海岸に接する東南アジアの広い地域で製塩が広範囲で行われるようになったと推定できる（新田2006）。このことが東北タイの塩華製塩の低下をもたらし、以後、東北タイにおいて、大規模な塩華製塩は行われなくなったと考えられる。ノン・パヤムエ遺跡採集のクメール陶は、その最後の時代を示すものであろう。

『諸蕃志』は、南宋の皇族の一族に遠く連なる人物である趙汝适が泉州の提挙市舶であったときに海外諸国の事情を収集して記述したものである。本書が記述されたのは南宋・理宗のとき、寶慶元年9月（1225年）である。本書は上下2巻からなるが、上巻は「志国」として東南アジア、インドさらにはアラビア、アフリカ方面の地理・風俗・産物を、下巻は「志物」としてこれらの地域の特産品解説記事である。

『島夷誌略』は元末の汪大淵による南海諸国のことを記した書物である。元代になると海外貿易はますます活発化し、泉州は最盛期を迎えて栄え、その他にも広州、温州、杭州、寧波、上海なども貿易港として繁栄し、市舶司が置かれていた。海外情報はますます入ってくるようになった。本書の序によれば、汪大淵は少なくとも2度海外に出かけて、その見聞をもとに本書を記述したようである。呉鑒の序（順帝・至正9年12月〈1349-50年〉）によれば、汪大淵が本書を著述した動機と

は、海外事情が詳しくわからないので船に乗って数年間に亘って海外に出、その見聞に基づいて記述したという。もうひとつの至正10年（1350年）の序では、再び船に乗って出かけ、地理・風土などや貿易するのに良い商品などについて、自分が実際に見聞したことのみを記述した、という。本書は台湾、東南アジア、インド、アラビア、アフリカ方面の諸国についての記事がある。

『諸蕃志』が国内にいながらの海外情報収集書であるならば、『島夷誌略』は著者自身の旅行体験に基づいた書といえる。両書は13世紀前半の東南アジア貿易と、100年余り後の14世紀半ばの東南アジア貿易を知るうえで欠くことのできない情報源である。

『諸蕃志』に記された諸国のうち、東南アジア諸国は以下の15国である。中国に近い順、すなわち当時の貿易路の順番に記載されている。記載された諸地方はいずれも大陸部と今のインドネシアに限られる。このことは中国人貿易商人の活動領域が主として大陸部とインドネシアに限られていたことを示すものである。地名比定は、石田幹之助氏（石田1945）、藤善真澄氏（藤善1991）、深見純生氏（2004, 2005）の地名比定を参考にした。

交趾（ベトナム北部。ハノイ周辺）、占城（ベトナム中部。チャンパ）、賓瞳龍（ベトナム南部。パンドウランガ、今のファンラン）、真臘（カンボジア。クメール）、登流眉（タイ南部。マレー半島、ナコンシータマラート）、蒲甘（ミャンマー。パガン）、三佛齊（インドネシア、マラッカ海峡周辺）、単馬令（マレーシア。マレー半島、クワンタン付近）、凌牙斯（タイ南部。パタニ付近）、佛囉安（マレーシア。マレー半島、スランゴール付近）、新拖（インドネシア。ジャワ島西部、スンダ）、監篦（インドネシア。スマトラ島北西岸）、藍無里（インドネシア。スマトラ島西端、バンダ・アチェ周辺）、闍婆（インドネシア。ジャワ）、蘇吉丹（インドネシア。ジャワ島中部北岸）、大闍婆（インドネシア。ジャンガラ）

これらの国々の特産品はそれぞれ中国商人の関心に従って列挙されているが、その特産品は表1のとおりである。特産品のリストを一瞥すると分かることは、挙げられた国々のほとんどに各種の香木があることである。また、塩についての記載は交趾と闍婆、大闍婆の3ヶ国についてしか見られないこと、特産品としての鉄についての記載が見られないことである。

東南アジア諸国が輸入している商品について記述しているところを参照する。磁器および各種の織物、貴金属（金銀）がみられるが、鉄は三佛齊が鉄を、佛囉安が鉄器を、闍婆が鉄鼎を輸入している。この3国はマレー半島及びインドネシア島嶼部であり、大陸部では輸入品目の中に鉄がないことに注意すべきである。

『島夷誌略』に現れた諸国のうち、東南アジア諸国は以下の52国である（『諸蕃志』と共通する国名は現代名略）。『諸蕃志』に比べて、東南アジア諸地方の情報がはるかに増えていることがわかる。大陸部諸地方とインドネシアに加えて、フィリピン、スールー、ボルネオなどが加わっており、島嶼部の情報が増加している。中国人の東南アジア地理感として、元末からブルネイを境界として以西、以南、すなわち大陸部、マレー半島、ジャワ、スマトラ、インド方面を「西洋」、ブルネイ以東、すなわちフィリピン、スールー海方面を「東洋」とに地理区分したが、それを反映して『島夷誌略』の記事には前代の「西洋」諸国に加えて、「東洋」諸国が加わってきた。中国人の海外貿易活動の範囲が古来からの活動範囲であった大陸部とインドネシア島嶼、つまり「西洋」から、フィリピンやその南のスールー海、いわゆる「東洋」にまで拡大してきたことを示すものである。地名比定は石田氏（石田1945）による。

表1　『諸蕃志』所載の東南アジア各国の地産品、製塩と輸入品

| 国名 | 地　産　品 | 輸　入　品 |
|---|---|---|
| 交趾 | 冗香攬蓬萊香攬金銀攬朱砂、珠貝、犀、象、翠羽、車渠、**塩**、漆、木綿、吉貝 | 記載なし |
| 占城 | 象牙攬箋香攬冗香攬速香攬黄蝋、烏樠木、白藤攬吉貝攬花布攬絲綾布、白䰂筆、孔雀、犀角、紅鸚鵡 | 脳香攬麝香攬檀香攬草蓆攬涼傘、絹扇、漆器、鉛、錫、酒、糖 |
| 賓瞳龍 | 記載なし | 記載なし |
| 真臘 | 象牙攬暫速細香攬租熟香攬黄蝋、翠毛、篤耨脳、篤耨瓢、番油、姜皮、金顔香、蘇木、生糸、綿布 | 金、銀、甆器、仮錦、涼傘、皮鼓、酒、糖、醢醢（ケイカイ、塩辛） |
| 登流眉 | 白荳蔲攬箋香攬冗香攬速香、黄蝋、紫鉱 | 記載なし |
| 蒲甘 | 記載なし | 記載なし |
| 三佛齊 | 瑇瑁攬脳子攬冗香攬速香攬暫香、粗熟香、降真香、丁香、檀香、荳蔲、(真珠攬乳香攬薔薇水攬梔子花、膃肭臍、没薬、蘆薈、阿魏木香、蘇合油、象牙、珊瑚樹、猫兒晴、琥珀、番布、番剣)<br>（カッコ内は大食より渡来品） | 金、銀、甆器、錦、綾、纈絹、糖、鉄、酒、米、乾莨薑、大黄、樟脳 |
| 単馬令 | 黄蝋、降真香、速香、烏樠木、脳子、象牙、犀角 | 絹傘、雨傘、荷池の纈絹、酒、米、**塩**、糖、甆器、盆鉢、麤重（ソジュウ。あらもの）、金銀盤 |
| 凌牙斯 | 象牙、犀角、速暫香、生香、脳子 | 酒、米、荷池の纈絹、甆器 |
| 佛囉安 | 速暫香、檀香、象牙 | 金、銀、甆器、鉄、漆器、酒、米、糖、麦 |
| 新拖 | 胡椒、東瓜、甘薯、鉋豆、茄菜 | 記載なし |
| 監箆 | 白錫、象牙、真珠 | 記載なし |
| 藍無里 | 蘇木、象牙、白藤 | 記載なし |
| 闍婆 | 象牙、資格、真珠、龍脳、瑇瑁、檀香、茴香、丁香、荳蔲、畢澄茄、降真香、花簟、番剣、胡椒、檳榔、硫黄、紅花、蘇木、白鸚鵡、吉貝、綾布、稲、麻、粟、豆、**海水を煮沸して作った塩**、魚、カメ、鶏、鴨、山羊、大瓜、椰子、バナナ、甘蔗、芋 | 雑金銀、金銀製の器や皿、五色の纈絹、皁綾、川芎、白䚡砂、梅砂、緑礬、白礬、鵬砂、砒霜、漆器、鉄鼎、青磁、白磁 |
| 蘇吉丹 | 胡椒、米、波羅蜜、茘支、バナナ、甘蔗 | 記載なし |
| 大闍婆 | **青塩**、綿、羊、鸚鵡、檀香、丁香、荳蔲、花簟、番布、鉄剣、器械 | 記載なし |
| 麻羅（大闍婆の属国） | 降真香、黄蝋、細香、瑇瑁 | 記載なし |

麻逸（フィリピン。ミンドロ島）、無枝抜（不明）、龍涎嶼（スマトラ北西にある島）、交趾、占城、民多朗（ベトナム南部。ファンラン）、賓瞳龍、真臘、丹馬令、日麗（スマトラ北岸のデイリか）、麻里嚕（マニラ？）、㗌来物（ジャワ島、カリムン）、彭坑（パタニ）、吉蘭丹（マレーシア。ケランタン）、丁家廬（マレーシア。マレー半島東岸、トレンガヌ）、戎（タイ。マレー半島、チュン）、羅衛（マレー半島南部）、羅斛（タイ中部。ロプリー）、東冲古剌（シンゴラ）、蘇洛鬲（マレーシア。クダー）、針路（スールー？）、

八都馬（ミャンマー。マルタバン）、淡邈（ミャンマー。タヴォーイ）、尖山（マレーシア。スンビラン）、八節那間（ジャワ、パチュカン？）、三佛齋、嘯噴（スマトラ東岸）、浡泥（ブルネイ）、朋家羅（シーランのピアガラ？）、暹（タイ）、爪哇（ジャワ）、重迦羅（ジャワ、ジャンガラ）、都督岸（ボルネオ島。ダトウ湾）、文誕（バンダ）、蘇禄（スールー諸島）、龍牙犀角（パタニ）、蘇門傍（タイ。マレー半島、スヴァルナプリ、今のスファン）、舊港（パレンバン）、龍牙菩提（？）、毗舎耶（ヴィサヤ）、班卒（パンスール）、蒲奔（ボルネオ南東岸）、假里馬打（カリマンタン）、文老古（モルッカ）、古里地悶（チモール）、龍牙門（シンガポール海峡）、崑崙（ベトナム南部。プロコンドル島）、霊山（ベトナム南部。クイニョン東北のランソン）、東西竺（フィリピン。ペドロブランカ？）、急水湾（スマトラ島、ペラ）、花面（スマトラ西部、ナクール）、淡洋（スマトラ、アル？）、須文答刺（スマトラ北西岸、サムドラ・パサイ）、僧加刺（シーラン）

　『島夷誌略』中の東南アジア諸国の地産品と輸入品リストは表2のとおりである。表2にあげた地産品目には『諸蕃志』と変わらず香木の類がほとんどの国にあがっており、しかも種類が豊富である。また輸入品目には金銀銅鉄の金属が増え、なかんずく鉄塊、鉄條、鉄線といった鉄素材と思われるもの、鉄鼎や鉄鍋などの鉄製容器が増える。また中国国内での磁器生産の進展を示すように、青磁・白磁を初めとする中国製磁器類が多くの国々に輸入されている。主要輸入品のうち、絹織物の類、金属特に鉄、中国製磁器の3品目が東南アジア諸国にとっての中国からの最重要輸入品であったことがわかる。同時におそらくインドからの輸入品と考えられる木綿布（花印布など）やガラス・ビーズ類も好んで輸入されていた。

　さらに注目されるのは、『諸蕃志』にはほとんど登場しなかった塩が、多くの国々で生産されていることである。しかもそのほとんどが海水を煎熬して作られた塩である。14世紀には東南アジア諸国において海水煎熬塩の生産が広く行われるようになっていたことが背景にあろう。

　13世紀前半の『諸蕃志』と14世紀中頃の『島夷誌略』は、南宋末から元に至る時期の中国と東南アジア諸国との貿易の事情を物語る。両書にあげられた地産品や輸入品は、中国人の関心と合致するものが選択されて記述されているかもしれないが、当時の東南アジア諸国の生産品（中国人側からみての商品価値あるもの）と輸入品の実態を窺うことはできるだろう。地産品については大きな違いはなく、漢代以来一貫して東南アジアの主要輸出品であり続けた森林産物と奢侈品である。森林産物とは、赤色染料の原料である蘇木と多種類の香木、それにナツメグとコショウを主としたスパイス、象牙、翡翠の羽毛、真珠、ベッコウ原料の玳瑁などである。一方輸入品としては、中国からの輸入品である絹織物と磁器は共通するが、『島夷誌略』になると各種の金属（金、銀、銅、鉄）が増える。金と銀は商業取引決済手段としてのものであろうが、銅と鉄は金属器製作のための素材としての金属である。また、中国製絹のほか、インド産木綿布や東南アジア域内で生産された布が生産地以外の東南アジア諸国に輸入されるようになる。さらにタイ、マレー半島、ジャワ、スマトラ方面ではガラス・ビーズ類（焼珠の類）が広く輸入されている。

　『島夷誌略』の記載で最も注意すべきなのが、鉄と塩である。輸入品があげられた49ヶ国のうち30ヶ国に鉄・鉄器の記載がある。鉄素材と考えられるもの（鉄、鉄塊、鉄線、鉄條）と、鉄製鍋類（鉄鼎、鉄鍋）、その他の鉄製品（鉄器）の3種類がある。何らかの鉄製道具類と考えられる「鉄器」と記されたものを除くと、前二者はいずれも鉄素材としての用途が想定できる。中国では宋代におきたエネルギー革命により鉄生産が急増し、大量の鉄が輸出商品として東南アジアに輸出され

た。鉄鍋や鉄鼎の形で輸出されたものもかなりの量に上ったことはすでに宮崎市定氏により指摘されている（宮崎1957, p.46）。東南アジアへの出入港として繁栄していた広東においては、大量の鉄鍋が生産され、東南アジアに輸出されていた。これらの鉄鍋は本来の用途を離れ、輸入先では溶解して別の鉄製品を作るための鉄素材としての用途をもっていたことも指摘されている。『島夷誌略』にあがっている鉄及び鉄製品は、このような事情を反映している。東南アジア諸国が大量生産による良質安価な中国鉄を大量に輸入するようになっていたことが窺われる。鉄生産量と品質において東南アジア鉄が中国鉄に劣っていたか、あるいは東南アジア鉄の安定的供給が難しかったことが要因であろう。中国鉄の輸入は13世紀末までには始まっていた。元の使節団の一員として、1296～97年にかけて真臘を訪れた仏僧・周達観は、『真臘風土記』のなかで、真臘の中国からの輸入品目を記している。そのなかに、鉄鍋と針をあげていることはその証拠となる。

　鉄と並んで重要な現象は製塩の活発化である。海水煮沸製塩を行っている国は32ヶ国に及んでおり、海岸を持つ国はほとんどすべての国で製塩が行われていたことを示している。『諸蕃志』には製塩についてほとんど触れられていないこととぎわめて対照的である。中国では周知のように塩の専売制が歴代の王朝の政策であった。塩専売制によって国家が独占した利益が重要な国家財源となっていた。したがって、中国人の塩への関心は相当に高かったと推定できる。にもかかわらず、『諸蕃志』には塩についての記載はわずかに交趾、闍婆、大闍婆の3ヶ国に過ぎない。『諸蕃志』が「東洋」についての記載がほとんどなく、「西洋」に限られることと合わせ考えると、13世紀前半の東南アジア大陸部において、中国人の注意を引くほどの規模での製塩は行われていなかったことを示している。

　塩が東南アジアでも米に対して高価であったことは、クメール時代の記録でも（新田1989）、また『島夷誌略』中の假里馬打（ボルネオ島、カリマンタン）の記事において、「塩1斤＝米1斗」の交換比率であると見えることからも明らかである。また、11世紀前半のスールヤヴァルマン1世治下（1002-1050）のアンコール帝国では塩は課税品であり、塩の監督官かつ塩税の徴税役人であるカムステン・チュルヴァック・アムピャール（kamsten trvac ampyal）がいた。ここでは、塩2に対し米3の交換比率、つまり塩は米の1.5倍の価値があった（Sachchindanand 1970, p.117；新田1989, p.192）。海岸線が長く、どこでも製塩が可能に見える東南アジアであるが、商品生産としての製塩はどこでも行われていたわけではなく、製塩を行うには、塩水、煎熬のための燃料あるいは自然乾燥できるほどの乾燥気候、煎熬容器（製塩土器、塩釜など）が必要であった。その結果、生産地は限定され、ある程度高価な商品として交換の対象となっていたことが推定できる。

　ではなぜ14世紀中ごろの東南アジア各地で製塩が行われるようになっていたのだろうか。それは宋～元にかけて中国から輸入が急増した安価良質な鉄に原因があった。中国輸入鉄を原料として生産された鉄製塩釜の普及が、海水があり、燃料の薪があるところであればどこでも製塩を可能にしたのである。中国輸入鉄を原料とする鉄鍋とともに、大量に輸入された中国製鉄鍋も製塩の煎熬作業を革命的に容易にした。近年、そのことを証明する中国製鉄鍋を積載した11～16世紀のジャンク5隻がフィリピン近海の海底から発見されている。パラワン島の北、レナ・ショール島（Lena Shoal）の沈没船からは、鉄インゴットの上にさまざまな大きさの鉄鍋が10個ごとに重ねられていた。これらの鉄鍋は薄い作りで、丸底をしたものである（Goddio 2002, pp.235-6）。またパラ

表2 『島夷誌略』所載の東南アジア各国の地産品、製塩と輸入品

| 国名 | 地産品 | 製塩 | 輸入品 |
|---|---|---|---|
| 麻逸 | 木綿、黄蝋、玳瑁、文郎、花布 | 海水煮沸塩 | 鼎、鉄塊、五采紅布、紅絹、牙錠 |
| 無枝抜 | 花斗、錫、鉛、緑毛 | 海水煮沸塩 | 西洋布、青白諸州の磁器、鉄鼎 |
| 龍涎嶼 | 記載なし | | 記載なし |
| 交趾 | 沙金、白銀、銅、錫、鉛、象牙、翠毛、肉桂、檳榔 | 海水煮沸塩 | 諸色の綾羅布、青布、牙梳、紙札、青銅、鉄 |
| 占城 | 紅柴、茄藍木、打布 | 海水煮沸塩 | 青磁、花碗、金銀首飾、酒匜、布、焼珠 |
| 民多朗 | 烏梨木、麝檀木、棉花、牛や鹿の皮革 | 海水煮沸塩 | 漆器、銅鼎、闍婆布、紅絹、青布、斗錫酒 |
| 賓瞳龍 | 茄藍木、象牙 | | 銀、印花布 |
| 真臘 | 黄蝋、犀角、孔雀、沈速香、蘇木、大風子、翠羽冠 | 海水煮沸塩 | 銀、黄紅焼珠、龍緞、建窯、錦絲布 |
| 丹馬令 | 上等の白錫、朱脳、亀筒、鶴頂降真香、黄熟香頭 | 海水煮沸塩 | 甘理布、青白花碗、鼓 |
| 日麗 | 亀筒、鶴頂、降真香、錫 | 海水煮沸塩 | 青磁、花布、粗碗、鉄塊、小印花 |
| 麻里嚕 | 玳瑁、黄蝋、降香、竹布、木綿花 | 海水煮沸塩 | 足錠、青布、磁器盤、處州磁、水壜、大甕、鉄鼎 |
| 遐来物 | 蘇木、玳瑁、木綿花、檳榔 | 海水煮沸塩 | 占城海南布、鉄線、銅鼎、紅絹、五色布、木梳篦子、青器、粗碗 |
| 彭坑 | 黄熟香、頭沈速打白香、脳子、花錫、粗降真香 | 海水煮沸塩 | 諸色絹、闍婆布、銅鉄器、漆器、磁器、鼓板 |
| 吉蘭丹 | 上等の沈香、速香、粗降真香、黄蝋、亀筒、鶴頂、檳榔、花錫 | 海水煮沸塩 | 塘頭市布、占城布、青盤、花碗、紅緑焼珠、琴阮鼓板 |
| 丁家廬 | 降真香、脳子、黄蝋、玳瑁 | | 青磁、白磁、占城布、小紅絹、斗錫酒 |
| 戎 | 白荳蔻、象牙、翠毛、黄蝋、木綿紗 | | 銅器、漆器、青白花碗、磁器の壺や瓶、花銀、紫焼珠、坐崙布 |
| 羅衛 | 粗降真香、玳瑁、黄蝋、綿花 | 海水煮沸塩 | 綦子、手巾、狗跡絹、五色焼珠、花銀、青磁、白磁、鉄條 |
| 羅斛 | 沈香、蘇木、犀角、象牙、翠羽、黄蝋 | 海水煮沸塩 | 青器、花印布、金、錫、海南檳榔、子安貝 |
| 東冲古剌 | 砂金、黄蝋、粗降真香、亀筒、沈香 | 海水煮沸塩 | 花銀、塩、青磁や白磁の花碗、大小の水埕、青色の緞子、銅鼎 |
| 蘇洛鬲 | 上等の降真香、片脳、鶴頂、沈香、速香、玳瑁 | 海水煮沸塩 | 青白花器、海坐崙布、銀、鉄、水埕、小罐、銅鼎 |
| 針路 | 芎蕉、子安貝 | 海水煮沸塩 | 銅條、鉄鼎、銅珠、五色焼珠、大小埕花布、鼓、青布 |
| 八都馬 | 象牙、胡椒 | | 南北糸、花銀、赤金、銅鼎、鉄鼎、絲布草、金緞、丹山錦山、紅絹、白礬 |
| 淡邈 | 胡椒 | 海水煮沸塩 | 黄硝珠、麒麟粒、西洋絲布、粗碗、青器、銅鼎 |
| 尖山 | 木綿花、竹花、黄蝋、粗降真香、眞沙 | 海水煮沸塩 | 牙錠、銅鼎、鉄鼎、青碗、大小?、甕、青皮、単錦、鼓楽 |
| 八節那間 | 単皮、花印布、不退色木綿花、檳榔 | 海水煮沸塩 | 青器、紫鉱土粉、青絲、埕、甕、鉄器 |

106

| 国名 | 地産品 | 製塩 | 輸入品 |
|---|---|---|---|
| 三佛齊 | 梅花攊片腦、中等の降真香、檳榔、木綿布、細花木 | 海水煮沸塩 | 色絹攊紅硝珠、絲布、花布、銅鍋、鉄鍋 |
| 嘯噴 | 蘇木攊盈山 | | 五色硝珠、磁器、銅鍋、鉄鍋、牙錠、瓦甕、粗碗 |
| 㖵泥 | 降真香攊黄蝋、玳瑁、梅花、片腦、 | 海水煮沸塩 | 白銀攊赤金色緞子、牙箱、鉄器 |
| 朋家羅 | 記載なし | 海水煮沸塩 | 記載なし |
| 暹 | 蘇木攊花錫、大楓子、象牙、翠羽 | | 硝珠攊水銀、銅、鉄 |
| 爪哇 | 青塩攊胡椒、耐色印布半、鸚鵡、薬物（他国から） | | 硝珠、金、銀、青緞色絹、青磁や白磁の花碗、鉄器 |
| 重迦羅 | 綿、羊、鸚鵡、細花木綿、椰子木綿、花紗 | 海水煮沸塩 | 花銀、花宣絹、色々の色の布、都督岸 |
| 文誕 | 肉荳蔲、丁皮 | 海水煮沸塩 | 綾絲布、花印布、烏瓶、鼓、瑟、青磁 |
| 蘇祿 | 中等の降真香、黄蝋、玳瑁、珍しい珠 | 海水煮沸塩 | 赤金花銀、八都刺布、青珠、さまざまな、鉄條 |
| 龍牙犀角 | 沈香、鶴頂、降真香、蜜、糖、黄熟香頭 | 海水煮沸塩 | 土地の布、八都刺布、青磁や白磁の花碗 |
| 蘇門傍 | 翠羽、蘇木、黄蝋、檳榔 | 海水煮沸塩 | 白糖、坐墩布、紬や絹の服、花色宣絹、塗油、大小水埕 |
| 舊港 | 黄熟香頭、金顔香、木綿花冠、黄蝋、粗降真香、とても高価な鶴頂、中等の沈速香 | 海水煮沸塩 | 門邦丸珠、四色焼珠、麒麟粒、さまざまな磁器、銅鼎、五色布、大小水埕、甕 |
| 龍牙菩提 | 粗香、檳榔、椰子 | 海水煮沸塩 | 紅緑焼珠、牙箱、錠、鉄鼎、青白の地元産布 |
| 班卒 | 上等の鶴頂、中等の降真香、木綿花 | 海水煮沸塩 | 緑布、鉄條、地元産の印布、赤金、磁器、鉄鼎 |
| 蒲奔 | 記載なし | 海水煮沸塩 | 青磁、粗碗、海南布、鉄線、大小埕、甕 |
| 假里馬打 | 番羊、紫玳瑁 | 海水煮沸塩（塩1斤を米1斗と交換） | 硫黄、珊瑚珠、闍婆布、青色焼珠、小花印布 |
| 文老古 | 丁香 | 海水煮沸塩 | 銀、鉄、水綾絲布、坐墩布、八節那潤布、地元産の印布、象歯焼珠、青磁、埕器 |
| 古里地悶 | 檀樹 | | 銀、鉄、碗 |
| 龍牙門 | 粗降真香、斗錫 | | 赤金、青緞、花布、さまざまな磁器、鉄鼎 |
| 崑崙 | 記載なし | | 記載なし |
| 靈山 | 籐（1本が1花斗錫と交換） | | 粗碗、焼珠、鉄條 |
| 東西竺 | 檳榔、荖葉、椰子単、木綿花、 | 海水煮沸塩 | 花錫、胡椒、鉄器、薔薇露水 |
| 急水湾 | 記載なし | | 記載なし |
| 花面 | 牛、羊、鶏、鴨、檳榔、甘蔗、荖葉、木綿 | | 鉄條、青布、粗碗、さまざまな青磁 |
| 淡洋 | 降真香 | | 赤金、鉄器、粗碗 |
| 須文答刺 | 腦子、粗降真香、鶴頂、斗錫 | | 西洋絲布、樟脳、薔薇水、黄油傘、青布、五色緞 |

ワン島の南、サバに近いパンダナン島（Pandanan）近くの海底で発見されたジャンクの積荷の中にも、60個を超える中国製鉄鍋があった（Loviny 1996, p.68）。これらのジャンクの積み荷に示されるように、ジャンク1隻に50〜100個とすれば、大量の中国製鉄鍋が広東や福建から東南アジアへ輸出されたに違いない。ジャンクの積み荷にあった鉄鍋の形は現在の中華鍋とよく似た円形・丸底であり、中国元代や明代の製塩の煎熬に使われた平底の大型煎熬鍋とは大きさも、形も違うが、大規模製塩でなければ、中華鍋形の鉄鍋で十分であったであろう[1]。

現在東南アジアで行われている商業製塩は規模の大きい順にあげれば、（1）海水を導入したプール状塩田での自然乾燥製塩（タイ湾沿岸、ベトナム中部海岸、ジャワ北東部海岸）（食塩、魚醤用の塩生産）、（2）内陸部での岩塩地帯で行われているボーリングにより水を地下に注水し、岩塩を溶かしてできた塩水をポンプ揚水する製塩（自然乾燥による方法と、煎熬による方法とがある）（東北タイ、ラオス）（ナトリウム生産用の工業塩、食塩）、（3）塩井から塩水を揚水し煎熬（東北タイ）（食塩）、（4）地表面の塩華を土ごと削り取り、槽に入れ、注水して濾過した塩水を煮沸（東北タイ）（食塩）など、各種の製塩法による製塩が行われている（新田 1996）。（4）は東北タイのチー川流域において遅くとも前3世紀には始まっており、その後ムン川、ソンクラーム川の流域、クンパワピ湖周辺で盛んに製塩が行われた。また、（3）は中国四川省が有名であるが、東北タイやラオスでも古くから行われていた可能性がある。（1）と（2）は近年の方法である。『島夷誌略』に記載された製塩は、上記の4つの方法ではなく、海水を鉄鍋に入れ、マングローブや近辺の森林資源を燃料として煎熬する、海水・鉄鍋煎熬方式による製塩であった可能性が高い。

製鉄と製塩が遅くとも前3世紀までには始まり、クメール時代まで盛んに稼動していた東北タイ、とりわけムン中上流域とチー中下流域は考古学上きわめて重要な地域であるが、同時に歴史時代になっても政治的、経済的に重要な地帯であった。ムン流域を主たる支配領域としたコーラートのマヒンダラプラ家（Mahindarapura）は11世紀にはアンコール中央政権の王を出すほどの勢力を持った（Coedès 1948；Snellgrove 2004）。この経済的背景のひとつに東北タイの塩鉄の可能性がある。

クメール時代の全盛期が終わるころ、つまり13〜14世紀にかかるころ、中国で大量生産された安価良質の鉄・鉄製品の東南アジアへの大量輸入があった。この輸入中国鉄は東北タイや中部タイあるいは未発見の製鉄遺跡で生産されていた東南アジア在来鉄を駆逐した。その結果、東南アジアには広く中国鉄が普及することになった。輸入鉄はさまざまな鉄製品に加工されたが、製塩用鉄鍋は従来製塩が行われていなかった地方にまで普及した。その結果、燃料と塩水があるかぎり、容易に製塩が可能になった。そのことが、東北タイに代表される内陸部の在来製塩の市場を壊滅させることになった。東北タイの経済的優位性を保つ要因であった在来の塩鉄生産はこのようにして衰退していった。その時期はまさに『諸蕃志』から『島夷誌略』への時代であった。

塩が沿岸地方各地で生産され、重要な交易品として東南アジアで広く流通していたことはさまざまな記録がある。バーキルは1436年にパハンの海岸地域で塩が海水から作られていたという記録があること、およびマレー半島東岸で海水煮沸塩が生産されていたことを述べている（Burkhill 1935）。トメ・ピレスは16世紀初めにスマトラのアルカット王国（Arcat）の海岸で乾燥させた塩蔵魚を商船が積んでいることを記録している。それ以降も、大陸部のペグー、シャムからスマトラやジャワの港あるいはムラカへ向けて塩が輸出されていたし、インドネシア島嶼部では塩の生産と交易

が広範囲に行われていた。シムルンガン・バタック (Simelungan Batak) では塩を入手するために、危険な遠征を行うのがチーフの伝統的義務となっていた (Burnes 1993)。塩は貴重で高価な商品であった。

## 4 エスノアーケオロジーからみた製塩

1991年のノントゥンピーポン遺跡の発掘作業中に、12月になって200m西側で老夫婦が製塩を始めた。キッガーン夫妻という。このご夫妻の製塩作業を観察・記録することが私にとり調査研究の大きな歩みとなった。タイに残る伝統的な製塩と製鉄を現地調査によって記録する作業を、発掘調査プロジェクトが終わった後、1995年度から2年間にわたり行った (新田 1996)。以下に述べる製塩については1996年2〜3月に行った現地調査によっている。そのため、現在ではすでに消滅しているものもある可能性がある。

タイの製塩には次のような方法がある。

### (1) 塩華製塩

最も伝統的形態をとどめた製塩法である。上記のように、コーラート高原地下には塩がある。乾季になると地表面に塩の結晶が現れる。これを塩華とよぶことにする。塩華だけを分離することはできないために、塩華が付着した土や砂といっしょに掻き集める。表面積が大きいほど水分蒸発度が高くなる、つまりよく塩華が付着するので、いろいろな工夫がされる。高さ30〜50cmくらいに土を円錐形に盛り上げたものをいくつも作ったり（ロイエ県スワンナプーム郡バン・タネン〈Ban Tanen〉の例）、畑の畝のように鍬でいく筋にも畝状の隆起を作ったりする（ナコーン・ラーチャシーマー県ブアヤイ郡バン・ドンレン〈Ban Don Ren〉の例）。サコンナコン県パナーニコム郡バン・モッマッ (Ban Mot Mat) の例のように特に何もしないところもある。

十分に塩華がついたら、土を掻き集める。掻き集めた土は、竹かごに入れたり、手押し車に乗せたりして採鹹の場所まで運ぶ。鹹水を得るための採鹹設備から2つに分類できる。

#### ① ピット式

ピット式とは地面に穴を掘って、これを採鹹槽とするもの。採鹹槽には円形と方形とがあり、これらは製塩を行う地域や家族によって違いがある。一般的には円形である。また大きさもさまざまである。採鹹槽内面には粘土を貼って水漏れを防ぐ。底部には竹筒を差込み、採鹹槽の外側下部に掘られた鹹水受けに入る。鹹水受けにも粘土を貼ったピットの場合と、ピットの中に陶磁器などの容器を入れて鹹水を受けるようにしたものとがある。採鹹槽に竹パイプを挿入後、土が鹹水を一所に流れ落ちるのを防ぐために、フィルターを竹パイプの口にかぶせる。フィルターにはいろいろあるが、バン・ドンレンではカヤに似た草の細長い茎を束ねて長さ30cmくらいにしたものをフィルターとしていた（1991年調査時）。その後、フィルターが動かないように、草の葉のフィルターの上に土器の破片を置いていた（1996年調査時）（写真8〜13）。また、ウドンタニー県ノンハン郡バン・ナッ (Ban Nad) の例では採鹹槽底部にモミガラを敷きつめてフィルターとし、竹パイプの周りにはココヤシの繊維を丸く置き、さらに竹パイプの上には半裁したココヤシの殻をかぶせていた（写真14）。

写真8　バン・ドンレンのキッガーン夫妻の製塩　畝状にした土をかき集める

写真9　採鹹槽に土を入れ、水をかけて鹹水をとる

写真10　鹹水受け

写真11　採鹹後、槽内の土を除去

写真12　煎熬

写真13　煎熬鍋に塩ができる

写真14　バン・ナッの採鹹槽

写真15 バン・タネンの採鹹槽と廃土

写真16 バン・タネンの煎熬炉と鍋

写真17 コンケンの採鹹槽と廃土

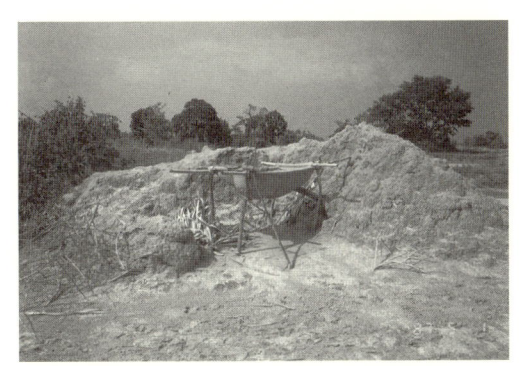

写真18 ブリラムの麻袋の採鹹装置

　採鹹槽には、塩華のついた土を入れ、水槽あるいは井戸から取った水を流し込んで塩華を溶かし、鹹水をとる。鹹水は竹パイプを通って下の鹹水受けに流下する。塩分濃度が不十分だと、燃料効率が悪くなるために、塩分濃度が十分であるかをチェックする。濃度計などというものはないので、細い木の枝のうち、枝分かれした部分を数cmの長さに切り、鹹水の中に落とす。それは枝の片側が重くなるようにするためである。塩分濃度が十分であれば枝（つまり濃度計）は水平になって水面に浮かぶが、不十分であれば茶柱のように、枝分かれした部分が下になって、水中に浮かぶ。

② 地上槽式

　地上槽式とは、地上にチークなどの丸太を半裁して内部をくりぬいたものを採鹹槽として使う場合が多い。地上槽式採鹹は、バン・タネン（写真15・16）、コンケン市西郊外（写真17）、チャイヤプーム西部、ナコーン・ラーチャシーマー県西部、バン・モッマッなどで見られた。近年では採鹹槽に加工できる大木が稀少となり、入手できなくなっているために他の方法による場合がある。米を入れる麻袋を吊り下げて採鹹装置とする例もある（ブリラム県で1987年4月調査〈写真18〉、サコンナコン県で1996年2月調査）。また竹を編んで逆円錐形の籠を作り、下端部に竹パイプを取り付け、竹籠の中にヤシの葉を入れて採鹹槽とした例もある（バン・ムアンカイの例）。

　丸太半裁の採鹹槽は直径数十cmの大木を長さ4～5mの長さに切ったもので、両端の小口には板をはめ込む。底部には1個あるいは数個の穴を穿ち、穴には木製あるいは竹製の注口を差し込む。採鹹槽底部にはモミガラを敷き詰めて、フィルターとする。ピット式と同じく塩華のついた土を採鹹槽に入れ、水を流し込んで塩を溶かして鹹水を作る。鹹水は底部の注口から採鹹槽の下に設

けられた竹やトタン板の樋を伝って、下部に置かれた甕などの中に導かれる。この鹹水受けは、陶器の甕（バン・タネンの例）のほか、プラスチック製バケツ（バン・モッマッの例）、粘土を貼ったピット（コンケン市西郊外の例）、セメントを貼ったピット（コンケン市西郊外の例）などがある。

ピット式と地上槽式の分布域はお互いに重なり合うこともあるが、ムン川上流域とソンクラーム川流域でピット式が、コンケンやロイエなどのチー川流域で地上槽式がよく見られる傾向にはある。両者とも煎熬については同様である。現在ではトタン板を長方形に加工した平たい鍋を作り、カマドの上にかけて煮詰める。バン・ドンレンのキッガーン夫妻の製塩では、長さ160cm、幅53cm、深さ14cmの平たい鍋をトタン板で作る。カマドは地上に粘土によって両袖を作る。全長210cm、焚口の幅50cm、高さ50cm。焚口の反対側には粘土を貼り、煙だしを作る。両袖には鉄棒が載せられ、鉄棒の上に煎熬鍋が置かれる。鍋とカマドとの隙間は木炭、灰、土を混ぜたもので充填する。鹹水を煮詰めていくと、塩の結晶が鹹水の中に現れてくる。その間、ときどき鹹水をかきまぜる。完全に水が蒸発する前に、竹の先を割って作った籠編み状の道具で塩をすくい取る。すくい取った塩はまだ水分があり、水が滴り落ちる。この塩はすぐそばにあるザルや網の中に入れて水分を切る。乾燥した塩は袋詰めにしたり、20ℓ入りの石油缶に入れたりして持ち帰る。

(2) 塩井製塩

東北タイやラオス（ナムグム近郊）で行われている一般的な内陸部製塩法である。岩塩が水に溶けた塩水を揚水して煎熬し、塩を得る方法である。岩塩を水に溶かす方法には2つの方法がある。ひとつは、岩塩層に地上からボーリングして注水し、ポンプで揚水する。あるいは圧搾空気を送り込んで塩水を揚水する。近年、タイでの工業用塩の需要が急増したために、各地で行われるようになった。東北タイでもっとも大規模な製塩工場はピマイにあり、地下から揚水し、水田のような畦で区画された塩田に導水して、自然乾燥によって製塩しており、ここで生産された塩は主に旭硝子のガラス原料となっている。もちろん食塩としての需要もある。

ピマイのほかにウドンタニー県バン・ドゥン郡バン・ドゥン（Ban Dung）（1995年2月調査）でみられた。バン・ドゥンでは工業用塩の生産と食塩の生産の両方が行われている。工業塩生産は、1985年に政府役人が取水のためにボーリングをした際に塩水が湧出したので、土地所有者が塩田としたものである。現在では中国系商人が所有しており、生産された塩はウドンタニーに出荷される。製塩方法は次のようである。エンジンを動力として地下に圧搾空気を送り込み、その圧力によって地下から塩水を汲み上げる。汲み上げた塩水は、畦によって区画した方20mくらいの塩池に流し込む。塩田全体では非常に広い面積を占める。およそ1昼夜で塩池の中の塩水は結晶化して、塩が取れる。塩はかき集めて、塩池の脇に積み上げて乾燥させる。工業用塩としてガラスやレーザー、飼料などの用途に消費される。生産者価格は400バーツ/t（1994年現在）で、塩華製塩の塩の価格よりははるかに安い。

もうひとつの塩井製塩は地下の岩塩層に由来する含塩地下水を、井戸を掘って汲み上げ、その鹹水を煎熬する方法である。この方法は漢代以前から四川省で行われていた製塩であるが、東北タイでもみられる。前記の工業用製塩とは比較にならないほど規模は小さい。

バン・ドゥンでの食塩の生産は工業用塩田に隣接したところで行われている。以下の記述はプ

ロイ・シースマンさん（Ploy Srisumang、女性。1994年時31歳）からの聴き取りである。以前は東北タイで一般的な塩華製塩を行っていたが、1992年に政府の進める現在の方法に転換した。乾季にのみ製塩ができなかったが、新しい方法だと年中稼働可能となるので、村民は新しい方法を受け入れた。塩井から取水した鹹水を基に、籾殻を燃料として、大規模な煎熬カマドによって製塩する方法である。燃料の薪が入手難となったために、現在では籾殻を使う。籾殻は稲作農家から300バーツ/tの価格で買う。1tの塩を生産するには2tの籾殻が必要である。籾殻1tあたり500kgの塩ができる。塩の価格は1,000バーツ/tである。煎熬カマドはセメント・ブロックと粘土で作る。カマドの基礎は5×2mで、平面形は逆「の」字のような形である。基礎を作るのに必要なブロックの数は4基で1500個、ブロック1個の価格は3.5バーツである。合計5,250バーツ。カマドの寿命は3年。煎熬鍋は厚手の鉄板で作るが、カマド1基につき8〜12枚が必要。鉄板の価格は890バーツ/枚。したがって、煎熬鍋は7,120〜10,680バーツかかる。鉄鍋の寿命は6ヶ月。塩井から鹹水を揚水するのに使う電動ポンプの電気代は170バーツ/月。製塩作業には燃料投入担当に1人、鍋の中の鹹水を攪拌する担当に1人の計2人が必要である。カマドの中が暗くなったら、灰を掻きだす。約12時間でタンク1杯（400〜500kg）の塩ができる。食塩製造には、自然乾燥ではなく煮沸して塩を作る。その理由は衛生的だからである。田舎では魚醤のナムプラーは価格が高いので、ナムプラーに塩を混ぜ、増量して使うため、塩は煮沸して作らなければならないという。プロイさんは水田を所有しているが、とれる米は自家消費用で、塩は現金収入を得るためである。製塩は農閑期の仕事で、彼女の家族が所有する4基のカマドから、20,000〜30,000バーツ/月の収入が得られるという。

　ノンカイ県ポーンチャルーン郡バン・ターサア（Ban Tasaat）は東北タイ北西のメコンの支流であるソンクラーム川の西岸にある。村から離れたところに塩井がいくつも掘られており、ここから取水した塩水は、自動車の中古エンジンを作りかえた船外エンジンをつけた細長い川舟に直接入れて村まで運ぶ。つまり川舟が塩水タンカーになる。この塩水タンカーは2〜3艘を連結して運搬する。製塩シーズンである乾季には、船着場と村の煎熬場とは10mほどの落差があるため、塩水タンカーからチューブを使い、ポンプで揚水する。揚水された塩水は煎熬カマドのそばに設置された塩水槽に貯水される。この塩水槽は地面に掘られた長方形の水槽で、底部と壁面はセメントで固められている。また燃料の薪も舟で運んでくるが、薪は滑車を使って引き上げる。煎熬カマドは全部で10基あり、それぞれが別個の10家族が所有している。屋根がかけてあり、雨天でも煎熬ができるようにしている。煎熬カマドはレンガと粘土で作られる。鍋は6×2m、深さ35cmの長方形、平底で、鉄板で作った大きなものである。煎熬カマドは3基連結であった。カマドの焚口は川側に開口しているが、その理由は川側から風が来るため、その風を受けるようにするためである。ここの塩は食塩用である。薪を燃料として鉄鍋にホースで塩水を入れ、煮沸する。塩の結晶が現れてきたら、木製の長い柄をつけた杓でかき混ぜる。塩の結晶が十分にできたら、杓で塩をすくい上げ、煎熬鍋に渡したザルに移して水を切る。その後、ザルに入れたまま塩を煎熬カマドのそばにある塩集積場に運ぶ。薪は7〜10km上流から船で運ぶ。薪の中には直径1m以上もある大木があり、これらの中には外面に焼け焦げた跡がついているものがある。農民が森林破壊を行って開田する際に、伐採し、火をつけることによる。これらの森林伐採した木材を薪として農民から購入

する。バン・ターサアでは調査時点ではまだ薪としての木材資源に余裕が見られたが、それでも以前に比べれば木を探すのは難しくなっていた。薪が不足するようになったために、1980年ころから製塩をやめる家族が増え、調査時には10家族だけとなっていた。この村は農地が乏しく、製塩は専業化するようになり、結果的に土地なし農民の職業となった。

写真19 サムート・プラカーンの海塩塩田

バン・ターサアで生産された塩は政府が3バーツ/kg で買い上げ、民間へは 700〜800 バーツ/t（0.7〜0.8 バーツ/kg）で販売していた。これはヨウ素を含まない内陸製塩の塩を消費する東北タイ農村でのヨウ素不足に起因するバセドウ病などの予防のために、1995 年からタイ保健局が政策として行っていた、ヨウ素添加塩を安価で農民に提供する事業の一環であった。ヨウ素は、塩と混ぜる簡単な装置があり、この装置を使って塩にヨウ素を添加する。ヨウ素添加塩は 1 kg のビニール袋詰めパックとして市販あるいは無料で配布された。政府は製塩を行っている家族が平等になるような買い上げを行っている。買い上げの政府保証があるために、バン・ターサアでの製塩は安定した職業となっていた。

　バン・ターサアから数 km 上流にかつての塩井製塩場の遺跡、ボー・フアハット（Bo Hua Had）がある。ソンクラーム川両岸に多数の井戸と、井戸から揚水するためのパイプの支柱跡、煎熬カマドの跡が散在する。板で井桁に組んだ塩井が 30 基余確認できた。ひとつの塩井に 1 家族がいたという。ここでの製塩は 1984 年に止めた。このような塩井製塩場はソンクラーム川沿いに多数残っている。

　1944 年ころまで、この地方のほとんどの家族が 3 月から 5 月に製塩を行っていた。当時は小規模だった。製塩時期になると、商人たちが塩を買い付けにソンクラーム川を船でさかのぼってやってきた。舟は動力船で、塩を買い付けると、ソンクラーム川を下って、ナコンパノムや、メコンとの合流点のター・ウテン（Tha U Then）にまで売りに行っていた。ソンクラーム流域は製塩がひじょうに盛んで、このような話はいたるところで聴くことができた。

(3) 海塩製塩

　現代の製塩で一般的な方法である。タイではバンコク近郊のタイ湾岸地域、とくに、サムート・プラカーンからサムート・サコンにいたる沿岸地帯数十 km に渡る地域で大規模な海塩生産が行われている（1987 年 2 月、1995 年 3 月調査）（写真 19）。ここでは、マングローブを切り開いて作られた広大な塩田（畦によって区画されている）に、風車の動力により、竜骨車を使って海から海水が導水される。乾季の自然乾燥によって、塩田の中の塩水中に塩の結晶が生じてくる。時々、大きなエブリ状の道具でかき混ぜる。この塩をすくい上げ、ザルに入れて乾燥場に運ぶ。乾燥場では、塩を角錐台形に積み上げて乾燥させる。ここで生産された塩は食塩およびナムプラー製造用の塩として消費される。いずれも企業化した製塩である。業者は製塩業者であるとともにナムプラー製造業者を

兼ねていることが多い。サムート・プラカーン産ナムプラーは全国的に有名で、さまざまなブランドがあるが、「天秤ばかり」印のナムプラーが上質として人気が高い。

そのほか、南部のパタニ県パタニ市のバン・タンヨンルーロー（Ban Tan Yong Lu Lo）、バン・バナ（Ban Bana）、バン・バロホーム（Ban Barohom）の3つの村でも海塩生産が行われている（Lertrit 1993）。ここでも畝で区画された塩田に海水を導水して自然乾燥によって塩を作る。海水の導水には70年ほど前ではヤシの樹皮でスプーン状のものを作り、これで海水をすくって入れていたそうであるが、その後、風車を動力とするようになり、今（1991〜92）では4馬力のエンジンで水車を動かして導水している。

これと同じ塩田方式による海塩製塩は東南アジアで広く行われている。ベトナム中部海岸地方（1995年5月踏査）やジャワ東部（1997年8月踏査）にも広大な塩田が経営されているのを実見したことがある。また、カンボジア、カンポットの南にあるカー・トロユイ島（Kah Troeuy）でも塩田方式製塩が行われていた（Martin 1993）。

## 5　製塩の社会経済学

生産技術の問題だけでは、製塩の意味は理解不十分となる。製塩のエスノアーケオロジーでは現在行われている伝統的製塩に関わる社会経済学的な聞き取り調査も行った。この状況は1991年現在のものであり、現在では変化があると思われる。生産者側の話はモー・キッガーンさんよりの聞き取りであり、消費者側の聞き取りは、ピマイで宴会屋「ピマイ・ポチャナ」を経営するタウィン・ソムクランさん（女性50歳）からの聞き取りである（1995年）。

### (1) 生産者の側から

#### ① 製塩場の地権について
製塩を行うにはかってにできず、当然ながら地権者の許可が必要である。しかし、土地使用料はいっさいなく、金銭、物品のいずれも支払う必要はない。また製塩を行う家族ごとにテリトリーがある。おそらく慣習法的に認められてきたと考えられる。

#### ② 政府の許認可と税
政府の許認可は不要である。また製塩に関わる税金はない。タイでは森林伐採が禁じられており、そのために燃料となる薪の入手が困難になっている。政府は環境保護の観点から製塩場に制限をかけるようになっている。

#### ③ 市　場
塩の生産者価格は塩20ℓが60〜70バーツである（1995年のレートで300円程度）。塩がコメよりも高価であった昔は塩とコメとを交換していたが、等価あるいは塩2：米3の交換レートであった。

#### ④ 需　要
タイ人にとってタイ湾岸の塩田の海塩や塩井の塩よりも伝統的な塩華製塩の塩のほうが好まれる。味がよいのと、煮詰めて作られた塩なので清潔であるということからきている。

⑤ 生産費

経費としては燃料の薪代にかかる費用が最大である。直径30cm、長さ2mほどの丸太3本で100～200バーツかかる。

⑥ 製塩継続のための最大の問題

もっとも深刻な問題は燃料の確保である。東北タイでの森林破壊のため、燃料となる薪が入手できなくなっている。

1991年の聞き取りの2年後に再調査したところ、事情はさらに変わり、燃料確保は極めて困難になり、多くの製塩家族は製塩を止めていた。バン・ドンレンの伝統的製塩は消滅寸前であった。20世紀末にはキッガーン夫妻も亡くなり、製塩をするひとはいなくなった。道路整備が進み、交通事情がよくなると若年層は町に働きに出かけるようになり、農地を持つ裕福な農民は製塩を止めた。残ったのは土地をもたない貧しい農民だけであった。キッガーン夫妻は最貧層の孤独な老夫婦であり、現金収入の道は製塩しかなかったために最後まで製塩を行わざるを得なかったのである。

1996年の調査では、次のような変化が生じていた。製塩場のそばにあった林が消滅し、薪の確保が難しくなり、8kmほどの遠くまで薪を採りに行かねばならなくなった。塩と薪を交換して入手する。若年層は製塩を止め、町に出るようになった。バン・ドンレンでは10家族が製塩を続けているが、以前のように家族ごとで製塩場をもつことができなくなり、10組の家族は順番で同じ製塩場を使うようになった。最長老のモーさんがリーダーとなり、話し合いで製塩する順番を決める。各家族が5～6日間のサイクルで交代していくやり方に変わった。順番の決定、けんかの仲裁、カマドの修理などはモーさんが行う。かつては自家消費分を上回る塩の生産量があり、販売していたが今では生産量が激減し、もっぱら自家消費用となってしまった。そのため市場にでることはまずない。燃料の枯渇と社会変化がバン・ドンレンの製塩を衰退に導いたのであった。

(2) 消費者の側から

ピマイで宴会屋「ピマイ・ポチャナ」を経営するタウィン・ソムクランさん（Tavin Somkrang）からは消費者の立場からの話を聴いた。

「以前は村の人が伝統的製塩による塩をもって町に売りに来ていた。今では売りに来る人がいなくなり、入手できなくなった。しかたなくピマイ産の塩井製塩による塩を使っている。塩華製塩の塩が手に入るならそれを使いたい。塩華製塩の塩はピマイ産の塩よりも高価だが味が良い。ピマイの塩は20ℓ入りの缶が20～30バーツで安い。政府が奨励しているヨウ素添加塩はもっと安い。海塩はまったく使わない。味が悪く、天日乾燥しただけの塩だから不潔である。塩華製塩の塩は味が良い。塩辛すぎず、少し甘い味がする。それに煮沸して作った塩だから清潔である。」

消費者側からは高価であっても、味がよく、清潔だから塩華製塩による塩を使いたいという意思があるが、入手できないために、しかたなく他の塩を使っているという事情がうかがえる。東北タイの多くの人から塩華製塩の塩は味が良い、甘い、という話を聴いた。これは塩華製塩の塩に含まれるニガリ成分のマグネシウムが少ないことによる。海塩にはマグネシウムが多く含まれており、苦味を感じるために、味が悪いという印象を与えるのだろう。確かに塩華製塩の塩は解潮性がひじょうに弱く、調査時にモーさんからいただいた塩は今でもさらさらしている。

## まとめ

　東北タイでは、その生態学的環境をうまく利用し、適応した独特の製塩が前5世紀ころには始まっていた。塩はその後も長期にわたって重要な商品として、あるいは課税品として政治的、経済的に大きな意味をもつものであった。14世紀ころから中国からの輸入鉄や輸入鉄鍋が急増した結果、海水があり、燃料があるところでは簡単に製塩を行えるようになった。その結果、東北タイの独特の内陸部製塩は大きな意味を失い、村落における乾季の補助的収入源としての意味しかもたなくなった。以来、東北タイの農村の底辺住民による収入源の活動としてほそぼそと続けられて20世紀に至る。その間、東南アジア全体では、製塩は盛んに行われ、ある程度高価なバルク商品として流通していた。

　私は1987年から9年間に渡り、東北タイでの個別調査の際に付随して、継続的に東北タイの伝統的製塩について観察してきた。1990年代に入り製塩を巡る状況に大きな変化が急速に生じてきた。最も重要な要因は森林を巡る環境問題とタイの高度経済成長に伴う労働市場の変化である。タイでは法的に森林伐採が禁じられ、燃料となる薪の確保は難しくなった。なぜか竹を燃料とするところはなかった。高度経済成長期にはタイでの最貧地域である東北タイにも工場建設が進み、若年者の雇用機会が増え、農閑期の副業としての製塩に従事するよりも、バンコクや東北タイの町に出稼ぎに出るほうがはるかに有利になった。不毛の土地であった製塩場も、国道用地、工場用地や住宅地としての不動産価値をもつようになった。その結果、東北タイ2番目の都市であるコンケン市西近郊の製塩場のように、都市近郊にあった製塩場はつぎつぎに消滅していった。このように今では伝統的な塩華製塩は見る影もなくなっている。

　2009年11月の東南アジア考古学会での東北タイの製塩について発表した時点では、2500年間の歴史をもつ東北タイの塩華製塩は20世紀末をもってほぼ姿を消したと私は考えていたが、2010年1月にノントゥンピーポン遺跡を訪れたところ、製塩マウンドの周囲に、最近の煎熬炉の跡と、廃棄された土の堆積を確認した。消滅したと思っていた東北タイの伝統的塩作りが、しぶとく生き残っていることに感動を覚えた。

## 註
(1) 元代の製塩については、『熬波図』が、明代の製塩については『天工開物』が参考になる。前者については、吉田寅1983『元代製鹽技術資料『熬波図』の研究』汲古書院を、後者については、藪内清訳注1969『天工開物』平凡社東洋文庫を参照。

## 文献
石田幹之助
　1945『南海に関する支那史料』生活社，東京．
大林太良
　1968 「インドシナにおける製塩の民族史的意義」『一橋論叢』Vol.51，No.8，69-84．
新田栄治
　1989 「東北タイ古代内陸部製塩の史的意義に関する予察─考古学・歴史学・民族誌の接点から─」渡辺仁

先生古希記念論文集編集委員会編『考古学と民族誌』173-195，六興出版 東京．

1991 「東南アジア考古学から見た先史産業と環境」『文明と環境』No.3, 25-27.

1994 「東南アジア文明の興亡と環境変動」安田喜憲・川西宏幸編『文明と環境』第1巻（古代文明と環境）149-163，思文閣出版，京都．

1995 「東北タイに残る伝統的内陸部製塩のエスノアーケオロジー」『東南アジア考古学』No.15, 84-94.

1996 『タイの製鉄・製塩に関する民俗考古学的研究』鹿児島大学教養部考古学研究室，鹿児島．

2006 「南海貿易史料にみる南宋―元の東南アジアと塩鉄」小野正敏編『前近代の東アジア海域における唐物と南蛮物の交易とその意義』73-82, 国立歴史民俗博物館, 佐倉．

2009 「タイの製塩―コーラート高原の製塩の考古学とエスノアーケオロジー―」『東南アジア考古学会研究報告』7，27-37.

深見純生

2005 「ターンブラリンガの長い13世紀―ジャーヴァカからシャムへ―」『南方文化』32, 125-147.

藤善真澄訳注

1991 『諸蕃志』関西大学出版部，吹田市．

宮崎市定

1957 「シナの鉄について」『史林』40-6.

Burkhilll, I. H.

    1935 *A Dictionary of the Economic Products of the Malay Peninsula*. Government of the Straits Settlements, London.

Burnes, Robert H.

    1993 Salt Production in East Flores Regency, Nusa Tenggara Timur, Indonesia. In Le Roux, Pierre et Jacques Ivanoff eds. 1993 *Le Sel de La Vie en Asie du Sud-Est*. 185-199. Prince of Songkla University.

Coedès, Georges

    1948 *Les étas hindouisés d'Indochine et d'Indonesie*. Paris.

Goddio, Franck

    2002 Iron artifacts. In Danièle Naveau 2002 *Lost at Sea—The strange route of the Lena Shoal junk—*. 235-6, Periplus, London.

Francis, Peter Jr.

    2002 *Asia's Maritime Beads Trade*. University of Hawaii Press. Honolulu.

Fukami, Sumio

    2004 The Long 13th Century of Tambralinga: from Javaka to Siam. *The Journal of the Toyo Bunko*, No.62. 45-79.

Higham, Charles F. W.

    1977 The Prehistory of the Southern Khorat Plateau, with special reference to Roi Et Province. *Modern Quaternary Research in Southeast Asia*, 3, 103-141.

Higham, Charles F. W. and R. H. Parker

    1971 Prehistoric Research in Northeast of Thailand, 1969-1970: a preliminary report. (Typescript)

Jimreivat, Pattiya

    1993 Production et Utilisation du Sel en Issan. In Le Roux, Pierre et Jacques Ivanoff eds. 1993 *Le Sel de La Vie en Asie du Sud-Est*. 105-113, Prince of Songkla University.

Lertrit, Sawang

    1993 Salt Farming in Southern Thailand. In Le Roux, Pierre et Jacques Ivanoff eds. 1993 *Le Sel de La Vie en Asie du Sud-Est*. 139-145. Prince of Songkla University.

Le Roux, Pierre et Jacques Ivanoff eds.

    1993 *Le Sel de La Vie en Asie du Sud-Est*. Prince of Songkla University.

Liere, W. J. van
   1982  Salt and Settlement in Northeast Thailand. *Muang Boran Journal,* 8-2, 112-116.
Loviny, Christophe
   1996  *The Pearl Road—Tales of Treasure Ships—*. Asiatype, Makati.
Martin, Marie-Alezxandrine
   1993  La "riziere de sel" du Cambodge. In Le Roux, Pierre et Jacques Ivanoff eds. 1993 *Le Sel de La Vie en Asie du Sud-Est.* 53-68. Prince of Songkla University.
Nitta, Eiji
   1991  Archaeological Study on the Ancient Iron-smelting and Salt-making Industires in the Northeast of Thaialnd. 『東南アジア考古学会会報』11, 1-46.
   1992  Ancient Industries, Ecosystem and Environment. 『鹿児島大学史学科報告』No.39, 61-80.
   1993  Ancient Industries, Ecosystem and the Environment with special reference to the Northeast of Thailand. The Siam Society ed. *Symposium on Environment and Culture with Emphasis on Urban Issues,* 149-164, The Siam Society, Bangkok.
   1995a  Prehistoric Industries and the Mekhong Civilization. 『鹿児島大学史学科報告』No.42, 1-17.
   1995b  Prehistoric Industries and the Mekhong Civilization. Thanet Aphornsuvan ed. *Thailand and her Neighbors (II): Laos, Vietnam and Cambodia—Civilization of the Indochina Peninsula, Maritime Trade in the South China Sea, Political and Economic Change in the Indochina Staes—.* Thammasat University Press. Bangkok.
   1997  Iron-smelting and Salt-making Industries in Vietnam, Thailand and Laos. 『鹿児島大学史学科報告』No.43, 1-19.
   1999  Iron and Salt in Isan. Fukui Hayao ed. *The Dry Areas in Southeast Asia: Harsh or Benign Environment?.* 75-94, The Center for Southeast Asian Studies Kyoto University, Kyoto.
Sachchindanand, Sahai
   1970  *Les Institutions Politiques et l'Organization Administrative du Cambodge Ancien (VI-XIII siécles).* PEFEO T.LXXV. EFEO, Paris.
Snellgrove, David
   2004  *Angkor before and after—A Cultural History of the Khmers—*. Orchid Press, Bangkok.
Vallibhotama, Srisakra
   1981  *Archaeologic Study of the Lower Mun-Chi Basin.* Interim Committee for Coordination of Investigation of the Lower Mekong Basin, Bangkok.
   1982  *Archaeologic Study of the Nam Songkhram Basin.* Interim Committee for Coordination of Investigation of the Lower Mekong Basin, Bangkok.

# 東部インドネシアの製塩
―― 琉球列島における製塩考察のための民族資料 ――

江上 幹幸

## はじめに

　塩は人間が正常に生命維持をしていくために必要不可欠なものである。古来、日本では海水を原料にして塩を得てきた。海水中にわずか3％含まれるに過ぎない塩化ナトリウムを採りだすために、地域によって様々な方法が考えられてきた（コリン2001，高橋2001）。琉球列島においては、いかなる採塩法あるいは製塩法が行われてきたのであろう。

　塩業研究者の広山は、南九州や南西諸島には近世に至っても中世以前から日本において行われたと思われる各種の採塩や製塩法がみられたと指摘している（広山1990）。さらに、近代にいたって塩専売法施行（1905年）以降も、それらの古い形態を保つ特有の採塩・製塩法が継続的に行なわれていた（斎藤1976）。

　筆者は、その背景には文化的・社会的要因もさることながら、自然的要因がより大きく影響していたのではないかと考えている。採塩・製塩は、おもに海水中の水分を太陽熱により蒸発させることに主眼が置かれている。そのためには、亜熱帯という気候条件と製塩立地である熱帯性の海岸地形（サンゴ礁、離水サンゴ礁、マングローブ干潟）（池原ほか1997，貝塚1992，木崎1980）の特性を活かした採塩・製塩法が考慮、選択、採用され、当地域特有の伝統的方法として存続したと想定するからである。

　しかしながら、少なくとも1950年代までは南西諸島で存続していたと推定される製塩法は、現在ではまったく見られず、民俗学的なフィールドワークは困難である。一方、熱帯に属する東部インドネシア（Indonesia）のフローレス（Flores）島やティモール（Timor）島では、熱帯性の海岸地形のもとで（吉良1983）、かつての琉球列島と同様な採塩・製塩法のいくつかが存在し、現在にいたるまで継続している。また、マングローブ干潟においては、琉球列島では報告例のない採塩・製塩法も存在している。それらの様相は民族学的調査によって窺い知ることが可能である。

　亜熱帯の琉球列島と熱帯の東部インドネシアというそれぞれの自然環境のなかでは、共通する熱帯性の海岸地形が見られる。そこでは、ひとつには自然の海岸地形を活かした製塩が、各島や各村に適した形態を採択して行われているが、それ以外にマングローブ干潟という自然地形を利用し、琉球列島では入浜式塩田が、東部インドネシアでは乾燥気候の特性を活かした入浜式塩田の原初的段階といえる製塩が行われている。このことに注目し、著者は東部インドネシアのマングローブ干潟での製塩法について継続的に調査を進めている。

　東部インドネシア、特に東ヌサトゥンガラ（Nusa Tenggara Timur）州はインドネシアの中でも伝統文化がより色濃く残っていた地域である。しかし、20世紀末から21世紀にかけて、急速に開発

の波が押し寄せ、さまざまな伝統文化が失われている。製塩・採塩も同様であり、開発の波と共にジャワ（Jawa）島からの工業生産の塩が安く市場で売られ、自家採塩に近い伝統的な塩作りは経済的に窮地に陥っている。

本稿では、東部インドネシア地域の実態調査にもとづき、両地域に共通あるいは相違する製塩法の形態の要素を探るとともに、亜熱帯と熱帯における製塩立地の特性を考えてみたい。そのためにはまず、両地域の製塩形態をそれぞれ概観する。次に、琉球列島での沖永良部島の製塩事例と、東部インドネシア地域の製塩事例を報告する。その後マングローブ干潟での製塩について考える。最後に、海岸地形から見た製塩形態についての考察を加えることにしたい。

本稿の目的は、琉球列島の過去における製塩法の復元を試みるための基礎資料として民族学的資料を提示することにある。今後も継続的に東部インドネシアの民族事例を調査・検討することにより、かつて行われていた琉球列島での採塩・製塩法およびそれに伴う交易産物に関して考察する基礎資料を提示する。また、琉球列島の製塩が先史時代においていかなる形態をもっていたのかを考察する足がかりとしたい。

## 1　製塩法の諸形態

ここでは、琉球列島とフローレス島東部地域・ティモール島北岸地域の製塩形態をそれぞれ概観する（表1）。両地域ともに、製塩法の形態から見てふたつのタイプに大別できる。ひとつは天日だけで海水を濃縮する「天日濃縮」であり、いまひとつは砂を利用して天日で海水を濃縮する「砂利用濃縮」である（斎藤1974・1976, 下野1977）。それぞれの製塩が立地する海岸地形は、前者ではサンゴ礁海岸および岩石海岸が、後者ではマングローブ海岸（干潟）および砂浜海岸がその条件となっている。両者ともに、太陽熱を利用した自然蒸発から、容器の出現により燃料を利用した蒸発（煎熬）に発展したと考えられる。

### (1) 琉球列島における製塩法

琉球列島の製塩法は日本本土と異なり、熱帯性の海岸地形を活かした特有のものであった。小規模な自給的製塩が伝統的な形態を保ちつつ各地で展開していた。

斎藤は、南西諸島（琉球列島）においてかつて展開していた伝統的な製塩形態は、次の四つの基本類型に分けることができるとしている（斎藤1976）。

1) 離水（隆起）サンゴ礁を欠く島々にみられる直煮式製塩
2) 離水（隆起）サンゴ礁上の溶蝕池（solution-pool）を利用する半天日製塩
3) pocket-beachなどにおける揚浜式製塩
4) 潮間帯の砂泥地における入浜式製塩

この基本類型を基に、先行研究（澁澤1969, 斎藤1974・1976, 小沢1976, 下野1977, 広山1977, 真志喜1977, 亀井1979, 宮本1985）を参考にして天日自然採塩を加え、琉球列島での製塩法と分布地を以下の五形態に分類して概観する。なお、琉球列島南端の先島諸島では、八重山島（石垣島）で18世紀前半に「鍋焼」で塩を焚いていた記録が残っているが（仲地1991）、この地域の製塩につい

表1 製塩法の分類表

|   |   | 天日 | 鹹水 | 濃縮 設備 | 濃縮 鹹砂 | 濃縮 塩田 | 煎熬 | 分布地 琉球列島 | 分布地 東部インドネシア |
|---|---|---|---|---|---|---|---|---|---|
| 1 | 海水利用 | × | × | × | × | × | × | 沖縄諸島 奄美諸島 | レンバタ島 (ラマレラ村) |
| 2 | 直煮式 | × | × | × | × | × | ○ | 種子島 トカラ列島 | レンバタ島 (ラマレラ村・ボブ村) |
| 3 | 天日自然採塩 | ○ | × | 溶蝕池 | × | × | × | 与論島 | |
| 4 | 天日人工採塩 | ○ | × | 竹容器 など | × | × | | | レンバタ島 (タポバリ村・アタウォロ村) |
| 5 | 天日自然濃縮 | ○ | ○ | 溶蝕池 | × | × | ○ | トカラ列島 奄美諸島 | レンバタ島 (ラマレラ村) |
| 6 | 天日人工濃縮 | ○ | ○ | 蒸発池 | × | × | ○ | | レンバタ島 (ラマレラ村) |
| 7 | 天然鹹砂利用 | ○ | × | × | ○ | 干潟 | × | | フローレス島北岸 |
| 8 | 入浜系塩尻法1 | ○ | ○ | × | ○ | 干潟 | × | | ソロール島北岸 |
| 9 | 入浜系塩尻法2 | ○ | ○ | × | ○ | 干潟 | ○ | | レンバタ島 (キマカマ集落) |
| 10 | 入浜系塩尻法3 | ○ | ○ | 貯水池 | ○ | 干潟 | ○ | | フローレス島 (カンポンガラム集落) ティモール島 (ハリバダ集落・マネモリ集落) |
| 11 | 古式入浜 | ○ | ○ | 浜溝 | ○ | 入浜 | ○ | | ソロール島 (ムナンガ集落) |
| 12 | 入浜式塩田 | ○ | ○ | 堤防 など | ○ | 入浜 | ○ | 沖縄島 (久米島) | |
| 13 | 揚浜式塩田 | ○ | ○ | × | ○ | 揚浜 | ○ | 徳之島 沖永良部島 | |

てはほとんど解明されていない。

① 直煮式製塩

海水を直接煮て塩を得る方法である。通常、鉄鍋を使用したが、種子島では煎熬用の鍋は「アジロ鍋」などと呼ばれる竹を編んで骨材とし、これに石灰を塗って作った平鍋を利用していた（斎藤1976）。興味ある事例である。直煮法において唯一の製塩道具である煎熬鍋の発展系統を知るためには、各地の事例を比較する研究が必要であろう。

おもに離水（隆起）サンゴ礁を欠く島々で行われていた。分布地域は大隅諸島の種子島、トカラ列島北部の口之島、中之島、平島、悪石島、奄美諸島の奄美大島である（斎藤1976, 下野1977）。

② 天日自然濃縮（半天日製塩）

離水サンゴ礁の発達した島々では、離水サンゴ礁上の溶蝕池、すなわち各地でツボキ（壺）・フムイ（籠り）・チブ（穴）などと呼称する場所を利用し、溶蝕池に残した海水を放置、鹹水化して塩を得る方法である。鹹水化された海水は表面に氷が張ったように薄い塩の膜が形成される。この塩を「氷塩」といい（斎藤1976）、そのまま使用することもあるが、通常この氷塩を溶解し、煎熬して不

純物を取り除き塩を得る。煎熬鍋は石油缶を加工したブリキの平鍋が多く用いられた（下野1977）。

分布地はトカラ列島南部の小宝島・宝島、奄美諸島の喜界島・徳之島・沖永良部島・与論島、沖縄諸島の久米島がある。その呼称（カッコ内）は小宝島・宝島（ツボキ）、奄美諸島の喜界島（フムイ）・徳之島（カラシュゴモイ）・沖永良部島（ウシフシグムイ）・与論島（マシュチブ）である。また、徳之島では、溶蝕池に浜の砂を入れて海水をくり返しかけ、得られた鹹砂を溶出してから鹹水を採るという、砂を利用した特殊な方法での製塩が報告されている（下野1977）。

③ 天日自然採塩（天然結晶塩採取）

先の②項で見た「氷塩」を採取してそのまま使用する、設備も道具も用いないもっとも原初的な方法である。製塩ではなくて採集段階の採塩である。おもに、奄美諸島の与論島が知られ、大きい溶蝕池では一日に三合の塩が採れたという。この地では結晶塩を用いずに海水を利用しての調理も行われていた（下野1977）。

④ 揚浜式製塩

ポケットビーチなどの小規模な砂浜海岸では、海水を人力で汲み上げて塩田に撒布して鹹砂（塩の結晶が付着した砂）を採る揚浜式塩田が見られた。その多くは、ほとんど塩田施設を伴わない自然の「塩浜」に近く、採鹹装置（鹹砂を入れて海水を注ぎ鹹水を採る装置で、通常は塩分の溶出装置と不純物の濾過装置が組み合わされている。日本では一般に沼井と呼ぶ）も土やセメント製で、底部に筵を敷いて濾過する簡単な装置で、自給的な製塩を行っていた。

調査研究された事例は少なく、分布は奄美諸島の徳之島北部、沖永良部島北岸喜名浜が知られているに過ぎない（斎藤1976）。ただし斎藤は、離水サンゴ礁面を欠く島々では1950年代はじめまで、直煮法か揚浜式のどちらかの方法で自家用の製塩が行われていたことは推測し得るとしている（斉藤1976）。

⑤ 入浜式製塩

比較的大きな島では、河口域の砂泥質の干潟を利用して、潮汐によって海水を塩田に引き込む入浜式塩田が拓かれていた。塩田は枝サンゴ類の細片などを基盤に埋めたうえに撒砂が敷かれた、本土の入浜式塩田と比較すると概して単純な施設であった。塩専売法の施行後も1950年代まで機能していた。

分布は、大隅諸島の種子島南東部平山地区、奄美諸島の奄美大島、徳之島東北部浅間地区（斎藤1976）、沖縄諸島の沖縄島泊地区・泡瀬地区・屋我地地区・豊見城地区等、久米島東部銭田地区（金城1994）が知られている（斉藤1976）。このなかでは屋我地地区の我部塩田に現在も残る塩作りは、製塩法や立地する海岸地形の特性を観察するうえで貴重な民俗例である（名護博物館1991, 比嘉他1987）。

(2) 東部インドネシアにおける製塩法

琉球列島における伝統的製塩のいくつかは、東部インドネシア各地でも見られ、今日でも行われている（吉田1997）。ここで対象とするのはフローレス島東部地域のソロール（Solor）島、レンバタ（Lembata）島、フローレス島の3島、そしてティモール島である（図1）。現地点の調査では各島に数箇所の製塩地を確認しており、それぞれ自家消費用あるいは域内交易品として供給されている。

先の琉球列島での製塩法を基準に、事例を下記の通り5形態に分類した。特筆すべきは、日本ではすでに見られない入浜式製塩の古い形態である入浜系塩尻法製塩と古式入浜製塩が、熱帯の地形に特化して形態を変えながらも残っていることである。

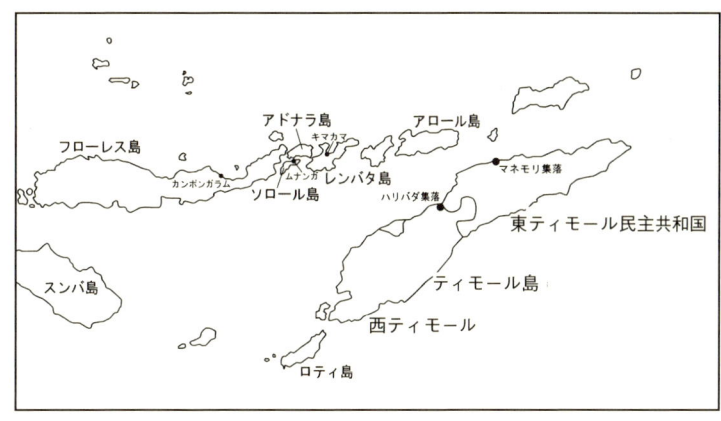

図1 インドネシア・東ヌサ・トゥンガラ州、東ティモール民主共和国

① 直煮式製塩

レンバタ島南部のボブ（Bobu）海岸では、ラマレラ（Lamalera）村の女性たちによる出稼ぎ行商の一環として、直煮式製塩が行われている（写真1）。女性たちのグループが、乾季に浜に小屋掛けして2～3ヶ月間滞在し、製塩を仕事とした。屋外に石を並べただけの炉を作り、村から持参した鉄製鍋で海水から直煮製塩し、直接内陸部の山村に行商して農作物と交換する。

この海岸は内湾にサンゴ礁の発達した砂浜で海水の塩分濃度が高いこと、後背山地で燃料（薪木）が豊富に得られることも、決して効率のよくない直煮法の継続を可能にしている。また、ラマレラ村でも雨季には天日濃縮を行わず、直煮式製塩が行われる（小島・江上 1999）。

② 天日人工濃縮法

レンバタ島ラマレラ村では、海岸近くの岩石上に炉灰を固めた土手を作って蒸発池（lifo sia fai）を造成し、そこに海水を注いで天日濃縮によって鹹水を採り、煎熬して塩を得ている（写真2）。煎熬には市販の鉄製丸鍋を使用し、乾季には一日焚いて約2kgの塩ができる。レンバタ島南部の内陸部への塩の供給はこの村が独占し、女性たちによる行商で賄われている（小島・江上 1999）。

また、大潮時に海水が溜まる海岸部の岩石窪地をそのまま利用した蒸発池もあり、これは琉球列島における溶蝕池での天日自然濃縮に対応している。

③ 天日人工採塩

海岸に近い山岳部に居住する農耕民が、岩石海岸まで降りてきて自家消費用の塩を採っている。海水を汲み、それを海岸の岩場に置いた容器に溜めて天日蒸発させ、天然結晶塩を採取する。現時

写真1 海水を直接煎熬する（ボブ海岸） 　　写真2 海岸の岩石上に造成された蒸発池（ラマレラ村）

写真3　竹を半裁した海水蒸発容器（タポバリ村）

写真4　アレカヤシの花苞で作られた海水蒸発容器に海水を入れる（アタウォロ村の人々）

点ではレンバタ島の2箇所の集落を確認しているが、それぞれ海水を溜める容器が異なっているのが興味深い。

　タポバリ（Tapobali）村では、直径10cm・長さ2mほどの竹を半裁し、一本が5～6節の節で区切られた容器を用いる（山窩の人びとも同様な容器で〈塩凝〉を得ていた）（広山1990）（写真3）。これを数本並べて海水で満たし、蒸発するたびにくり返し注ぎ足す（小島・江上1999）。アタウォロ（Atawolo）村では、アレカヤシの花苞を折りたたんで船形に加工した、長さ20cm位の容器を利用している（写真4）。20～30個ほどを海岸の岩の上に並べて海水を注ぎ、結晶するまで放置しておく（江上2003）。ラマレラ村でもシャコガイの殻を容器として利用し、同様な方法で塩を自給した経験があるという。

　煎熬鍋の出現以前にさかのぼる原初的な製塩の起源は、これらの方法による自給的製塩だと想定できる。その後、煎熬鍋の出現により一定量の塩が確保できるようになり、塩が自家消費品から交易品となっていったのであろう。この採塩のさらに前段階は海水の直接利用、海水で調理・処理をする方法であったろう。

④ 入浜系塩尻法製塩

　マングローブ干潟で塩の微細結晶が付着した砂泥を集め、これを溶出した鹹水を煎熬する方法である。広山はこのような方法を、塩田を拓かずに鹹砂を採集するので塩田法とは区別し、骸砂（使用後の鹹砂）を塚のように積み上げた塩尻を築くことから「塩尻法」と名付けている（広山1990）。そして、骸砂を廃棄する「略奪的製塩」から、砂を元の浜に撒き返して潮汐によって再び鹹砂を得る方法に発展したと想定し、塩浜（塩田）成立に先行する方法だとしている（広山1990）。

　フローレス島のマウメレ（Maumere）町北岸、沿岸から数百メートルに立地するカンポンガラム（Kampung Garam）集落では、骸砂を廃棄する方法を採用している。ドラム缶製の平鍋で煎熬された塩はマウメレ町内の常設市場で小売り販売されている。また、レンバタ島北部イレアペ（Ile Ape）地域のキマカマ（Kimakama）集落でも行われ、ここでは骸砂を干潟に撒き返している。塩は島内北部地域のみに供給されている。両地域ともに鹹砂を採取・貯蔵しておく「鹹砂貯蔵法」（広山1977）である。

レンバタ島で特徴的なことは、自家消費用ではなく域内交易品として製塩を行うキマカマ村民もラマレラ村民も、他島からの移住民であるということである。製塩法は異なるが、同系統の鉄製煎熬鍋を使用することは煎熬製塩技術の移入があった可能性を示唆している。

なお、入浜系塩尻法は製塩工程・設備の差異を考慮して3形態に細分した。入浜系塩尻法1は最後の煎熬工程を含まずに天日蒸発で塩を得る形態、入浜系塩尻法2は海水を貯める貯水池の設備を伴わない形態、そして入浜系塩尻法3が標準的な入浜系塩尻法である。

#### ⑤ 古式入浜製塩

同一地盤で撒砂―乾燥―集砂―溶出―撒砂をくり返すことができる「塩浜」に（広山1990）、潮汐によって海水を導入する入浜式を採用しており、入浜塩田の初期の形態である。ソロール島北岸のムナンガ（Menanga）村では、マングローブ干潟を開拓して、粗放的ではあるが堤防や浜溝などの塩田と呼べる設備を築いている。17世紀の報告に記載されて以来、現在に至るまで製塩が存続し、当時から交易品として幅広く流通していた（Barnes 1993）。

R. バーンズの報告によると、19世紀半ばの記録に「塩田はサンゴのブロックで仕切られ、灰色がかった砂でおおわれている。砂塩田は満潮の時に海水で満たされ、干潮時に砂を集めて、地面から2～3feet離れた杭の上の四角い皿に入れる。この皿の底はとがっていてマットで覆われていた。海水を砂の上に注ぎ、海水は下の壺に集められる。この水は蒸発して塩分の多い海水になり、円錐形の竹で編まれた籠に注がれる。海水はそこからゆっくり滴り落ち、細かな雪のような白い鍾乳石状になり一片にして売られる。いっぽう残った結晶化していない海水は、さらに乾燥させられ細かな塩となる。この塩はティモール島のクパン（Kupang）市の商人が買って船で持ち帰ることも多い」と記載されている（Barnes 1993）。

今回の調査では、同様の装置で溶出した鹹水はプラスチックバケツに集められ、鹹水を煎熬することにより塩を得ていた。ムナンガ村は現在でも東フローレス地域最大の製塩地である。

## 2 琉球列島 沖永良部島の製塩

### (1) 概 観

沖永良部島は東北東―西南西方面に約20kmの長さをもち、北東部が狭く南西に広い長三角形の島で、最高所は標高246mの大山である（河名2001）。主に西部の大山から東部の国頭地方に連なる古生層が島の背梁部を形成しているが、その周辺部には一部を除き、5m、20m、30m、40mの隆起サンゴ礁からなる段丘が取り巻いている。南部の古里から和泊にはさらに50m面、60m面および70m面もみられるが、国頭地方ではこのうち5m面が海食によってほとんど破壊されている。同時に、その前方には、場面によってその幅にかなりの差違が認められるが、通常低潮時に露出する礁原がひろがり、多くの潮溜が分布している（斎藤1976, 平田1962）。

琉球列島での製塩法は①直煮式製塩、②天日自然濃縮（半天日製塩）、③天日自然採塩（天然結晶採取）、④揚浜式製塩、⑤入浜式製塩の5態に分類した。

奄美諸島での採塩・製塩は、おもに海水中の水分を太陽熱により蒸発させることに主眼が置かれている。地形の特質をより生かし、濃度の高い鹹水を採る方法として興味深い事例が沖永良部島で

かつて行われていた。

　明治6年、久野謙次郎はその著『南島誌・各島村法』の中で沖永良部島での製塩の様子を次のように記載している（久野1954）。

　　「和泊方畦布村・西方長嶺村に塩浜あり。然れどもその製する所甚だ僅少なり。その他海辺の各村は皆早旦潮水を岩に注ぎ、太陽に曝して、日暮これを収め、煮て塩となす。その多きは塩水一斗にして塩四升を得るといふ。この法に由りて各戸塩を製すといへども、耕耘多忙にして、これを製するに暇あらざる時は、皆塩を鹿児島に仰給す。

　　　前項の製法によつて塩を得るといへども、肴饌を調和し魚肉を煮る時、これを用ふるものにしてその平常の如きは、各戸潮水を汲みて直に野菜或は唐芋を煮てこれを食ふ」（久野1954）。

　上記の記述から当時、和泊方畦布村、西方長嶺村では④）揚浜式製塩、他では②）天日自然濃縮（半天日製塩）の方法で製塩が行われていたことが明らかである。久野は同書で徳之島、与論島でも製塩が行われていたことを報告している（久野1954）。

　久野が報告した採塩法は少なくとも、奄美大島が本土復帰を果たす1950年代頃まで行われていて、これらの方法で採塩を行っていた女性たちの記録が町誌などに残っている（国頭字誌編集委員会1996；西村サキ1986；和泊町誌編集委員会1984）。

　現在、沖永良部島では伝統的製塩法は消滅しているが、2003年の調査ではこれらの製塩法を知る伝承者から聞き取りを行い、かつて製塩が行われていた国頭、畦布の海岸地形を実見することが目的であった。

　調査は先田光演氏（沖永良部郷土史研究会会長）の案内で沖永良部島の島民生活誌を記録している西村サキ氏、森重勝氏、碩森常、皆川忠造、撰ヨ子氏から当時の話しを聞くことができた。製塩・採塩法については『和泊町誌』に名島アキ氏（大正2年生）、太ハツ氏（大正2年生）両氏の製塩法について口述筆記されたものが報告され、『国頭字誌』にも詳細にその記録が記載されている。また、調査の案内役である先田氏の「沖永良部島国頭の製塩法」と題する先行研究もあり（先田1979）、調査ではこれらのことの再確認及び、インドネシアでの調査事項との比較に終始した。

　また、ウシュケー（汐干し）と呼ばれる特殊な鹹水採取が行われていた海岸地形及び塩浜の地形を観察することも大きな目的のひとつであった。ここでは、現地調査を踏まえて、かつて、沖永良部島での製塩がどのように行われていたかを記載する。

(2) 製塩方法

　沖永良部島では2種類の製塩方法がある。いずれもより少ない燃料で塩を作りあげるための採鹹の方法の違いであり、それは海岸地形が大きく影響している。

　沖永良部島の北海岸は隆起サンゴ礁からなり、海岸から崖が立ち上がり、そのまま台地がゆるやかな起伏でひろがっている。島の北東部国頭の海岸にはフーチャーと呼ばれる汐を吹き上げる岩穴があり、大波が入り込むと80mほどのしぶきをあげる。このしぶきが風にとばされ溶食池に溜まる。この溶食池をウシュケーグムイと土地の人はいう。ウシュケーグムイはムドゥンと呼ばれる海岸から40度の勾配をもつ石灰岩の岩場にあり、この地形を利用して採鹹が行われた（先田1979）。この採鹹法が天日自然濃縮（半天日製塩）方法である。

また、島の北側の海岸にはポケットビーチなどの小規模な砂丘海岸があり、自然の塩浜に近い形で鹹砂が作られていた。この採鹹法が揚浜式製塩法である。

### (2)-1　天日自然濃縮（半天日製塩）
#### ① 製塩工程
1）採　鹹

　離水サンゴ礁段丘の浸食作用で形成された溶食池を利用し、より早く、より濃度の高い鹹水を作るかである。

　この「汐干し場」（ウシュケー）は離水サンゴ礁段丘を利用し、海面から急勾配の岩場にできた溶食池を利用し、下の溶食池から上の溶食池へ海水を投げ入れ、天日で水分を飛ばしながら、鹹水の濃度を高める。それぞれ「ウフシューハラミ」、二番目の中間の場所を「二番ハラミ」、三番目の一番高い場所を「ハラミ」と呼ばれる「汐干し場」で女性たちの過酷な作業が行われていた（西村氏談）。より早く濃度の高い鹹水を作りあげるには、長年の鍛練された技術が必要であった。『国頭字誌』にはこれらの溶食池を利用した「汐干し場」で働く女性たちが次のように生き生きと描かれている。

　「最初に一番下の「ウフシューハラミ」に三十桶位の汐水を入れ、それを回りの断崖絶壁に打ち投げる。汐水は天日に乾かされ、再び溶食池に溜まる。これを三回位繰返す。次に「二番ハラミ」をめがけ、汐水を打ち投げる。ここでまた、三回ぐらい乾かす。最後に一番上の「ハラミ」（仕上げの場所）に投げ入れて、そこでも四方八方に打ち投げるのであるが、その仕上げの場所は最も広くまた、高く、その頂点目がけて打ち投げる。その様子は、両足を開き、小さい桶（キジ）を両手でつかみ、両足のかかとを回しながら、全身の力を振り絞って、最頂点目がけて、「ピシャツ」とぶち投げるという。昔は汐干しの上手な年長の人達が幾人かいたが、その人達の打ち投げる汐水は途中で散らばらず、最頂点に達した時、「ピシャツ」と、ぶっつけられてそこで四方に流れて行く、その人達の汐干す様は実に壮観で見事であった。体の重心がたもたれ、精神が統一されているからである」（国頭字誌編集委員会 1999）。

　このようにして、十数回海水を灼熱の太陽で熱くなった岩肌に叩きつけることで、濃度の高い鹹水ができあがる。

　最後に、濃厚な鹹水は「ハラミ」とよばれる岩場にある小さな穴に溜まり、それらをボロ布で吸い取り、椀などで汲み集め、桶に入れ、釜小屋へ運ぶ。濃度は煮たサツマイモを浮かせ、サツマイモが浮き上がることで観察する。日に3回同じ工程で鹹水を作る（西村氏談）。

　国頭の海蝕崖（ムドゥン）には十数箇所のウシュケーグムイがあり（写真5）、それぞれが各組合で割り当てられていた。各戸一日の割で一つのウシュケーグムイを使用し、使用許可はモールフダ（順番を記した木札）の回覧で確認された（先田 1979）。

2）煎熬（マシュタチ）

　煎熬は次のような工程で行われる（国頭字誌編集委員会 1999）。

　① 鍋に一杯（70～75ℓ）の鹹水を入れる。

　② 小1時間ほど焚き、鹹水が7・8分目位になったら、鹹水を足し、焚きつづける。

写真5　国頭のウシュケーグムイ

③ 火の燃やし方もただ燃料をくべればよいというものではない。燃やしている炎が、まんべんなく鍋底に行き当る様にしないと、さらっとした真白な塩が出来上がらない。焚き方が悪いと水分のある塩になる。この塩のことを「シルタイマシュ」という。

④ この塩炊きも長年の経験が必要であり、この塩炊きは特に、年寄りの仕事である（それ程、重労働ではないため）。

⑤ 鍋の表面に黒い汚物が浮き上がるが、ソテツ葉ですくい捨てながら、鹹水が沸騰するのを待つ。鍋の四角に入れた皿の中にも汚物が溜まるので、溜まった汚物と共に皿を出す。鍋の中央に茶碗を吊りさげ、不純物を取り除く場合もある（先田 1979）。

⑥ 2時間ぐらい焚くと鍋の底に白い塩の結晶ができる。

⑦ しばらく弱火で煮詰めてから少しの汁を残して塩をすくい取る。

⑧ 塩取籠（セーマグあるいはヒャーギ）にソテツ葉を2・3枚敷いてその中に移し入れる。その時、鍋の片隅に竹か、木の棒を渡してその上にヒャーギを置き、苦汁を抜く。この苦汁は酒瓶などで保存する。

⑨ ヒャーギに入れた塩は、竈の灰の上に一昼夜くらい載せて置くと水分が吸い取られ、さらっとした塩になる。

⑩ 一鍋から、約4・5升の塩ができる。

3）製塩道具

【塩炊き鍋（マシュタチナビ）】8升〜1斗焚きの鉄製丸鍋（下野 1977）
　一斗ブリキ罐を2個、つぎ合わせた長方形の鍋。長さ1m、幅50cm、高さ16.7cm（国頭字誌編集委員会 1999）。

【大きな杓子（ウシュケーニブ）】塩をかき混ぜるもの。

【皿】皿を紐で括り、鍋の四隅に置く。塩以外の汚物（クス）がこの皿に溜まる仕組み（国頭字誌編集委員会 1999）。
　鍋の中央に茶碗を吊りさげ、不純物を取り除く（先田 1979）。

【竈（ハマドゥ）】屋敷内の風の当たらない場所に鍋の大きさに合わせて簡単なカマドをつくる（国頭字誌編集委員会 1999）。
　海岸に近い畑の隅やアダン・ソテツの木陰に仮小屋をつくり竈をつくる（先田 1979）。

4）燃料（タームン）

女性自らが採集したソテツ葉、アダン葉、クルヌギなどを使用。大変な労力と時間が必要である。

5）製塩の時期

長雨があがった6月から開始され、10月頃まで続く。2月頃、日照が続くと製塩が行われるこ

ともあるという（西村氏談）。

　6）販売と流通

　生産された塩は貯蔵され、米あるいは田芋との交換用に使用される。穀倉地帯の余多、大城、上城、田皆方面に行商し、米と交換し、内城方面は田芋と交換した。米の交換比率は1対1であり、塩1升と米1升であった。交換した米は常食にはせず、慶弔用に備えて一斗甕に入れて蓄えておかれる。また、田芋も先祖祭りに使用する重要な作物である。新米がとれるまでは穀倉地帯も米がないため塩は貯蔵され、新米の収穫時にすばやく交換を行った。

　行商ルートは下記の2コースで行われていた。
　　① 喜美留→玉城→内城→赤嶺→久志検の上平川
　　② 喜美留→余多→屋者→竿津→内城

　『国頭字誌』に書かれた塩売りの行商の姿は筆者が現在、東部インドネシアのレンバタ島ラマレラ村で体験しているプネタン（penetang）と呼ばれる行商とまったく同じ風景である。早朝2時に村を出発し、山の村の入口で日の出を待ち、太陽が昇る光景を眺めながら休息している姿は筆者の目に焼き付いている。山の村々をクジラ肉や塩を物々交換して歩く様子はまさに国頭村でかつて行われていた光景と同じである（小島・江上 1999・2002）。

## (2)-2　揚げ浜式製塩

　ポケットビーチなどの小規模な砂丘海岸では自然の塩浜に近い形で鹹砂が作られていた。内喜名、畦布、伊延方面ではカタバルと呼ばれる揚浜式塩田がある（森重勝氏、皆川忠造氏、碩森常氏談）。

　沖永良部島の他に徳之島浅間の塩田が知られるが、この地は明治11年に沖縄本島泡瀬の製塩法（揚浜式）が導入されたといわれているが、沖永良部島では「和泊方畦布村、西方長嶺村に塩浜あり。然れどもその製する所甚だ僅少なり」と報告されている（久野 1954）。明治6年、すでに畦布村、長嶺村に塩田に近いものがあったことが窺える。また柏の『沖永良部島民俗誌』にもカタバルという塩浜が見られる（柏 1970）。

　『和泊町誌』の中で、字瀬名在住の市来武義氏（明治43年生）は製塩の行程を次のように紹介している（和泊町史編集委員会 1984）。

### ① 製塩工程

　1）鹹砂・採鹹

　塩田の広さは1畝から1畝半くらいで細かく砕いた黒土を厚さ5cmくらいに広げ、これに桶（タング）で海から汲んできた海水を塩田に散布し、鹹砂をとる。海水を散布した後、マァーガ（くま手のようなもの）で土をかき混ぜながら、夕方まで数回この行程をくり返す。土が塩分で白ずみ、固くなり、鹹砂ができあがる。これをスノコの上にかき集めて海水をかけ、土に付着した塩を洗い流し、鹹水を採る。下の桶に溜める。

　採鹹装置がどのようなものであったかの記述はない。徳之島の事例を参照すると採鹹装置は次のようなものである。

　　① 採鹹装置はヌイとよばれ、高さ約1.5m、直径約4mの漏斗状で、底は床を組み、筵を敷き、濾過するような装置である。

②　ヌイの内側は初めは赤土製であったが、その後、石製、セメント製に変化した。
　　③　ヌイに砂を入れ、海水をかけると、鹹水が竹の樋をつたって桶に流入する仕組みになっている。
　2）煎熬
　内喜名には共有合わせて5～6箇所の塩焚き小屋があった。
　3）労働力
　鹹水は潮汲み桶（タング）に入れられ、男性により塩焚き小屋に運ばれる。

## 3　東部インドネシアの製塩

　2001年度から調査を実施している東ヌサトゥンガラ州の伝統的な製塩村はフローレス島マウメレ市の郊外に位置するカンポンガラム村（集落）、ソロール島の北東海岸に位置するムナンガ村（集落）、レンバタ島レウォレバ町郊外のキマカマ村（集落）である（フローレス島東部地域）。また、2008年度からはティモール島の北海岸に位置する東ティモール民主共和国との国境付近西ティモールのハリバダ（Halibada）集落、同じ海岸線に位置する東ティモールの首都ディリ（Dili）市近郊のウルメラ（Ulmera）村マネモリ（Mane-Mori）集落を調査している。
　いずれの調査時期も当該地域で製塩が行われる乾季に設定した。五つの村における調査では、海岸地形と製塩地の全容を比較するために製塩設備をすべてカウントし、歩測による概略地図を製作した（図2～図6）。また、フローレス島東部地域の3村では製塩の工程を観察する過程で鹹水の濃度を測定した。塩分濃度は〈アタゴ食塩濃度屈折計S-28E〉を用いて測定し、塩分％（g/100g）値を度数として表記した。
　調査した五つの村は西より、それぞれフローレス島、ソロール島、レンバタ島、ティモール島の四島に所在している（図1）。これらの島々は東経118度～125度、南緯8度～12度の範囲にあり、小スンダ（Sunda）列島のうちでもバンダ（Banda）内弧と称する火山島に含まれる。海岸地形は、火山岩より形成された岩石海岸と砂浜海岸に分けることができ、一部にはサンゴ礁の発達した海岸やマングローブ干潟が形成されている（古川 1990・1992）。
　この地域は熱帯サバンナ気候に属し、明瞭な雨季と乾季がある。雨季は北西季節風（モンスーン）の吹く12月に始まり、3～4月までつづく。特に1～2月は、年間降水量1000～1400mmのほとんどが集中する豪雨が襲う。気温は1月で20°～31°になる。乾季はオーストラリア（Australia）大陸からの乾いた南東貿易風が吹く4月～11月である。この時季には月間降水量100mm以下の月が5～8ヶ月もつづく。気温は最も低い7月で17°～25°ほどである（Monk *et al.* 1997）。
　製塩が行われるのはおもに乾季である。降水日数が少なく低湿度で日照時間が長いこと、海水の蒸発量が多く塩分濃度が増すことも製塩の好条件となっている。調査地の五つの村はいずれも河口域に立地し、マングローブ林の発達が見られる砂泥質の干潟「マングローブ干潟」で製塩を行っていた。以下、それぞれの島の製塩地における製塩方法と工程を述べていきたい。また、各々の村における製塩法を比較するために概略表（表2）および採鹹装置を写真（写真6）として掲げてあるので参照していただきたい。

## (1) フローレス島カンポンガラム集落の製塩

### ① 概　観

　フローレス島は面積 13,540km²、東ヌサトゥンガラ州ではティモール島に次ぐ第二の大きな島で、中央部には火山が連なる。今回調査したシカ（Sikka）県は島の東部に位置し、面積は 1,732km²、人口 274,539 人（2003 年）である。調査地は、シカ県マウメレ郡ロロン（Lorong）村カンポンガラム集落である。

　カンポンガラム集落は、県都のマウメレ市より北西に約 3km の郊外にある。集落は幹線道路から北におよそ 500m、海岸から 300m 内陸に位置し、河口（乾季には涸れる涸川）右岸沿いの孤立した 100a（1ha）ほどの土地に、12 世帯 14 戸約 50 人が居住している。集落を構成する塩田と貯水池を含む土地面積は、150m×250m で 375a ほどである。

　また、河川の左岸には広大な干潟が広がり、鹹砂を採取する土地すなわち塩田として使用している。河川には堤防が築かれ、右岸際に集落がまとまり、その前面には満潮時に海水を引き込むための水路と貯水池が築かれている。集落の北側は小さな湾になっており、沿岸の汀線や河口域の干潟にかけて、おもにマヤプシキ、ヒルギダマシ属、ヤエヤマヒルギ属などのマングローブが生育している。干潟にはシオマネキ、トビハゼ、シレナシジミ、ウミニナなどの動物が見られた。

　カンポンガラム集落は全戸数の成人男女ともに製塩を生業にしている、製塩専業者の集落である。入植移民により形成された比較的新しい集落で、Ａ氏が 20 年ほど前にフローレス島シカ県南岸の村から移住してきた当時は 3 世帯が居住するのみであったという。製塩の伝統村ではなく、周辺村

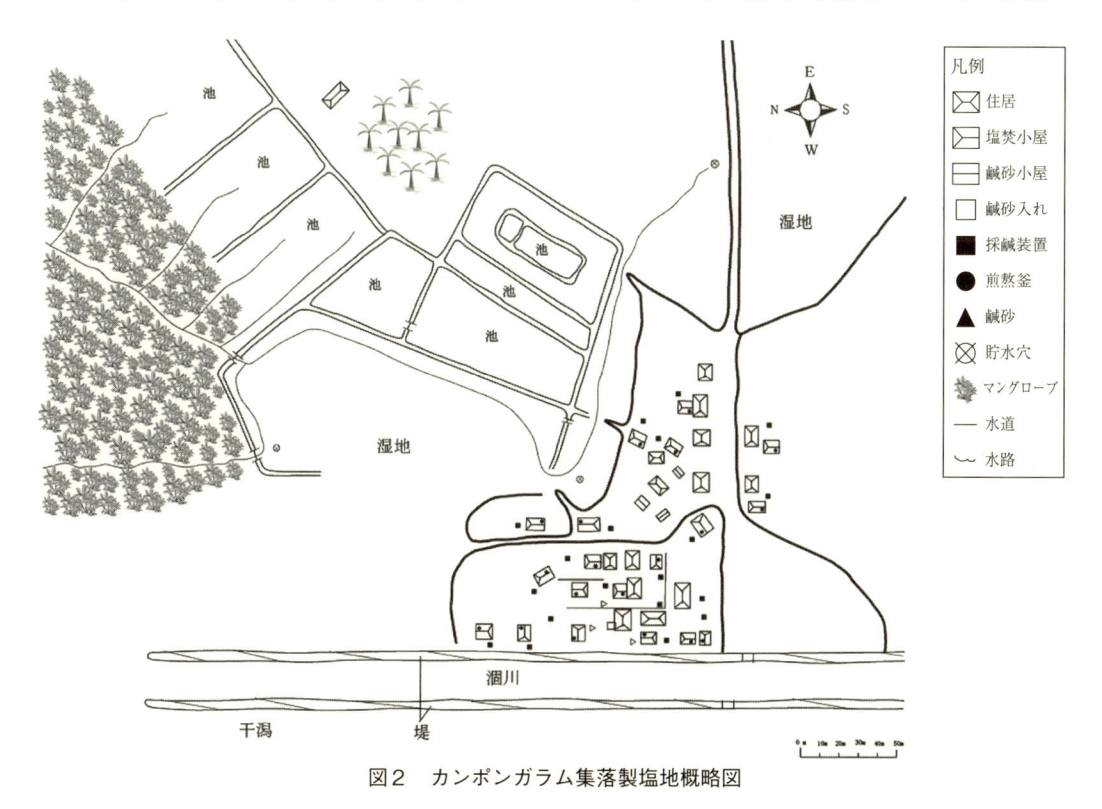

図2　カンポンガラム集落製塩地概略図

表2　フローレス島東部 /

| | カンポンガラム | ムナンガ | キマカマ |
|---|---|---|---|
| 生産戸数 | 14戸 | | |
| 製塩法 | 入浜系塩尻法 3 | 古式入浜法 | 入浜系塩尻法 2 |
| 採鹹砂工程 | | | |
| 　面積 | 広大な干潟　10ha | 90×350m　3.15ha | 30×350m　1.05ha |
| 　地形 | マングローブ干潟 | マングローブ干潟開拓 | マングローブ干潟 |
| 　地質 | 砂泥 | 砂泥 | 砂泥 |
| 　採取用具 | ヤシ核殻 | ヤシ核殻・鉄製堀棒 | 鉄製包丁 |
| 　運搬用具 | 籠・市販カマス・荷車 | ヤシ葉製籠 | ヤシ葉製籠 |
| 　貯蔵場所 | 塩焚小屋・鹹砂小屋3軒 | 塩焚小屋周囲の屋外 | 塩焚小屋・鹹砂小屋9軒 |
| 　期間 | 5月〜11月 | 5月〜11月 | 5月〜11月 |
| 採鹹工程 | | | |
| 　装置設置場 | 塩焚小屋脇　19基 | 塩田内　351基 | 塩焚小屋内　33基 |
| 　溶出装置 | 茅製溶出＋濾過装置 | ヤシ葉製筵 | ヤシ葉製カゴ2個 |
| 　濾過装置 | カマス・灰・サンゴ片 | ヤシ葉製漏斗を吊るす | ヤシ葉6枚を敷く |
| 　潮汲み場 | 貯水池 | 塩田内海水溝の貯水池 | 干潟の貯水穴 |
| 　鹹水容器 | ヤシ刳りぬき | バケツ（以前は土器） | シャコガイ |
| 　骸砂 | 採鹹場所に廃棄 | 塩田内に撒布して再利用 | 干潟に運搬して放置 |
| 煎熬工程 | | | |
| 　塩焚小屋 | 30㎡　19軒 | 18㎡　38軒 | 10㎡　22軒 |
| 　煎熬釜 | ドラム缶切断した自製長方形鍋　82〜86ℓ　19釜 | ドラム缶を輪切りに切断した丸鍋　32〜34ℓ　44釜 | 市販の鉄製丸鍋　7ℓ　36釜 |
| 　結晶塩取具 | ヤシ核殻製柄杓 | ヤシ核殻製柄杓 | ヤシ核殻 |
| 　塩取籠 | ヤシ葉製四角錐 | ヤシ葉製四角錐 | ヤシ葉製四角錐 |
| 　包装菰 | ポリエステル製カマス　アダン葉製袋 | ヤシ葉製袋　ヤシ葉製小篭 | ヤシ葉製袋　ヤシ葉製小篭 |
| 　燃料 | 薪材・ヤシ殻を購入 | 焼畑地で薪を採集 | 焼畑地で薪を採集 |
| 販売 | | | |
| 　定期市場 | マウメレ　毎日 | ワイウェラン　月・木曜日　ララントゥカ　毎日 | レウォレバ　月曜日　ハダケワ　水曜日 |
| 　小売り単位　単価Rp | 1カップ　1,000ml　1,000Rp | 1ランタン1kg　1,000Rp | 1スンペ　300〜400g　500Rp |
| 　御売り単位　単価Rp | 1カルン　50kg　40,000〜50,000Rp | 1ソカール　16kg　10,000Rp | 1ソカール　10kg　10,000Rp |
| 　物々交換 | なし | 1ランタン＝トウモロコシ粒2ランタン | 1スンペ＝トウモロコシ10本 |

**ティモール島製塩概略表**

| ハリバダ | マネモリ |
|---|---|
| 30戸 | 50戸 |
| 入浜系塩尻法 3 | 入浜系塩尻法 3 |
| | |
| 広大な干潟　18ha | 広大な干潟　12ha |
| マングローブ干潟 | マングローブ干潟 |
| 砂泥 | 砂泥 |
| 鉄製鍬 | スコップ |
| ヤシ葉製籠 | ヤシ葉製籠 |
| 塩焚小屋周囲の屋外 | 塩焚小屋周囲の屋外 |
| 5月〜11月 | 6月〜10月 |
| | |
| 塩焚小屋脇　40基 | 塩焚小屋脇　43基 |
| 木枠＋ゲワンヤシ葉製筵＋大粒の白砂 | 木枠＋細竹＋サンゴ片 |
| ゲワンヤシ葉製パネル4枚を敷く | ゲワンヤシ葉4枚を敷く |
| 干潟の井戸　深さ4m | 干潟の貯水池 |
| 木刳りぬき | ヤシ刳りぬき |
| 採鹹場所に廃棄 | 採鹹場所に廃棄 |
| | |
| 22㎡　40軒 | 33㎡　22軒 |
| ドラム缶切断した自製長方形鍋　68〜72ℓ　41釜 | ドラム缶切断した自製長方形鍋　120ℓ　22釜 |
| ヤシ核殻製柄杓 | ヤシ核殻製柄杓 |
| ヤシ葉製丸籠 | ヤシ葉製丸籠 |
| ポリエステル製カマス | ポリエステル製カマス |
| 焼畑地で薪を採集 | 焼畑地で薪を採集 |
| | |
| アタンブア　週1回 | リキサ　週1回 |
| 1籠　15,000Rp | 1籠　1ドル50セント（約15,000Rp） |
| 1カルン　50kg<br>　　40,000〜50,000Rp<br>雨季　70,000Rp（100〜200袋貯蔵） | 1カルン　50kg　7ドル<br>（約70,000Rp） |
| なし | なし |

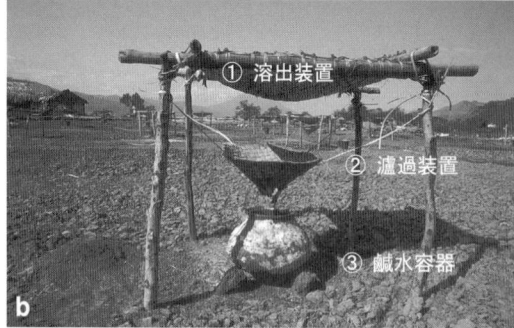

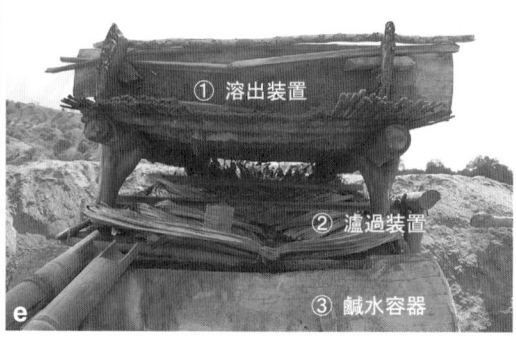

写真6 採鹹装置
a カンポンガラム集落
b ムナンガ集落
c キマカマ集落
d ハリパダ集落
e マネモリ集落

と地縁的なつながりがないことは、塩の物々交換がない事実や常設市場で現金取引のみで毎日販売していることなどにも現れている。

② 製塩方法

当地では入浜系塩尻法による製塩が行われていた。塩尻法とは採鹹後の鹹砂残滓はその場に廃棄して再使用しない略奪的な方法である。現在14戸の各戸につき1軒の塩焚小屋を所有し、2軒を所有する家が5戸あるため、塩焚小屋の総数は19軒である。塩焚小屋内部には塩を焚く煎熬釜が一釜置かれ、その横には鹹砂が大量に貯蔵してある。そのほかに鹹砂小屋が3軒ある。採鹹装置は濾過装置を兼ねており、小屋に隣接した屋外に設置され、小屋と同数の19基ある。鹹砂小屋、採鹹装置は図2のように配置されている（写真6-a）。集落名のガラム（garam）はインドネシア語で塩のことであるが、塩の地方名はシカ語でヒニ（hini）という。ここでは観察したB氏の製塩工程を見ていくことにしたい。

③ 製塩工程
1）鹹砂の採取

河口域の広大な干潟のうち、塩分が付着して白くなっている砂泥の表面をココヤシの核殻片を用いて掘り起こして掻き集める。この砂泥が鹹砂タナ・ヒニ（tanah hini）であり、家族総出で集めて籠に入れ（子供も手伝う家族労働である）、ビニール製カマスに詰めて荷車で運搬して塩焚小屋クウ（kuwu）に大量に収納しておく、典型的な鹹砂貯蔵法である。

なお、塩の微細結晶の付着した土は製塩用語に従って「鹹砂」を用いるが、土壌はマングローブ干潟内陸部特有のむしろ土と呼ぶべき砂泥である。彼らの用語でも砂（pasir）ではなく土（tanah）という言葉を使用しており、「土」と認識をしている。この鹹砂の性質とその認識は、今回の5調査地域に共通してみられたことがらである。

2）採　鹹

筆者が製塩の観察を始めたのは午前10時からである。B氏とその妻は朝5時半から作業をしており、すでに1回目の採鹹を終え1釜目の煎熬に入っている。1回目の採鹹により溶出した鹹水ワイ・ヒニ（wai hini）の残りがバケツに溜めてある。煎熬の火加減を確認しながら、1回目に使用した鹹砂の残滓を捨て、採鹹装置オハ（oha）の清掃をすることから2回目の採鹹作業が始まった（写真7）。

① ロンタールヤシの葉で編んだ籠ソドゥ（sodu）、直径37cm、高さ26cm、体積約29ℓに軽く15杯分約350ℓの鹹砂を採鹹装置に入れる。
② 朝に溶出した鹹水（濃度21%）バケツ（8ℓ）9.5杯分約76ℓを採鹹装置に注ぐ。
③ 塩田内の海水汲み場より運んできた海水（濃度3.5%）バケツ4杯分約32ℓを足し採鹹装置を満杯にする。
④ 採鹹装置の底部から鹹水が滴り落ちはじめ、これを受けるヤシの幹を刳りぬいた鹹水容器ドゥラン（dulang）に溜まりはじめる（濃度22%）。
⑤ さらに、海水バケツ4杯分約32ℓを注ぐ。
⑥ 鹹水容器に溜まった鹹水は汚れを漉すために再度採鹹装置に戻して注ぐ。
⑦ バケツ（9ℓ）14杯分126ℓの鹹水（濃度25.3%）が採れる。
⑧ 最終的には1回の採鹹で、350ℓの鹹砂に鹹水9.5杯と海水8杯の158ℓを注ぎ、鹹水14杯126ℓと2杯18ℓで計144ℓが採れた。
⑨ 鹹砂は1回だけ使用して周りに廃棄する。

3）煎　熬
① 12時半、バケツ8杯（72ℓ）を煎熬釜コウイク（kouik）に入れる。6杯（54ℓ）は残しておく。
② 15時半に塩ができ、塩取籠タピン（taping）にあげ、苦汁を切

写真7　塩焚き小屋内部の長方形煎熬釜

る。煎熬時間3時間。
③ 1釜を2回、約6時間焚いて塩取籠に山盛り1杯約70kgの塩を得る。
④ 空いた煎熬釜には、先ほどの残り6杯（54ℓ）と午後にもう一度採鹹した2杯（18ℓ）を加えて煎熬釜に注ぎ満杯にしておく。明日一番で煎熬するための準備である。

4）製塩道具

【採鹹装置 oha】形は四角錐で材料は茅でできている。上部は溶出装置、下部は濾過装置と両方を兼ねている（採鹹装置の名称については写真6-aを参照）。枠の大きさは150cm四方、溶出装置部分は1m四方で深さ35cmの正方形で、ここに鹹砂を入れる。容積約350ℓ。濾過装置部分は中央にある直径45cmの穴であり、その中の最下部のサンゴ石上にサンゴ片が詰めてある。その上にビニール製カマスを敷いて5cmの厚さで灰をいれ、再びビニール製カマスを敷いている。さらに、その上に鹹砂を入れ、溶出した鹹水はこの濾過装置を通って下の鹹水容器にたまる。5〜6年の使用が可能である。

【鹹水容器 dulang】ヤシ丸太材をくり抜いて自作する。容積約50ℓ。

【煎熬釜 kouik】ドラム缶を30,000ルピアで買って自作する。160cm×74cm高さ7cmの長方形で体積は82〜86ℓ。

【結晶塩取具 paka】ヤシ核殻製柄杓。

【塩取籠 taping】ロンタールヤシの葉を編んで自作する。大きさは底辺54cm×47cmで高さ60cmの四角錘で体積は50.76㎥。

【塩俵（包装菰）karung】市販のポリエステル製カマス。アダン葉製袋（lepong）も使用する。

5）燃　料

燃料は薪を使用している。村は町近郊の沿岸に立地し、後背地がなく、近隣で採集できない。燃料には2種類あり価格が異なる。木材の薪は小型のトラック1杯で150,000ルピア、ヤシ殻の薪は同じく100,000ルピアであり、いずれも運搬のトラック代50,000ルピアが別途必要である。トラック1杯の薪は5日間で消費し、1日の薪代は40,000ルピアとなる。この場合の塩の生産量は、1日3回煎熬して50kg入り袋を2袋、100kgだという。これを1袋40,000ルピアとして2袋80,000ルピアで販売すると、売り上げの半分は燃料代で消えることになる。

6）販売と流通

生産された塩は、一袋50kg入りで通常40,000ルピア、最高値50,000ルピアで販売する。そのほか、常設市場に確保した場所で一般消費者向けに毎日小売りをする。そこでは自らビニール袋に小分けし、ビニール袋一袋100ルピア、一山10個で約1kgを1,000ルピアで販売する。1日の売り上げは20,000ルピア程度で、市場への車代は往復2,000ルピアかかる。

(2) ソロール島ムナンガ集落の製塩

① 概　観

ソロール島はフローレス島東端の東部に隣接するソロール諸島の一島で、面積は222km²、石垣島とほぼ同じ面積をもつ。東西に細長い島の中央から東部にかけて標高400〜800mの山が連なり、傾斜地は焼畑放棄跡の草原、二次林が目につく。

調査地は、東フローレス（Flores Timur）県東ソロール（Solor Timur）郡ムナンガ村ムナンガ集落である。東フローレス県の面積は1,813km²で人口は213,577人である（2003年）。ムナンガ村はソロール島の東端より約10kmの北岸に位置し、東ソロール郡の郡都にもなっている半農半漁の村である。大きく湾入した入り江の河口左岸から丘陵地にかけて400世帯以上が居住している。河口域入り江の河口域から内陸河岸、さらに沿岸部の干潟にかけてマングローブの生育が見られる。ここでも、マヤプシキ、ヒルギダマシ属、ヤエヤマヒルギ属などが生育し、干潟にはシオマネキ、トビハゼ、シレナシジミ、ウミニナなどの動物が見られた。

河口域の右岸側にも広範囲にマングローブ林が卓越している。ムナンガ村から東の海岸一帯は浜辺の小規模な河川とマングローブ林があり、それが立地条件となり製塩が行われている。カウタ（Kawuta）村、ラマカル（Lamakalu）村（口絵4上）の2箇所を観察した。

村は幅3kmほどの狭いソロール水道をはさんでアドナラ（Adonara）島に面し、大型定期船の寄港地であり、商店が並び定期市が立つアドナラ島の商業の中心地ワイウェラン（Waiwerang）町までは船で40分の距離にある。

このうち143世帯が暮らすムナンガ集落は、東フローレス地域における伝統的な製塩村「タナ・ガラム（Tanah Garam）＝マラユ語で〈塩土・塩の土地〉の意」として知られている。R. バーンズが報告しているポルトガルの記録によると、1598年ソロール島北岸のロハヨン村にあるドミニカン要塞を近隣のムスリムたちが攻撃する際に「タナ・ガラム」から攻撃を始めた。そこが地元民が交易する塩を作る場所であったことがその理由である（Barnes 1993）。それ以降のヨーロッパの記録でも、ここの塩は内陸部、近距離との交易品として重要な役割を担っていたことが記載されている。

生業は焼畑農業で、製塩は女性のみの仕事であるが、重要な現金収入源としていまも村経済を担っている。集落のうち製塩に利用されている土地面積は、沿岸の120m×350mで420aほどである。現在70家族以上が製塩を行っている。塩の地方名はラマホロット語でシア（sia）という。

② 製塩方法

当地では、入浜塩田の初期の形態である古式入浜法による製塩が行われている。伝統的な製塩村らしく、3村のなかでは唯一塩田設備といえるものを備えている。マングローブ干潟を開拓し、潮汐によって海水を導入する浜溝（水路）や海水の流入を防ぐ堤防などを築いている（写真8）。

現在、塩焚小屋ナジャン（najang）の総数は38軒である。塩焚小屋内部にはドラム缶の底部を輪切りにした丸型煎熬釜が置かれ、総数は44釜である。鹹砂は塩焚小屋周囲の屋外に山になって貯蔵してある。採鹹装置は、溶出装置の下にヤシ葉製の漏斗状濾過装置を吊るして組み合わせたもので、塩田内に多数設置され、採鹹後の残滓は直ちに塩田内に戻されて再利用される。鹹砂

写真8　塩田と潮が上がってきた水路

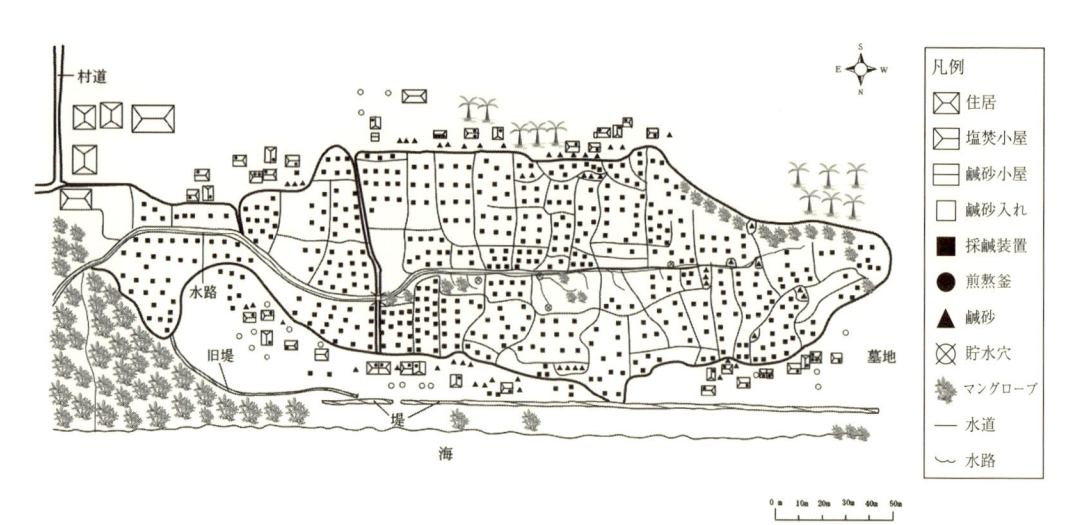

図3 ムナンガ集落製塩地概略図

小屋、採鹹装置は図3のように配置されている。

　塩田内の同一地盤で採鹹砂—採鹹—撒砂・乾燥—採鹹砂の工程がくり返される。大潮の満潮時のみ海水は水路を通って入り、これが毛細管現象により地盤表面に塩を析出させる。水路の一部に潮汲みの穴が掘ってあり、これを汲んで溶出に利用している。

　③ 製塩工程
　1）鹹砂の採取

　塩田は細かく仕切られ、それぞれの所有者が決まっている。各自が所有地内で鹹砂の採取を行い、そこに採鹹装置を約20個設置している。鹹砂を採る方法には2種類あり、それによってできる塩の質がちがう。ひとつは、掘棒で軽く地面を掘りおこす方法で、粗い塩ができる。いまひとつは、ヤシの核殻を道具にして表土だけを薄く削り取る方法で、細かい塩ができる。採取した鹹砂は籠に集め、採鹹装置に直接入れる（採鹹装置の名称については写真6-bを参照）。

　2）採　鹹
　　① ロンタールヤシの葉で編んだ籠バクル（bakul）に7杯約70ℓの鹹砂を採鹹装置プナピス（penapis）に入れる。
　　② 均しながら周囲に土手を作り、中央を高く盛り上げ山にする。
　　③ バケツ（6ℓ）3杯の海水（濃度3.5%）18ℓを溶出装置に一度に注ぐ。
　　④ 溶出装置内の鹹砂を手でかき混ぜてどろどろの鹹砂とする。まだ鹹水は滴らない。
　　⑤ バケツ（6ℓ）6杯の海水36ℓを溶出装置に注ぐ。海水の合計54ℓ。
　　⑥ 濾過装置から鹹水が滴り落ちはじめ、鹹水容器のバケツ（9ℓ）に溜まりはじめる。1時間20分ほどでバケツ1杯が採れる。この鹹水8ℓは汚れを漉すために再度溶出装置に戻して注ぐ。
　　⑦ 鹹水容器のバケツ（9ℓ）に2杯、約18ℓの鹹水（濃度25%）を採る。
　　⑧ 残りの濃度の薄い鹹水（濃度15%）バケツ3杯約27ℓは蓄えておき、次回に注ぐ。結果的に70ℓの鹹砂に海水54ℓを注ぎ鹹水45ℓが採れた。

⑨ 以上の工程を2箇所以上の採鹹装置で行う。鹹砂は1回だけ使用して交換する。
3）煎　熬
① 2箇所の採鹹装置から採った鹹水バケツ（9ℓ）4杯分36ℓの鹹水を煎熬釜クアリ（kuali）に入れて焚く。
② 3時間焚いて塩が結晶する。約8kgの塩を得る。
③ 塩取籠ノメ（nome）に移し入れて苦汁を抜く。
④ 1日2釜で1ソカール（sokalという籠の単位）、約16kgの塩が取れる。
4）製塩道具・採鹹装置
【採鹹装置 penapis】溶出装置の形は75cm四方の正方形で材料はロンタールヤシ葉で編んだ筵でできていて、ここに鹹砂を入れる。容積約70ℓ。その下にロンタールヤシ葉製で六角形の漏斗状の濾過装置を吊るしてある。
【鹹水容器 ember】プラスチックバケツ、以前は移入品の土器製の甕。
【煎熬釜 kuali】ドラム缶を輪切りにして自作。直径58cm 高さ12cmで体積は32～34ℓ。
【結晶塩取具 nuro】ヤシ核殻製柄杓。
【塩取籠 nome】ロンタールヤシの葉を編んで自作する。大きさは底辺36cm×37cmで高さ33cmの四角錘、体積は14～15ℓ。
【塩俵（包装莚）sokal】ロンタールヤシの葉を編んで自作する。容量は約16kg。
【塩俵（包装莚小籠）lantang】市場で小売用に使用する小籠。容量は約1kg。
5）燃　料
　燃料は薪を使用し、主に後背地で自ら採取するので元手はかからない。焼畑耕作地に残っている木を利用することも多い。マングローブは伐採が禁止されている。薪を購入する場合は、隣のアドナラ島から1キュービック約40本を15,000ルピアで手に入れる。1キュービックで塩俵20ソカールの塩が生産できる。1ソカール10,000ルピアで販売するとそのうちの燃料代は750ルピアになる。
6）販売と流通
　生産された塩は貯蔵しておき、ムナンガ村に立つ木曜日の定期市で販売する。塩俵ソカール1袋を10,000ルピアで販売する。また、ランタンと呼ぶ1ℓ容器1杯約1kg 1,000ルピアでの量り売り、トウモロコシ2に対して塩1で物々交換も行う。地域随一の生産地なので需要は多く、各地から塩を求めて買い付けに来る。買手は供給された塩を島内各地やアドナラ島、レンバタ島、フローレス島などで販売する。塩は必需品であり、物々交換における価値基準を計る商品であるため、ムナンガ村は各地の物産が集結する交易地として栄えた歴史がある。また、アドナラ島ワイウェラン町の月曜日と木曜日の定期市での販売も行う。

(3) レンバタ島キマカマ集落の製塩

① 概　観
　レンバタ島は1,242km²の面積をもつソロール諸島最大の島である。沖縄島よりやや大きい島である。標高1,000～1,600mの高山が連なり、荒々しい印象を与える火山島である。調査地は、

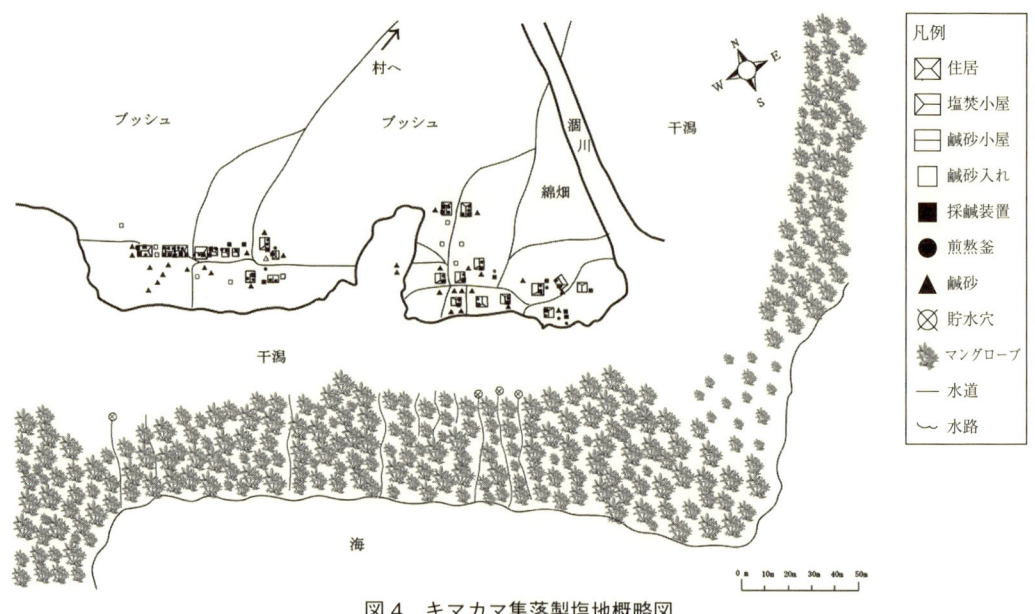

図4 キマカマ集落製塩地概略図

　レンバタ県イレアペ郡ワトディリ（Watodiri）村キマカマ集落である。レンバタ県の人口は96,567人、イレアペ郡の面積は135km²で人口は14,620人である（2003年）。

　キマカマ集落は、島の北岸中央部にある県都レウォレバ（Lewoleba）町より東に約13km、ワイエガ（Waienga）湾の西岸南部奥に位置している。東側を海、南側を小さな湾に囲まれ、北には噴煙を上げる1,449mの独立峰イレアペ山の裾野が広がっている。村の西側にはイレアペ山からの川（乾季には涸れる涸川）が貫流し、河口域の干潟から沿岸域全体に、マヤプシキ、ヒルギダマシ属、ヤエヤマヒルギ属などのマングローブが生育している。

　特徴的なことは、浜辺にはおびただしい数のシャコガイ類の殻が散乱していることである。素潜りの潜水漁法により、自家消費用に採取したものだという。食用にした後の貝殻の大きなものは鹹水を溜める容器として利用している。集落名のキマカマは、キマはシャコガイ、カマは貝殻を意味し、この貝殻容器に由来している。干潟は海岸からの奥行きは比較的狭いが、小さな湾全体に広がっている。製塩が行われている場所は河口付近のみで施設・設備を含めて極めて小規模である。

　ワトディリ村の世帯数は約150戸、農業を生業とし、自家消費のための小舟による漁もわずかながら行っている。女性による絣織物の生産は名高いが、製塩は村の中でもキマカマ集落の女性のみが行っている。集落のうち製塩に利用されている土地面積は、沿岸の90m×300mで270aほどである。塩の地方名はラマホロット語でシア（sia）という。

② 製塩方法

　当地では入浜系塩尻法による製塩が行われている。おそらく、3村のうちで最も原初的な形態を保っていると思われる。現在塩焚小屋ルラン（lurang）の総数は22軒である。塩焚小屋には市販の鉄製丸型煎熬釜が置かれ、その数は36釜あり、その後部には鹹砂が貯蔵してある。それとは別に鹹砂小屋が9軒建てられている。鹹砂小屋、採鹹装置は図4のように配置されている。

　採鹹装置も小屋内の煎熬釜の脇に設置され、33個ある。装置は極めて質素で、鹹砂を入れた

ロンタールヤシ葉製の籠を溶出装置とし、下にロンタールヤシ葉を6枚敷いて濾過装置としている（口絵4下）。鹹水はシャコガイの殻に溜められていた。ここでは、屋外に石を集めただけの炉を作り煎熬している例も4箇所見られた。採鹹後の残滓は小屋の脇に山になっており、これを塩尻と呼ぶ。これはあとで干潟に撒き返している（写真9）。

写真9　採鹹後の残滓の山と塩焚き小屋

③ 製塩工程
1）鹹砂の採取
　塩焚小屋の目の前にある干潟で、塩分が付着して白くなっている砂泥を小刀などで削り取り掻き集める。バケツに入れて塩焚小屋内部の鹹砂入れルハ（luha）に貯蔵しておく。また独立した鹹砂小屋が9軒ある。
2）採鹹（採鹹装置の名称については写真6-cを参照）
　① ロンタールヤシの葉で編んだ籠クデセ（kedese）、直径37cm、高さ26cm、体積約28ℓに鹹砂を入れ、そのまま溶出装置として利用する。この2籠を濾過装置マア（mah）の上に置き、2籠それぞれから同時に鹹水を採る。
　② バケツに入れた海水（濃度3％）を各々の溶出装置に10.5ℓずつ徐々に注ぐ。
　③ 濾過装置から鹹水が滴り落ちはじめ、これを受けるシャコガイの殻を利用した鹹水容器キマ（kima）に鹹水が溜まりはじめる。
　④ 2時間半位でシャコガイ殻の鹹水容器が満杯になり、約7ℓの鹹水（濃度25％）が2容器分採れる。
　⑤ 鹹砂は5回くり返し採鹹して、1日分の鹹水を採る。骸砂は小屋の前の干潟に戻す。
3）煎　熬
　① 1容器分7ℓの鹹水を脇に設置してある煎熬釜、市販の鉄製丸鍋クアリ（kuali）に入れる。
　② 2時間焚いて、1釜1.75ℓ、約2kgの塩が結晶する。
　③ 塩取籠ノメ（nome）に移し入れて苦汁を抜く。
　④ 1釜分の煎熬を1マタ（mata）といい、1日に5釜焚いて5マタ・10kgでノメが満杯になるので1ノメと呼ぶ塩を得る。これが1日の工程になる。煎熬釜を2台持つ人は一度に2釜焚いて1日2ノメ、20kgを生産する。
　⑤ 1マタ分2kgの塩を小売り用のヤシ葉製小籠スンペ（sempe）に4個に分けて詰める。1日に20スンペが出来上がる。
　⑥ 使用後の骸砂は小屋の前で山になっている。
4）製塩道具・採鹹装置
　【採鹹装置 mah】溶出装置は、日常において多目的に使用する四角形のロンタールヤシ葉製籠を利用している。竹を並べた台の上にロンタールヤシ葉6枚を敷いて濾過装置とし、その上に

溶出装置の籠を2個置いている。

【鹹水容器 kima】地先で採れた大型のシャコガイ（オオジャコ）の殻を利用、幅46cm×長さ55cm、容積約20ℓ。

【煎熬釜 kuali】市販の鉄製丸鍋で直径41cm。フローレス島で入手する高価な貴重品であり、価格は100,000ルピアはする。4～5年使用可能である。

【結晶塩取具 kedila】ヤシ核殻。

【塩取籠 nome】ロンタールヤシの葉を編んで自作する。大きさは直径30cmで高さ30cmの三角錘で容積は約8ℓ。

【塩俵（包装茣）sokal】ロンタールヤシの葉を編んで自作する。容量は約10kg。

【塩俵（包装茣小籠）sempe】市場で小売用に使用する小籠容量は約500g。

5）燃　料

燃料は女性自らが採集した薪を使用している。村の生業は農業であり、後背地の山地で焼畑耕作によりトウモロコシ、陸稲、豆類などを生産している。こうした山地で小規模な製塩用薪の入手は可能である。

6）販売と流通

1釜約2kgの塩を、小売り用のヤシ葉製小籠スンペに4個に分けて詰める。

1日20スンペ10kgの塩を生産、販売価格は1スンペ500ルピアで20スンペで10,000ルピアである。1週間で100スンペ、人によって150スンペの生産量になる。1スンペは物々交換するとバナナ、トウモロコシ、サツマイモ10本と等価である。

販売は主に定期市で、1日で50～60スンペを売る。値引き販売としてスンペ5個で2,000ルピア、小振りのスンペ3個で1,000ルピアなどがある。また、量り売りではランタンと呼ぶ1ℓ容器が普通に用いられ、1ランタン約1kgは1,000ルピアで販売される。

定期市は月曜日に県都レウォレバ町と水曜日にハダケワ（Hadakewa）町で開かれ、レウォレバ町往復のバス代は7,000ルピア、ハダケワ町往復のバス代は5,000ルピアかかり、大きな出費である。県内最大の定期市レウォレバ町で供給された塩は、県内各地に流通していく。

7）変　化

調査期間中の1年間（2003年）の変化として、溶出装置のヤシ製籠の使用を止めてポリエステル製カマスを溶出装置に使用しはじめていることがあげられる。ヤシ製籠のように傷まないからだろう。また、鹹水容器もシャコガイの殻からプラスチックのバケツに変わっていた。これも軽くてそのまま持ち運びできるからだろう。身近に手に入る自然素材を利用した質素な採鹹装置が消え、数年後にはもう見られなくなり、簡便で耐久性はあるが見るからに粗末な採鹹装置の使用が一般的になることは間違いない。

事実4年後の2007年8月の観察では、すべての溶出装置がポリエステル製カマスに変わり、伝統的な製塩用具はすでに消滅していた。

(4) ティモール島北岸の製塩

ティモール島は面積約30,777km$^2$、インドネシア領東ヌサトゥンガラ州に属する西ティモールと、

2002年に独立した東ティモール／東ティモール民主共和国（Democratic Republic of Timor-Leste）に分かれている。

西ティモールは、面積約 15,850 km² に約 155 万人が暮らし、1 都市（クパン市）4 県（クパン県、TTS 県、TTU 県、ベル（Belu）県）からなり、州都のクパン市は南西部にある。宗教はカトリック教徒が6割、プロテスタント教徒が3割でキリスト教徒が9割を占める。言語は西部ではダワン語、東部ではテトゥン語が主要な言語であり、国境地域では少数ながらブナッ語、ケマック語が話されている。伝統的な生業は焼畑農業によるトウモロコシ、陸稲、豆類の栽培で、牛の牧畜も盛んである。

東ティモールは面積 14,874 km²、115 万人が居住している。行政的には 13 県で構成され、首都は北岸のディリ市に置かれている。宗教はカトリック教徒が9割以上、公用語はポルトガル語とテトゥン語であるがマンバエ語など 18 の地方語があり、インドネシア語は現在も広く話されている。伝統的な生業は焼畑農業によるトウモロコシ、陸稲、芋類の栽培で、コーヒー豆栽培も盛んである。

ティモール島における製塩は、インドネシア領である西ティモールの南岸では州都クパン市周辺など数箇所の村で行われている。島の北岸ではベル県での製塩が知られている。東タシフェト（Tasifeto Timur）郡シラワン（Silawan）村ハリバダ（Halibada）集落、および隣接するカクルメサ（Kakulukmesak）郡ケネビビ（Kenebibi）村が名高い製塩村である。いっぽう、ティモール島の東半分にあたる東ティモールの北岸では、リキサ（Liquiçá）県のいくつかの村で製塩が行われている。バザールテテ（Bazartete）郡ウルメラ（Ulumera）村マネモリ（Mane-Mori）集落が首都のディリ市から比較的近い製塩の村である。

以下、2箇所の製塩地における製塩方法と工程を述べていきたい。

### (4)-1　西ティモール、ハリバダ集落の製塩
#### ① 概　観

調査地のベル県は西ティモール東部の東経約 124°50′〜125°10′、南緯約 9°〜9°40′に位置し、面積 2,446 km²、人口 345,681 人（2008 年）である。県都は北部のアタンブア（Atambua）町に置かれている。

調査した製塩村は、東タシフェト郡シラワン村ハリバダ集落である。集落は、アタンブア町から北に約 38 km の距離、港町アタププ（Atapupu）町と東ティモール民主共和国との国境の村モタアイン（Motaain）村との間にあり、国境から 4 km 西に位置している。シラワン村の製塩は先祖伝来の伝統産業である。

立地はサウ海に面するモタアイン村の河口左岸に 4 km にわたって広がるマングローブ林の左端に位置している。集落のうち製塩に利用されている土地は、集落を貫通する幹線道路の北側に広がるマングローブ干潟の一部で、奥行き 200 m、幅 900 m で面積 18 ha ほどである。製塩の採鹹装置は前述したフローレス島のカンポンガラム集落のものに近い。塩の地方名はテトゥン語でマシン（masin）という。

現在、集落では 30 家族約 60 人が製塩に従事しているが、以前は 76 家族もの人々が製塩を行っていた。5月から 11 月までの乾季（農閑期）だけ製塩を行って販売し、12 月から 4 月までの雨季は農業に従事している。

図5　ハリバダ集落製塩地概略図

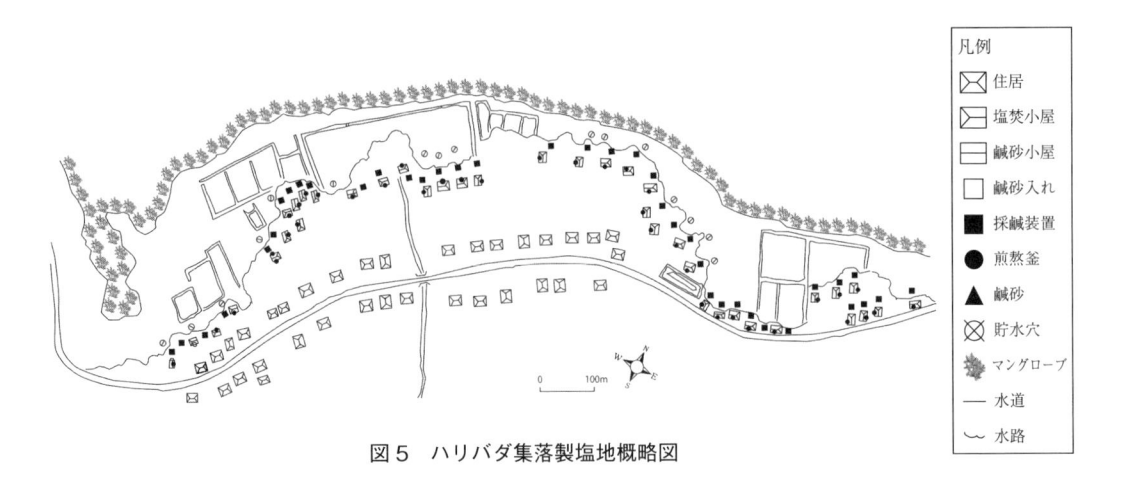

　当製塩地の特徴として、干潟に海水汲み場用の井戸を掘っていることがあげられる。これには製塩地干潟の自然環境がかかわっている。鹹砂採取場の干潟は奥行き50mほどしかないが、その先にはマングローブが繁茂しているうえに海岸まで300～500mもの距離があるためにアクセスが困難であることがその理由である。井戸は直径1m未満で深さは3～4m、底に溜まった海水をロープで結ばれたバケツで汲みだす。各戸で1箇所確保している（写真10）。

② 製塩方法

　当地では入浜系塩尻法による製塩が行われている。塩焚小屋の総数は40軒あり、小屋内部には塩を焚く煎熬釜（約70ℓ）が1釜ずつ置かれ、合計41釜ある。採鹹装置は小屋の干潟側の屋外に設置され、小屋と同数の40基ある（図5）。鹹砂は干潮時にマングローブ干潟で採砂され、採鹹装置周囲の屋外に山になって貯蔵してある。同様に採鹹後の残滓も採鹹装置の干潟側正面に廃棄され山になっている。

③ 製塩工程

　朝5時から煎熬が開始される。前日から採取した鹹水を煎熬釜に入れ、煎熬する。

1）鹹砂の採取

　鹹砂（rai masin）は満潮時あるいは雨季に備えて採鹹装置周囲の屋外に山積みされて貯蔵されている。雨よけのためにゲワンヤシの葉で覆われている。採砂作業はほとんどが女性の仕事である。

写真10　井戸を掘り、底に溜まった海水をバケツで汲みだす

2）採鹹

　採鹹装置（tataes）は溶出装置と濾過装置から出来ている（写真6-d）。溶出装置（kasesek）の大きさは1.9m四方の矩形に枠を組み、壁面を粘土で固め、底にゲワンヤシ葉製マット（leni）を敷いたものである。底部にはかなり大粒の白砂（rai henek）を一面に敷き詰めてあり、その上に鹹砂を入れ海水（tasi wen）を注ぐ。濾過装置（kaceni keleni）は溶出装置の下にゲワンヤシの葉で編んだパネル（keleni）を2～4

枚重ねて組み合せている。一番下のパネルは葉柄の一部を切り残して鹹水（masin wen）が滴るパイプの役目を負わせ、鹹水が容器に落ちるように工夫している。鹹水容器は刳りぬいた丸木（haok）、プラスチックバケツ、丸木舟などが利用されている。

① 溶出装置にゲワンヤシの葉で編んだ籠（koe）12～13杯の鹹砂を入れる。
② バケツ5～6杯の海水を一度に注ぎ、その後、バケツ6杯分の海水を少しずつ注いでいく。
③ 濾過装置から鹹水が滴り落ちはじめる。10時間ほどで60ℓほどの鹹水が採れる。鹹砂を取り換え、2回濾過し、濃度を高める。
④ 鹹砂は1回だけ使用し、周りに廃棄する。

3）煎　熬
① 煎熬にはドラム缶を利用して自作した長方形の釜を使用する。
② 採鹹装置から採った鹹水50ℓを煎熬釜に入れる。
③ 3時間ほど炊き、塩が結晶する。
④ 煎熬釜の横に置いた籠に直接入れたままで放置する。
⑤ 1釜で約20kgの塩を得る。
⑥ 1日2釜、薪が豊富なときは3釜、この工程を繰り返し、約50kgの塩を得る。

4）製塩道具
【採鹹装置 tataes】溶出装置の形は120～190cm四方の短形で材料は枠が木製でそれ以外はゲワンヤシが使用されている。濾過装置もゲワンヤシの葉が使用され、葉柄の部分をうまく容器に注ぐパイプとして使用している。
【鹹水容器 haok】丸太を刳り抜いたものや丸木舟を再利用しているものもある。最近はプラスチック製バケツを使用している箇所もみられる。
【煎熬釜 belek】ドラム缶を伸ばし、長方形の容器を自作している。長軸140cm×短軸70cm×高さ8cmで体積68～72ℓ。
【結晶塩取具 kanedok】ヤシ核殻製柄杓。
【塩取籠 koe】ゲワンヤシの葉で編んだ籠。
【塩俵（包装菰）karung】ポリエステル製のカマスを使用。一日に1袋（50kg）の塩をつくる。

5）燃　料
燃料とする薪は男性が後背地の焼畑地から自家採集。

6）販売と流通
週に一度アタンブア町の常設市場まで5～6袋をバスに乗せて運び販売する。バス運賃は往復14,000ルピアとそのほかに塩一袋につき5,000ルピア、合計約40,000ルピアが必要になる。販売価格は50kg袋で5万ルピア（約500円）である。また、70,000～80,000ルピアまで価格が高騰する雨季に販売するために一戸あたりで100～200袋の塩を貯蔵している。

(4)-2 東ティモール、マネモリ集落の製塩

① 概　観
調査地のリキサ県は東ティモール西部の東経約125°～125°30′、南緯約8°40′に位置し、面積

図6 マネモリ集落製塩地概略図

543km²、人口55,058人（2004年）である。県都は県中部の北岸リキサ町に置かれている。
　調査した製塩村はバザールテテ郡ウルメラ村マネモリ集落である。集落は、東ティモールの首都ディリ市の中心地から西に約18kmの距離、県都リキサから約13km東に位置している。
　立地はサウ海に面した小さなホホコモウト（Hohokomouto）湾に1.5kmにわたって広がるマングローブ林の西端にある岬のすぐ東側、河口域左岸に位置している。集落のうち製塩に利用されている土地は、集落の北側を通る幹線道路をまたいだマングローブ干潟で、奥行き300m、幅400mで面積12haほどである。製塩の採鹹装置は西ティモールのハリバダ集落のものに近い。塩の地方名はテトゥン語ディリ方言でハリバダ集落と同様マシン（masin）という。
　集落では50家族約100人が製塩に従事している。6月から10月までの乾季に鹹砂を採集して製塩を行い、11月から5月までの雨季は貯蔵した鹹砂を使用して塩を生産している。

② 製塩方法
　当地では入浜系塩尻法による製塩が行われている。現在、塩焚小屋の総数は22軒である。塩焚小屋内部には塩を焚く煎熬釜（約120ℓ）が1釜置かれ、総数は22釜である。採鹹装置は小屋の干潟側の屋外に設置され、1家族で2基の装置を持つため塩焚小屋数の2倍の43基ある（図6）。
　当製塩地の特徴として、海水汲み用と鹹水運搬用の容器に竹筒を利用していることがあげられる（写真11）。竹筒は直径11〜13cm、長さ2.7〜3.5mで容量約20ℓ、採鹹一回分には6〜7本分の海水が必要になり、煎熬1回にも同量の鹹水を使用する。竹筒へはプラスチック容器ですくって入れる。海水汲み場は干潟内を掘り下げた池が数箇所設けられ共同で使用している。
　もうひとつの特徴は、苦汁を抜くための工程が加わっていることである。煎熬釜の横に穴を掘っ

てその上に木を渡した設備である。木の上に置いた籠に煎熬したばかりの塩を入れることで苦汁が抜けて穴の中に溜まる。ハリバダ集落では塩を直接籠に入れたままで放置していた。

③ 製塩工程

1）鹹砂の採取

鹹砂（rai masin）は満潮時あるいは雨季に備えて採鹹装置周囲の屋外に山積みされて貯蔵されている。採砂作業はほとんどが女性の仕事である。

写真11　鹹砂装置に海水を入れる

2）採　鹹

採鹹装置（seri）は溶出装置（aikabelak）と濾過装置（sarabitik）から出来ている（写真6-e）。溶出装置の大きさは90cm〜120cm×120〜150cmの長方形で、板材を井桁に組んで底に細い竹（au）を並べて敷いたものである。底部にはカマスを敷いてから細かいサンゴ片（rai henek）を一面に敷き詰めてあり、その上に鹹砂を入れ海水（tasi wen）を注ぐ。濾過装置は溶出装置の下にゲワンヤシ葉（tali tahan）を3〜4枚重ねている。当地ではゲワンヤシ葉をハリバダ集落のようなパネルに編むことなく、そのまま使用している。葉はすべて葉柄の一部を少しだけ切り残して鹹水が滴る道になっている。

① 溶出装置にゲワンヤシの葉で編んだ籠（bote）15杯の鹹砂を入れる。
② 朝、竹筒（au dora）（2.7m〜3.5m）約20ℓの海水を6本溶出装置に注ぐ。
③ 濾過装置から鹹水（masin wen）が滴り落ち始める。昼、3本の海水を足し、更に夕方3本の海水を加える。12時間ほどで120ℓほどの鹹水が採れる。
④ 鹹砂は一回だけ使用し、周りに破棄する。1日2回砂を代え、2回濾過して濃度の高い鹹水をつくる。
⑤ 鹹砂は採鹹装置周囲の屋外に山になって貯蔵してある。同様に採鹹後の残滓も採鹹装置の周囲に廃棄され山になっている。

3）煎　熬

① 煎熬にはドラム缶を利用して自作した長方形の釜（pidar）を使用する。
② 採鹹装置から採った鹹水竹筒6本（120ℓ）を煎熬釜に入れる。
③ 3時間ほど炊き、塩が結晶する。
④ 煎熬釜の横には穴を掘ってその上にスノコ状に木を渡した設備（rai kuwak）があり、その上に置いた籠に煎熬したての塩を入れることで苦汁が抜けて穴の中に溜まる。
⑤ 1釜で2籠（50kg）の塩が得ることができる。1日2釜を炊く。

4）製塩道具

【採鹹装置 seri】溶出装置の形は90cm〜120cm×120〜150cmの長方形で、板材を井桁に組んで底に細い竹（au）を並べて敷いたものである。それ以外はゲワンヤシが使用されている。濾

過装置もゲワンヤシの葉を4枚重ねて使用し、葉柄の部分をうまく木製桶に注ぐパイプとして使用している。

【鹹水容器 oron】丸太（直径35cm×150cm）を刳り抜いたものを使用している。

【煎熬釜 pidar】ドラム缶を伸ばし、長方形の容器を自作している。長軸150cm×短軸67cm×高さ15cmで体積120ℓ。

【結晶塩取具 kanedok】ヤシ核殻製柄杓。

【塩取籠 bote】ゲワンヤシの葉を編んで自作（直径25cm×高さ25cm）。

【塩俵（包装菰）karung】ポリエステル製カマスを使用。

5）燃　料

燃料とする薪は男性が後背地の焼畑地から自家採集するが、不足分は山の民から購入する。購入価格は1キュービックで1.5ドルである。

6）販売と流通

一日50kg袋の塩を2袋生産し、ほとんどはディリ市から来る買い付け業者に直接販売する。少量の塩は定期市が開催される水曜日にリキサ町までバスで赴いて販売する。販売価格は1籠（約10kg）1.5ドル（約150円）、1袋約50kg入りで7ドル（約700円）である。バス代金は往復2ドルである。1ヶ月に50〜60ドルの収入があるという。ちなみに東ティモールの通貨はアメリカドルである。

(5) フローレス島東部地域とティモール島北岸の製塩の相違点

ティモール島北岸の製塩も基本的にはフローレス島東部地域と同様の製塩法で行われていた（表1参照）。

製塩法以外の東部フローレス地域とティモール島北岸製塩との大きな違いは、製塩道具・採鹹装置に使用するヤシ種の違い、ヤシ文化の差にあることが明らかになった（表2）。採鹹装置に用いるヤシ種は、東部フローレス地域ではロンタールヤシ lontar（*Borassus flabellifer L.*）【オウギヤシ属　英名パルミラヤシ　別名ウチワヤシ】であり、一方ティモール島北岸では掌状葉をもつロンタールヤシに近いゲワンヤシ gewang（*Corypha utan Lam.*）【コリバヤシ属　英名タリポットヤシ　別名グバンヤシ、ブリヤシ、タラバヤシ】が使用されていた。

ロンタールヤシの葉や葉柄を建材（屋根材・壁材・結束材）や籠、紐として利用し、花序液からヤシ酒・砂糖を生産することは東ヌサトゥンガラ州に共通する文化要素である。西ティモールのベル県でもロンタールヤシは生育しているが、海岸地帯ではヤシ酒はロンタールヤシから生産し、建材や縄にはゲワンヤシを利用することが一般的である。これは東ティモール北岸にも当てはまる。ベル県でのリンガフランカであるテトゥン語でゲワンヤシをタリ（tali）、この葉で編んだパネルをクレニ（keleni）といい家の壁材・扉など用途が広く、当地方の特徴的なヤシ文化と見なすことができる。

ハリバダ集落とマネモリ集落では採鹹装置や籠、塩焚小屋の屋根、壁、結束材、縄にはすべてゲワンヤシが用いられていた。屋根材としてのゲワンヤシ葉はロンタールヤシ葉に比べて耐久年数が長いことが知られているが、採鹹装置にも同様のことがいえる。

自然環境がわずかに違いながらも当該地に適応して同様の製塩法が行われていたことは興味のあ

る事実である。東部インドネシアでは自然条件、社会経済的条件によって多様な製塩形態が見られる。現在でも伝統的な製塩が残されている当地域は製塩の発達史を考察するうえでも興味深いものがあり、採塩・製塩の地域を把握し事例を記録に残すことは重要な研究課題である。

### (6) 他地域の事例

東部インドネシアにおける製塩の報告事例は少ないが、その一例として吉田はロテ（Rote）島とアロール（Alor）島での製塩を報告している（吉田 1997）。「ロテ島の北岸で見た塩造りでは、満潮で海水が入り、潮が引くと海水が出られない小さな天然の干潟を利用していた。その干潟では、海水が入ると少しせき止め、海水が海に戻らないようにしている。そして、それを繰り返した後、潮の引いたときに干潟の泥を集め、その干潟のすぐ近くに設置された、塩採取の場所に運ぶ」。干潟を利用した方法は基本的には筆者の調査した事例と同様である。

また、「アロール島での塩造りはよりいっそう小規模であるが、基本的には同じであった。最後の過程で、近年はブリキ製の箱で煮ていたが、もともとは土器製の壺を用いていた。東部インドネシアでは壺は古くから作られており、この壺を用いて塩を造っていた」と製塩に土器が用いられていた興味深い報告をしている（吉田 1997）。

アロール島には東フローレス全域に土器を供給している伝統的な土器製作村、アンペラ（Ampera）村とレワル（Lewaru）村の2村が存在する。筆者が両村で行った調査では、壺や甕を主とする土器は現在でもこの2村でほぼ独占的に製作され、交易品として流通していた。ソロール島やレンバタ島の製塩村では、金属製煎熬釜導入以前においては、交易により入手した製塩土器が使用されていたことは確実である。

## 4　製塩立地の特性

今回調査した集落はいずれも河口域に立地し、マングローブ林の発達が見られた。東部インドネシアにおいて、製塩に適した立地とマングローブの生育する立地は深い相互関係にあることが確認できた。このことが今回の調査を通しての成果のひとつである。マングローブと塩とはどのような関係にあり、製塩立地の特性とはどのようなものであろうか。

### (1) マングローブと塩分濃度

一般にマングローブとは、熱帯や亜熱帯において河口・内湾・沿岸などの海水と淡水の混じり合う汽水域に生育する植物の総称であると定義づけられている（諸喜田 1997）。では、マングローブは具体的にはどのような環境に発達するのであろうか。

吉良はその立地条件として、「多雨の熱帯では、河川の流量が大きく多量の泥土を運ぶので河口付近にマングローブの発達に適した泥の堆積地ができやすい。また、その堆積地上にたえず洪水によって淡水が供給され、海水のうすまったいわゆる汽水域（brackish water）が生ずることが、マングローブ発達のための必要条件である。乾燥気候下では、このような条件の欠如が大面積のマングローブ林の発達をさまたげる」としたうえで、「一年を通じての最高潮位と最低潮位とにはさまれ

た泥地が、マングローブの分布範囲となる」と述べ、潮の干満に影響を受ける潮間帯（感潮帯）の河口汽水域の泥地であることをその条件に挙げている（吉良1983）。

また、マングローブの立地する汽水域の塩分濃度については、「直接海水をかぶるマングローブの前面では、とうぜん塩分濃度が高いが、濃度そのものは安定している。一方、海から遠ざかるにつれて、雨水や河水にうすめられて、一般に塩分濃度は低下するが、一度海水をかぶったあと淡水の供給がなくて晴天がつづくと、逆に濃縮がおこって塩分が海水より濃くなる場合も生じうる」と述べている（吉良1983）。

(2) ソールト・フラット

吉良の指摘するような、マングローブ林において塩分が濃縮された地形については小滝の次のような興味深い報告がある。

　「ヒルギダマシの生態に関しては、次のような記載が目に付いた。例えば、モザンビークのインハカ島で、アビセニア・マリーナの生態学的な興味ある観察が、W. マクナエによって報告されている。この報告によれば、「マリーナは海側の縁と内陸にも生育している。特に内陸側のものは、いじけた低木で、その生育地は小潮のとき表面に塩の結晶ができ、地表面がギラギラ光るほどである。それはあたかも塩田（ソート・デザート）を想像させた」と。マングローブ林の内陸奥部における土壌塩分濃度の濃さが想像できる。P. B. トムリンソンの著書にはソート・フラットという用語が見られる。大潮の影響を受けて成立するマングローブ域までを「マンガル・フラット」、たまたま起こる極端な大潮の影響で、その内陸部に無植生帯が生じ、このような地帯を称して「ソー(ル)ト・フラット」と呼ぶという。」（小滝1997）。

小滝の報告にあるソート・デザートは塩田ではなく、塩沙漠（遠山1993）だと思われるが、塩沙漠のように塩分の噴出した「ソー(ル)ト・フラット」と称するマングローブ林内陸奥部の特殊環境は、今回調査をしたすべての製塩地に共通して見られた。そこは地表一面に塩の結晶が析出した白い土地であり、塩田さながらであった。このような環境は、どのような条件によってもたらされるのだろうか。

ひとつには河川の影響が考えられる。「淡水の流入が少ない場合は、マングローブ樹林の内陸よりに季節的なソールト・フラット（水が蒸発してできた塩分の沈積した平地）ができ、このような地域ではコヒルギ属やサキシマスオウノキ属のような塩分に耐えられる種が育つ」という（エルダー D. L. ほか1993）。

また、乾燥気候であることが大きな条件となっている。インドネシア、バリ（Bali）島西部のギリマヌク（Gilimanuk）のマングローブ林を調査した荻野は、「年間降水量が1000mm以下という、乾燥気候の影響のもとにあって、基質表面の塩分濃度が高くなっている。乾期はとくにその影響がつよい。植物は高塩分濃度にさらされ、マングローブ林は矮小し、疎開する」と乾燥気候ことに乾季の影響を挙げ、「マングローブ林がなんらかの理由で疎開すると、林地は乾燥する。基質の表面付近に濃縮された塩分が集積し、海水より塩分濃度がたかくなることもまれではない」と無植生帯の塩分濃度がさらに高まることを指摘している（荻野1992）。

(3) 製塩立地

　フローレス島東部地域はバリ島よりはるかに乾燥地帯であり、乾季と雨季の交代が明瞭で乾季が八ヶ月近く連続するサバンナ気候に属する、むしろオーストラリアの北岸に近い気候環境である。
　宮城はマングローブ林の成立する場所は陸と海の境界にあたる潮間帯であるとし、その中の環境は変化が大きいとしてオーストラリアの例を引き「オーストラリア北部沿岸のような、やや乾燥した気候環境の沿岸では、マングローブが密度の濃い森を作り、陸地では潅木が生える貧弱な森が広がっている。しかし、よく見ると２つの森の間に全く植生がみられない部分が広がっていることが多い。いわゆる塩性湿地（ソルトマーシュ）と呼ばれる空間である。潮間帯のなかでも地盤高が高い場所は年に数回程度しか海水に浸からないことになるが、乾燥地帯では海水が蒸発して塩が残り、陸地側にむしろ塩分濃度が著しく高い場所が出現し、裸地になるのである」と述べている（宮城2002）。
　このような特有の自然条件が、河口域のマングローブ林に「天然の塩田」である「ソルト・フラット」あるいは「ソルトマーシュ」、フローレス島東部地域民が共通して称する「タナ・ガラム」を、特に発達させたのである。そして、この自然地形こそが当地域で製塩が営まれる立地になっていたのである。
　いままで見てきたように、マングローブ干潟での製塩は塩田法というよりは「天然の塩田」からの鹹砂採集に近い、粗放製塩であることが確認できた。そこで採集された鹹砂から簡単な装置によって鹹水を得さえすれば、煎熬工程を省いて太陽熱だけで蒸発させる天日製塩も可能であった。さらには、採鹹すら行わないで砂の混じった塩を採集しただけの「黒い塩」の利用も民族例に報告されている（Banes 1993）。「タナ・ガラム」、そこは塩分濃度の高い土壌ゆえに農業には適さない不毛の地でありながら、有効な土地利用がなされて貴重な塩を供給してきた、ある意味では重要な場所であると見るべきだろう。
　調査した３集落はいずれも河口域に立地し、マングローブ林の発達が見られた。フローレス島東部地域において、製塩に適した立地とマングローブの生育する立地は深い相互関係にあることが確認できたことは、この調査を通じての成果のひとつである。

## 5　先史時代の琉球列島における製塩法を探る

　ここでは初原的製塩法の可能性として考えられる海水を天日濃縮する方法について考えてみたい。
　塩ではなく、海水を調理に使用する例としては、捕鯨が行われているレンバタ島ラマレラ村ではクジラの日干し肉加工に海水を用いる事例がある。
　直煮は煎熬鍋さえあればどこでもできる方法であるが、燃料効率が悪く、自給的性格が強い。交易用に生産する場合は大量の薪が必要になるため、後背山地との関連を考慮して検討しなければならない。また、煎熬鍋の発展系統を探るためには、鉄鍋導入以前の道具を視野に入れ、各地の事例を比較検討する必要がある。文献資料などから、東部インドネシアでは製塩土器を使用していた可能性があり、その使用地が現存する可能性も高い。確認を急ぐとともに、製塩地と土器生産地との

交易関係を明らかにすることも課題となろう。

　天日濃縮については、火山島と隆起サンゴ礁島の相違はあるが、それぞれの自然地形を巧みに利用して、海水を岩の窪みに溜めることによって濃縮している。大潮や満潮時の飛沫で自然に溜まる場合と人為的に潮を汲み上げる方法があり、ラマレラ村のように海岸内陸寄りに簡単なプールを作ることも行われている。

　地形的に適した蒸発池がない場合は、地元で容易に入手できる竹などの植物素材を加工した簡単な濃縮容器を使用している。水の漏れない容器を自家製作できれば当然行われていたと推定できる。例えば、アレカヤシの花苞で舟形の容器を作る事例は、アタウォロ村の事例があるが、台湾のアミ族もこの容器を使用している（神崎1981）。沖縄でよく知られている釣瓶（クバジー）、柄杓（クバニーブ）（上江洲1973・1982，上江洲ほか1983）とまったく同じ形状のものが、東部インドネシア各地ではロンタールヤシの葉で作られ、水やヤシ酒を汲む杓として用いている。久米島具志川村ではクバの葉を塩の苦汁取り容器として利用していた（上江洲ほか1983）。他には、瓢箪（チブル）を半裁した杓子も手軽な容器として転用できる。

　また、シャコガイの殻は植物素材と違って加工の必要がなく、半永久的使用に耐えうる自然容器である。これは、キマカマ集落で鹹水容器としてヒレナシジャコを実際に使用しているのを見て得た感想である。浜には多量のシャコガイ類（ヒレナシジャコ・ヒレジャコ・シャゴウ・シラナミ・ヒメジャコ）が散乱していた。

　八重山諸島の民俗例で、アザカイと称する洗い鉢はシャコガイの殻を使用していた（上江洲ほか1983：218-219）。先島諸島の先史時代にはシャコガイの外縁部分を打ち欠いたものが出土している。これらも容器としての可能性を秘めている。

　以上に記した容器を使用しての製塩法は原初的な製塩法に属すと考えられ、製塩土器の出土事例を有しない琉球列島における先史時代の製塩法を考える上で、大きく寄与するのではないかと考える。最後に琉球列島の製塩との比較を含め、今後の課題を述べることにしたい。

## おわりに

　本稿では、琉球列島と東部インドネシアにおける製塩法を民族学的事例から検証した。ここでは自然環境から見た製塩の特性について考察し、今後の課題を述べることにしたい。

　ひとつはマングローブ干潟という自然地形を利用し、琉球列島では入浜式塩田が、東部インドネシアでは乾燥気候の特性を活かした入浜式塩田の原初的段階といえる製塩が行われていたことが大きな特色と言える。

　本稿でとくにマングローブ干潟での製塩を扱ったのは次のような含意がある。琉球列島は、東部インドネシアのように乾季が継続する乾燥気候ではない。多湿・多雨の気候ではあるが、降水は梅雨時と台風時に集中し、それ以外は旱魃に見舞われるほど雨が少ない時期が続く特徴がある。この時期の自然条件は、今回の調査で観察したフローレス島東部地域の製塩地に近いという印象をもった。このことから、琉球列島の古代において、河川や沿岸に現在のように人の手が加えられていない自然環境を想定するならば、月に2度の大潮時にのみ冠水する干潟の一部は、その後数日間の

強烈な太陽熱と海洋性気候のもたらす風により容易に乾燥して、フローレス島東部地域に見られた「天然の塩田」のような環境が一時的であれ形成された可能性も推定しておきたい。

フローレス島東部地域・ティモール島での製塩地は、乾季にのみ機能する一時的な環境であることも考慮に入れておきたい。乾燥気候にある東部インドネシアでは恒常河川は少なく、乾季の渇水期には河床は道路として利用されている涸れ川である。しかし、雨季に台風時のような豪雨が集中すると流路は奔流をなし、河口域の干潟はまったく製塩のできない土地になる。雨季に製塩ができないのは日照時間が短いだけでなく、「自然の塩田」そのものが消滅してしまうほど環境が一変する過酷な土地だからである。

東部インドネシアでは自然条件、社会経済的条件によって多様な製塩形態が見られ、それに伴って塩のもつ意味が規定されている（鶴見1992・2001）。

現在でも、伝統的な製塩は交換経済という文脈の中で継続しているため、製塩の発達史を考察するうえでも興味深いものがある。したがって、現在まで残存する採塩・製塩の地域を把握し事例を記録に残すことは、琉球列島においては民俗事例でさえ過去の記録の中にしか残っていないことを考慮すると、重要な研究課題である。

原初的な採塩を行っているレンバタ島のタポバリ村やアタウォロ村、フローレス島ガタ（Ngada）地方、アロール島の狩猟採集民は自家消費用としての結晶塩採取を行っている。自家消費用としての採塩とムナンガ村やラマレラ村における交易産物としての製塩を比較し、琉球列島の先史時代における経済システムの中で自家消費用や交換、交易産物として、塩がどのような役割を担ったかを考えていきたい。

さらに、古代における琉球列島において、製塩に土器が使用されていなかったか、マングローブ干潟で東部インドネシアと同様な製塩が行われた可能性があったかどうかなども課題であろう。今後も民族学的調査を蓄積することにより検討していきたい。

**謝辞**

本稿は科学研究費（基盤C）、沖縄国際大学研究助成費（特別研究C）の助成を受け、研究調査を実施した成果の一部である。調査のパートナーである小島曠太郎氏には図作成など多岐にわたって、ご協力をいただきました。図面のトレースは横尾昌樹氏、玉栄飛道氏にお世話になりました。紙面をお借りし、お礼を申し上げます。

**引用文献**
池原貞雄・加藤祐三（編著）
　　1997『沖縄の自然を知る』築地書館
上江洲均
　　1973『考古民俗双書12　沖縄の民具』慶友社
　　1982『考古民俗双書19　沖縄の暮らしと民具』慶友社
上江洲均・神崎宣武・工藤員功
　　1983『琉球諸島の民具』未来社
エルダーD. L. ・バーネッタ J. C.

1993『海洋』奥谷喬司監訳　同朋社出版
江上幹幸
　　　2003「東部インドネシアと琉球列島における製塩の特性―海岸地形から見た製塩形態―」『社会文化研究』
　　　　　6-1　沖縄国際大学　1-25
　　　2006「東部インドネシアと琉球列島における製塩の特性（2）」『社会文化研究』9-1　沖縄国際大学
　　　　　69-92
　　　2008「東部インドネシアの製塩―フローレス島東部地域の製塩形態―」『東南アジア考古学会』28号
　　　　　125-142
　　　2009「東部インドネシアの製塩―ティモール島の製塩形態」『東南アジアの生活と文化Ⅱ：塩の生産と流通』
　　　　　東南アジア考古学会研究報告　第7号　39-45
荻野和彦
　　　1992「マングローブ生態系」四手井綱英・吉良竜夫（監修）『熱帯雨林を考える』人文書院　180-207
小沢利雄
　　　1976「日本における製塩地域の性格と地域差」日本塩業大系編集委員会（編）『日本塩業大系　特論地理』
　　　　　日本専売公社　1-26
小滝一夫
　　　1997『マングローブの生態―保全・管理への道を探る―』信山社
貝塚爽平
　　　1992『自然景観の読み方5　平野と海岸を読む』岩波書店
柏常秋
　　　1970「沖永良部島の製塩のこと（遺稿）」『南島研究』第11号
亀井千歩子
　　　1979『塩の民俗学』東京書籍
河名俊男
　　　2001「沖永良部島」町田洋 他（編）『日本の地形　7　九州・南西諸島』東京大学出版会
神崎宣武
　　　1981「狩猟と漁撈」『粒食文化と芋飯文化』シリーズ食文化の発見「世界編」1　柴田書店　102-292
木崎甲子郎
　　　1980『琉球の自然史』築地書館
吉良竜夫
　　　1983『熱帯林の生態』人文書院
金城透
　　　1994　「久米島の塩について」『久米島総合調査報告書』沖縄県立博物館　145-153
国頭字誌編集委員会
　　　1996『国頭字誌』和泊町教育委員会
小島曠太郎・江上幹幸
　　　1999『クジラと生きる』中公新書
　　　2003『クジラがくれた力』ポプラ社
コリン・コバヤシ
　　　2001『ゲランドの塩物語―未来の生態系のために―』岩波書店
斎藤毅
　　　1974「亜熱帯離島における伝統的製塩形態の研究―鹿児島県沖永良部島および与論島の場合―」『西日本漁業
　　　　　経済論集』15号　85-93
　　　1976「南西諸島における製塩業の地域的特性」日本塩業大系編集委員会（編）『日本塩業大系　特論地理』
　　　　　日本専売公社　405-429
先田光演

1979「沖永良部島国頭の製塩法」『南島研究』第20号
澁澤敬三（編）
　　1969『塩俗問答集』慶友社
下野敏見
　　1977「薩南諸島の製塩」日本塩業大系編集委員会（編）『日本塩業大系　特論民俗』日本専売公社　172-205
諸喜田茂充
　　1997「マングローブと生き物たち」池原貞雄・加藤祐三（編著）『沖縄の自然を知る』築地書館　64-83
高橋英一
　　2001『生命のなかの「海と陸」』研成社
鶴見良行
　　1992「エビとマングローブ」村井吉敬・鶴見良行（編著）『エビの向こうにアジアが見える』学陽書房 40-87
　　2001『鶴見良行著作集11　フィールドノートⅠ』みすず書房　187-188
遠山柾雄
　　1993『沙漠を緑に』岩波書店
名護博物館（編）
　　1991『「塩」―屋我地マースを見直す―』名護博物館
仲地哲夫
　　1991「近世における琉球・薩摩間の商品流通―1680年代～1810年代を中心に」『九州文化史研究所紀要』
　　　　第36号　157-158
西村サキ
　　1989 「塩づくり」『沖之永良部　島民生活誌　ドリネ地帯の稲作』96-100　ふだん記全国グループ
比嘉道子・比嘉淳子
　　1987「屋我地の製塩業―我部・運天原の事例―」『名護博物館紀要4 あじまあ』名護博物館
久野謙次郎
　　1954『南島誌・各島村法』奄美社
平田国雄
　　1962 「沖永良部島の隆起さんご礁(1)」『奄美大島調査報告』　第3巻　第1号　南方産業　科学研究所
広山堯道
　　1977「製塩技術の伝承と用具」日本塩業大系編集委員会（編）『日本塩業大系　特論民俗』日本専売公社
　　　　1-159
　　1990『塩の日本史』雄山閣
古川久雄
　　1990「大陸と多島海」高谷好一（編）『講座　東南アジア学・第二巻　東南アジアの自然』弘文堂　19-50
　　1992『東南アジア学選書7　インドネシアの低湿地』勁草書房
真喜志駿
　　1977「沖縄の製塩」日本塩業大系編集委員会（編）『日本塩業大系　特論民俗』日本専売公社　161-172
宮本常一
　　1985『塩の道』講談社
宮城豊彦
　　2002「マングローブ」『現代日本生物誌12　サンゴとマングローブ』岩波書店　79-162
吉田集而
　　1997「塩と塩味調味料」『事典東南アジア』弘文堂　170
和泊町誌編集委員会
　　1984『和泊町誌（民俗編）』和泊町教育委員会
BARNES, R. H.
　　1993　'Salt Production in East Flores Regency, Nusa Tenggara Timur,Indonesia', "Le Sel De La Vie En

Asie Du Sud-Est", Pierre Le Roux & Jacques Ivanoff (eds.), Prince of Songkla. Unversity: 185-199.
MONK., A.. KATHRYN FRETES, YANCE DE REKSODIHARJO-LILLEY, GAYATRI.
　1997　"The Ecology of Nusa Tenggara and Maluku" Periplus Editions.

**著者紹介**（掲載順）

**坂井　隆**（さかい　たかし）
上智大学大学院外国語学研究科博士学位取得／現在：台湾大学芸術史研究所助理教授／
専門：アジア文化論、アジア海上交流史、東南アジア考古学

**高梨　浩樹**（たかなし　ひろき）
筑波大学大学院修士課程環境科学研究科修了／現在：たばこと塩の博物館学芸員／
専門：塩全般（とくに塩の科学と製塩技術史）・生態人類学

**菅原　弘樹**（すがわら　ひろき）
東北大学大学院医学系研究科修士課程修了／現在：奥松島縄文村歴史資料館副館長／
専門：貝塚、動物考古学

**川村　佳男**（かわむら　よしお）
最終学歴：國學院大學大学院博士課程（後期）中途退学／現在：東京国立博物館研究員／
専門：中国考古学

**小西　正捷**（こにし　まさとし）
東京大学大学院社会学研究科博士課程後期中退／現在：立教大学名誉教授／
専門：南アジア文化史

**新田　栄治**（にった　えいじ）
東京大学大学院博士課程単位取得退学／現在：鹿児島大学教授／専門：東南アジア考古学

**江上　幹幸**（えがみ　ともこ）
青山学院大学文学研究科史学専攻博士課程単位取得退学／現在：沖縄国際大学総合文化学部教授／専門：民族考古学

---

2011年6月10日　初版発行　　　　　　　　　　　　　　《検印省略》

# 塩の生産と流通
## ―東アジアから南アジアまで―

編　者　　東南アジア考古学会
発行者　　宮田哲男
発行所　　株式会社　雄山閣
　　　　　東京都千代田区富士見 2-6-9
　　　　　ＴＥＬ　03-3262-3231／FAX　03-3262-6938
　　　　　ＵＲＬ　http://www.yuzankaku.co.jp
　　　　　振替：00130-5-1685
印　刷　　松澤印刷株式会社
製　本　　協栄製本株式会社

---

© Japan Soiety for Southeast Asian Archaeology 2011　　ISBN 978-4-639-02180-3 C3022
　Printed in japan　　　　　　　　　　　　　　　　　　N.D.C.233　158p　26cm

# 雄山閣出版案内

青柳洋治先生退職記念論文集

# 地域の多様性と考古学

B5判 431頁
8,400円

―東南アジアとその周辺―

丸井雅子 監修／青柳洋治先生退職記念論文集編集委員会 編

考古学からみた東南アジアとその周辺文化に関する研究論文27篇。

■ 主 な 内 容 ■

ヒト・モノの交流
　野上建紀／佐々木達夫／小田静夫／後藤雅彦／
　新田栄治／Eusebio Z. Dizon／Bui Chi Hoang

物質文化の成立と変容
　田畑幸嗣／鈴木とよ江／田中和彦／川村佳男／
　平野裕子／Wilfredo P. Ronquillo

文化史の構築
　宗䑓秀明／印東道子／新津健／小川英文／丸山
　清志／松浦宥一郎

出土資料の科学的分析
　樋泉岳二／小野林太郎／三原正三・小川英文・
　田中和彦・中村俊夫・小池裕子／Ly Vanna／
　Stephen Chia and Hirofumi Matsumura

文化遺産と国際交流
　坂井隆／Jesus T. Peralta／Wilfredo P.
　Ronquillo and Alfredo E. Evangelista

# クメール陶器の研究

B5判 196頁
4,725円

田畑 幸嗣 著

クメール陶器研究の基準資料構築を目指した生産地における実証的基礎研究と出土資料を中心とした製陶技術研究をもとに、アンコール地域における窯業技術体系を明らかにし、東南アジア窯業史のなかにクメール陶器を位置づける。

■ 主 な 内 容 ■

序　章
　クメール陶器研究の現状と課題
第1章
　クメール陶器研究史
第2章
　アンコールの地理的・歴史的背景
第3章
　クメール陶器窯の分布と築窯技術

第4章
　タニ窯跡出土遺物の分析
第5章
　クメール窯業の技術体系
終　章
　アンコール朝における窯業の成立と展開
資料写真／文献目録
クメール陶器資料出土地一覧